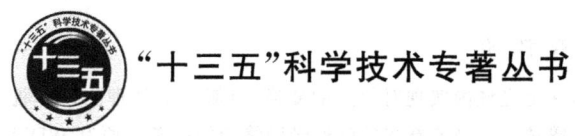
"十三五"科学技术专著丛书

# 光网络中的光信号处理技术

王丹石　张　民　张治国　编著

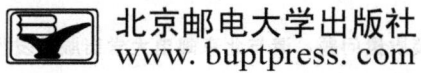
北京邮电大学出版社
www.buptpress.com

## 内 容 简 介

全光信号处理技术相比于传统的电信号处理,在全光域内实现对信息的变换,克服了电处理的速率瓶颈问题,是未来网络实现全光化和弹性化的关键支撑技术。当前新兴的弹性光网络架构打破了原有 WDM 信道固定通道间隔和带宽分配原则的限制,提高了网络的传输能力、频谱资源的使用效率以及网络的动态灵活可调性,其架构应用前景被普遍看好。

本书研究并介绍了适用于弹性光网络中的全光信号处理技术,如弹性可调全光信息组播、灵活透明的码型转换、光学逻辑门、全光信号互换以及全光信号再生等技术,可以为弹性光网络中的碎片整理、路由和频谱分配、流量疏导、生存性策略等问题以及节点层的速率、带宽可变收发机和带宽可变光交换等相关需求提供必需的物理层技术支撑,是实现网络频谱高效化、弹性化和全光化的重要保障。

图书在版编目(CIP)数据

光网络中的光信号处理技术 / 王丹石,张民,张治国编著. -- 北京:北京邮电大学出版社,2019.8
(2025.5 重印)
ISBN 978-7-5635-5869-8

Ⅰ.①光… Ⅱ.①王… ②张… ③张… Ⅲ.①光学信号处理-研究 Ⅳ.①TN911.74

中国版本图书馆 CIP 数据核字(2019)第 184756 号

---

| | |
|---|---|
| 书  名: | 光网络中的光信号处理技术 |
| 作  者: | 王丹石 张 民 张治国 |
| 责任编辑: | 满志文 穆菁菁 |
| 出版发行: | 北京邮电大学出版社 |
| 社  址: | 北京市海淀区西土城路 10 号 (邮编:100876) |
| 发 行 部: | 电话:010-62282185 传真:010-62283578 |
| E-mail: | publish@bupt.edu.cn |
| 经  销: | 各地新华书店 |
| 印  刷: | 保定市中画美凯印刷有限公司 |
| 开  本: | 787 mm×1 092 mm 1/16 |
| 印  张: | 10.25 |
| 字  数: | 249 千字 |
| 版  次: | 2019 年 8 月第 1 版 2025 年 5 月第 3 次印刷 |

ISBN 978-7-5635-5869-8　　　　　　　　　　　　　　　　　　　　定 价:42.00 元

· 如有印装质量问题,请与北京邮电大学出版社发行部联系 ·

# 前　言

随着信息化社会的发展,全球数据业务量呈爆炸式增长,网络带宽显著提升,对光网络的承载能力提出了更高要求。而传统光网络具有信道间隔固定、交换粒度过大、系统不可重构等缺点,导致了频谱资源浪费、网络灵活性不足、自适应能力差等问题。针对上述问题,以灵活栅格为特征的弹性光网络采用带宽可变的光收发和光交换机制,可根据业务需求灵活高效地分配频谱资源,成为光传送网中具有前瞻性的研究热点之一。

与此同时,数据中心光互连、光接入网、城域光互连等典型的中短距离光联网也是光网络的重要组成部分,其传输距离由几米到几百千米不等,与长距离数据传输不同,其对系统的成本和能耗更加敏感。研究光传送网和中短距离光联网的新型信号处理技术,对未来光网络技术的创新和发展都具有重要意义,此研究也是目前光通信研究的热点和难点。

光信号处理技术相比传统的电信号处理,其在光域内实现对信息的变换,克服了电处理的速率瓶颈问题,是未来网络实现全光化和弹性化关键的支撑技术。适用于未来光网络中的光信号处理技术可以为光网络中的碎片整理、路由和频谱分配、流量疏导、生存性策略等问题以及节点层的速率、带宽可变收发机和带宽可变光交换等相关需求提供必需的物理层技术支撑,是实现网络频谱高效化、弹性化和全光化的重要保障。因此,光信号处理技术对于未来光网络的演进和发展具有重要的推动作用和现实意义。

鉴于此,本书对适用于未来光网络中的光信号处理技术进行了全面的介绍,包括弹性光交换中的波分复用全光组播、复杂调制信号的格式变换、光学逻辑门运算、光接入与光互连中灵活可重构的光信号处理、光域均衡等技术。

本书的撰写得到了多位老师、同学的大力帮助,感谢秦军博士、黎泽博士、苏婷博士、展月英博士的帮助与支持。

由于光信号处理技术发展迅速,加上编写时间有限,书中难免存在错误和不足之处,恳请广大读者和相关专家给予批评指正。

作　者
于北京邮电大学

# 目　录

## 第1章　光网络的发展趋势 ... 1

### 1.1　弹性光网络的发展现状与趋势 ... 1
#### 1.1.1　传统 WDM 光网络 ... 1
#### 1.1.2　固定通道间隔带来的问题 ... 1
#### 1.1.3　弹性光网络的出现 ... 2

### 1.2　弹性光网络的关键技术 ... 3
#### 1.2.1　弹性光网络体系架构 ... 3
#### 1.2.2　物理层关键技术 ... 4
#### 1.2.3　信号处理关键技术 ... 5

### 1.3　光接入与光互联的发展现状与趋势 ... 6
#### 1.3.1　光接入与光互连的主要分类和现状 ... 6
#### 1.3.2　光接入与光互连中的关键技术和发展趋势 ... 8

## 第2章　光网络中的光信号处理技术 ... 12

### 2.1　光信号处理技术的研究意义和研究现状 ... 12
#### 2.1.1　光信号处理技术的基本概念与研究意义 ... 12
#### 2.1.2　光网络中光信号处理技术的研究意义与特点 ... 19
#### 2.1.3　光网络中光信号处理技术的研究现状 ... 21

### 2.2　具有光信号处理功能的网络结点结构 ... 24
#### 2.2.1　弹性光交换中的核心器件——波长选择光开关 ... 24
#### 2.2.2　典型的弹性 ROADM 结构 ... 28
#### 2.2.3　具有光信号处理功能的弹性 ROADM 结构 ... 29

## 第3章　弹性光交换中的波分复用组播技术 ... 33

### 3.1　适用于弹性光交换的波长变换方案 ... 33
#### 3.1.1　弹性光交换中波长变换的意义 ... 33
#### 3.1.2　具有波长变换能力的无色无向无冲突 ROADM 结构 ... 34
#### 3.1.3　实验设置和结果分析 ... 35

### 3.2　适用于弹性光交换的光域 WDM 组播方案 ... 42
#### 3.2.1　弹性光交换中光域 WDM 组播的意义 ... 42

3.2.2　基于 SOA 中 FWM 效应的一系列 WDM 组播方案 …………… 43
　　3.2.3　实验设置和结果分析 ………………………………………… 45

## 第 4 章　复杂调制信号的格式变换方案 …………………………………… 55

4.1　调制格式转换的意义 …………………………………………………… 55
4.2　基于 S-HNLF-L 的并行多路复杂调制信号的格式转换方案 ………… 56
　　4.2.1　应用场景 ………………………………………………………… 56
　　4.2.2　基本原理与理论分析 …………………………………………… 56
　　4.2.3　方案仿真验证及结果分析 ……………………………………… 57
4.3　基于级联 SOA FWM 的 16QAM 到 QPSK 调制格式变换 …………… 61
　　4.3.1　基本原理 ………………………………………………………… 61
　　4.3.2　系统仿真与讨论 ………………………………………………… 63
4.4　双路 DQPSK 到 DPSK 的光域调制格式转换和波长变换方案 ……… 71
　　4.4.1　光域调制格式转换对弹性光网络的意义 ……………………… 71
　　4.4.2　双路 DQPSK 到 DPSK 的调制格式转换兼波长变换原理 …… 72
　　4.4.3　基于 LCoS 技术的多功能弹性光交换单元 …………………… 74
　　4.4.4　实验设置和结果分析 …………………………………………… 75
4.5　基于 SOA 中 D-FWM 的 8QAM/16QAM 码型转换方案 …………… 77
　　4.5.1　操作原理 ………………………………………………………… 78
　　4.5.2　仿真设置与结果 ………………………………………………… 79

## 第 5 章　全光逻辑门运算 …………………………………………………… 81

5.1　三路 DPSK 信号的光域逻辑门和 WDM 组播方案 …………………… 81
　　5.1.1　基于 QD-SOA 的光域逻辑门对弹性光网络的意义 ………… 81
　　5.1.2　三路 DPSK 信号光域 XOR 门和 WDM 组播的工作原理 …… 83
　　5.1.3　实验设置和结果分析 …………………………………………… 85
5.2　基于 SOA 的四通道灵活可调 DPSK 逻辑 XOR 门方案 …………… 87
　　5.2.1　操作原理 ………………………………………………………… 87
　　5.2.2　实验设置和结果分析 …………………………………………… 88
5.3　多功能混合调制格式光信号处理方案仿真结果及分析 ……………… 90
　　5.3.1　WDM 组播、波长转换和调制格式转换仿真结果分析 ……… 92
　　5.3.2　基于混合调制逻辑门双通道光加密方案仿真结果分析 ……… 93

## 第 6 章　光接入与光互连中灵活可重构的光信号处理 …………………… 96

6.1　WDM 光接入网的多波长组播方案 …………………………………… 96
　　6.1.1　WDM 光接入网下行多波长组播的意义 ……………………… 96
　　6.1.2　方案设计 ………………………………………………………… 97
　　6.1.3　仿真分析 ………………………………………………………… 100
　　6.1.4　实验结果分析 …………………………………………………… 102

6.2 城域光互连中软定义可重构的光信号处理方案 ……………………… 108
    6.2.1 软定义可重构光通信子系统的意义 ……………………………… 108
    6.2.2 基于 TB-WSS 软定义可重构的滤波方案 ………………………… 109
    6.2.3 城域光互连中软定义可重构的多波长组播方案 ………………… 115
    6.2.4 实验测试与结果分析 ……………………………………………… 117

**第 7 章 光域均衡技术** ………………………………………………………… 122
7.1 RSOA 无色 ONU 的上行带宽提升问题 ……………………………… 122
7.2 RSOA 关键参数的分析和优化 ………………………………………… 123
7.3 基于光域均衡的 RSOA 无色 ONU 上行带宽提升方案 ……………… 125
    7.3.1 光域均衡器的理论分析 …………………………………………… 125
    7.3.2 方案设计 …………………………………………………………… 132
    7.3.3 仿真与实验结果分析 ……………………………………………… 133
7.4 WDM-PON 中 RSOA 无色 ONU 的多通道均衡方案 ………………… 138
    7.4.1 WDM-PON 设计目标 ……………………………………………… 138
    7.4.2 WDM-PON 多通道均衡的方案设计 ……………………………… 139
    7.4.3 WDM-PON 多通道均衡方案的主要影响因素分析 ……………… 140
7.5 基于 FBG 光域均衡器的全光再生技术 ………………………………… 145
    7.5.1 WDM-PON 中基于 RSOA 的无色 ONU 方案 …………………… 145
    7.5.2 FBG 光域均衡工作原理 …………………………………………… 146
    7.5.3 实验设置和结果分析 ……………………………………………… 147

**参考文献** ……………………………………………………………………… 153

# 第 1 章　光网络的发展趋势

## 1.1　弹性光网络的发展现状与趋势

### 1.1.1　传统 WDM 光网络

传统 WDM 光网络的发展可粗略地分为两个阶段：第一个阶段是以小规模半静态波长路由为特征的固定波长路由光网络；第二个阶段是以大容量端到端波长交换为特征的波长可重构光网络，可在线完成波长级业务的动态调度。但以上两个发展阶段的传统光网络都基于 WDM 技术，波长通道是信号传输与带宽调度的基本单元，通道间隔（或称波长栅格）是固定不变的，光域的最小交换粒度是波长，但由此也引发一系列问题。

### 1.1.2　固定通道间隔带来的问题

在传统 WDM 光网络中，频谱按照 ITU-T 标准以 50 GHz 或 100 GHz 被切分成多个固定间隔的光通道，因此 WDM 光网络也被称作固定栅格光网络。波长通道成为 WDM 光网络带宽调度的基本单位，通过波长通道可以实现端到端的全光连接，但也因此导致了频谱资源浪费严重、网络灵活性不足、功耗效率低下等问题。不断增长的大容量、高速率业务需求以及不断扩大的网络规模，使波长路由光网络面临如下挑战。

**1. 频谱资源浪费**

在建立波长通道时，WDM 光网络不能根据业务容量的实际需求灵活分配带宽资源，从而产生较多频谱碎片。按照 WDM 标准，固定的波长间隔直接决定了通道可用带宽的大小，与用户容量和速率无关，如果结点之间的流量低于波长可用容量，将导致带宽浪费。例如，传输 10 Gbit/s 和 40 Gbit/s 不同速率的信号却不得不采用同为 50 GHz 的标准信道间隔，但由于 10 Gbit/s 信号并没有充分利用信道带宽而造成频谱资源浪费。

**2. 网络灵活性不足**

波长通道一旦建立，其光层可用带宽便保持固定不变，无法动态调整信道间隔，同时在业务传输过程中信号速率以及调制格式也保持不变，无法根据时变业务的需求进行动态调整，也难以适应网络性能的变化。由于当前波长通道光发射/接收机的工作速率以及中间转发结点的交叉带宽间隔固定，因此不能及时响应用户容量的变化，按需增加或减少波长通道占据的带宽，提高光纤利用率。同时，固定通道带宽限制对全光组网的生存性也会带来不利影响,一条失效光路只有在迂回路由带宽相等或超出原始带宽条件下才能得到恢复,这些都说明网络灵活性不足。

**3. 自适应能力较差**

受到光纤链路和通信物理损伤的影响,不同速率、格式的光信号具有不同的传输性能,物理属性固定配置的波长通道无法满足光路重构引起的传输质量动态可变的要求[7]。例如,全光交换造成端到端波长通道的路径变化,使得交换前后传输距离改变,接收信号质量也势必会受到影响。传统的波长通道由于光层物理属性固定配置,无法实现动态调整。因此,光网络需要具备更强的自适应能力,根据不同的链路传输条件和服务质量(Quality of Service,QoS)要求,来动态调整传输信号的调制格式、速率和带宽等要素。

综上可知,传统 WDM 光网络由于采用"一刀切"模式,导致频谱资源浪费、网络灵活性不足、自适应能力差、功耗效率低下等诸多问题和挑战。如何根据用户需求合理分配光网络资源、突破固有束缚是问题的关键。为适应未来大容量、高速率的网络需求,需要从技术上寻求频谱效率高、网络智能灵活的解决方案。

### 1.1.3 弹性光网络的出现

针对 WDM 光网络引起的上述问题,2009 年日本 NTT 公司首次提出了频谱切片弹性光网络(Spectrum sliced elastic optical path network,SLICE)的概念,这一思想得到了国内外研究者的广泛关注,并发展成为灵活栅格弹性光网络的解决方案[1]。该技术核心思想是将原有 WDM 的固定信道间隔进一步细分成频谱栅格(12.5 GHz 或 6.25 GHz),根据不同的业务需求,灵活分配不同数量的频谱栅格作为信号传输的光通道,如图 1-1 所示。灵活栅格可以为低速率业务分配更窄的带宽,也可通过超级信道支持超高速业务(400 Gbit/s 以上)的传输,相比固定栅格而言,灵活栅格的弹性光网络明显提高了频谱资源利用率,有效地减少了频谱碎片。另外,光网络不仅可以根据业务需求建立弹性可配置的光通道,还可以根据业务的传输距离自适应地选择不同的调制格式,同时可以通过软件定义的方式实现网络元素的可编程控制,使网络具有更强的自适应性和灵活性。

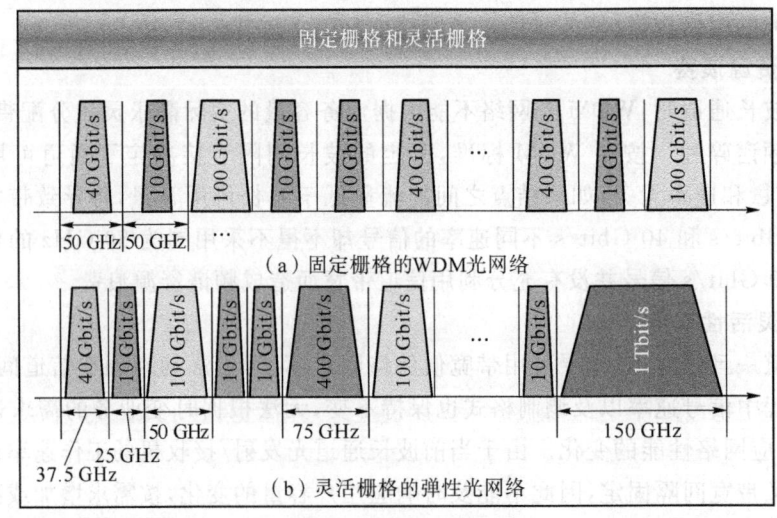

图 1-1 两种光网络图

如何充分利用光纤带宽资源,提升信息传输与交换能力,成为未来光网络发展的关键问题,实现通信容量、频谱利用率、应用灵活性和成本效益等光网络性能的全面提升成为光网络未来发展的主要趋势,如图 1-2 所示。

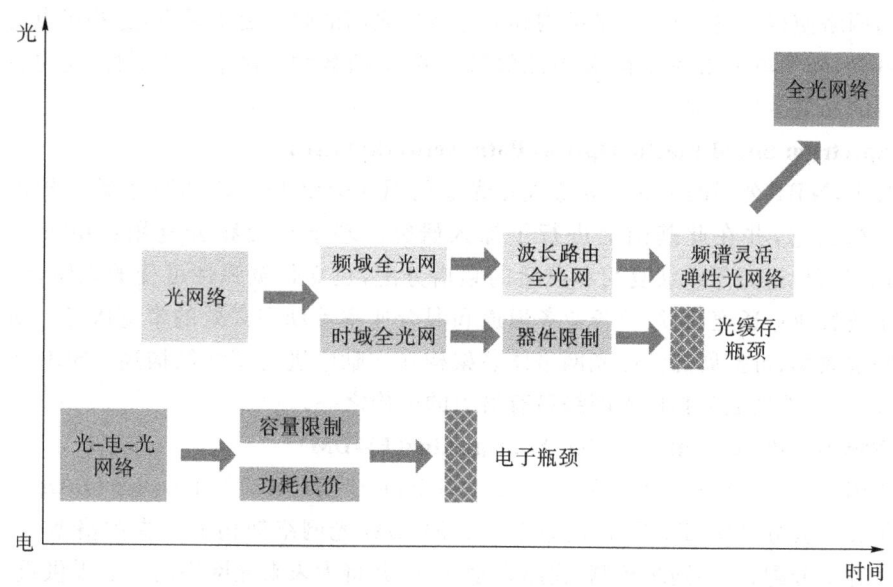

图 1-2　光网络技术发展趋势

从图 1-2 中可以看出,未来的光网络需要突破电子瓶颈,实现全光交换与组网。目前主流的全光网实现方式可分为时域方法和频域方法。在时域光网络中,光缓存等关键技术难以突破,目前在光分组交换和光突发交换方向上很难在短时间内真正实用化。而在频谱解决路线中基于 WDM 的波长路由光网络虽在 WSON 等控制体系上已经相对成熟,然而由于前面描述的诸多缺点导致其灵活性不高、资源浪费严重、功耗效率低下。以灵活栅格为基础的带宽可变弹性光网络为未来全光网的发展提供了有效的解决途径,已成为光网络领域最重要的研究热点之一。

## 1.2　弹性光网络的关键技术

弹性光网络是未来光网络的发展趋势之一,接下来将从弹性光网络的体系架构和物理层实现两个方面对弹性光网络的关键技术进行阐述,最后,我们概述和分析了弹性光网络中的信号处理关键技术与发展需求。

### 1.2.1　弹性光网络体系架构

针对频谱灵活光网络,目前,欧洲、日本、美国等全球各地科研工作者分别提出了各自的体系架构。[2]

**1. Date-Rate Elastic Optical Network(DR-EON)**

在欧洲,由 Olivier Rival 和 Alcatel-Lucent Bell Lab 提出的 DR-EON 是目前正在积极

开展的光网络研究项目。该架构通过设计一种基于"弹性"的新型网络概念,改善并提高了WDM光网络的资源利用率。"弹性"的含义代表一系列在当前网络中固定的通信参数,包括光信号调制格式、传输速率、通道间隔等,这些参数在新型网络结构中可动态调节。因此,这种新型网络使得传输参数、网络结构和业务特性之间的映射更加紧密,这些优点将大幅提升网络容量,降低单位比特成本,使节能效果显著,并有效增强网络可扩展性,这也正是本书研究内容的网络架构基础。

**2. Spectrum Sliced Elastic Optical Path Network(SLICE)**

在日本,NTT公司的Jinno M等人在光通信国际会议ECOC 2009上首次提出谱切片弹性光网络概念,并在此基础上进行了深入研究。基于正交频分复用(OFDM)技术的SLICE网络可以进行子载波复用和灵活的频谱分配,建立带宽弹性可变的光路,SLICE能够提供子波长业务通道、超级波长业务通道和混合速率等动态高效的带宽服务。对这种新型的高频谱效率、可扩展的弹性光网络体系架构在文献中进行了详细描述。SLICE目前受到广泛关注,并发展成为弹性光网络最有潜力的架构之一。

**3. Flexible Wavelength Division Multiplexing(FWDM)**

在美国,由德克萨斯大学的A. N. Patel、Gringeir S和NEC Laboratories America等联合提出了灵活波分复用(FWDM)网络架构。FWDM光网络架构能够支撑格型网络拓扑,支持动态容量分配、自动网络控制、光路自动建立,并将为未来光网络的发展提供重要依据。并且它不仅支持基于OFDM的多载波调制,也允许单载波调制技术,这样就对当前WDM光网络具有更好的兼容性。另外,Finisar公司又提出一项名为Flex Grid的全光网研究项目,2013年OFC大会上又有学者阐述了现有WDM光网络向Flex Grid网络演进的多种可能性,尽管当前技术还处于发展初期,但Flex Grid也极有可能成为未来骨干网的架构基础。

## 1.2.2 物理层关键技术

弹性光网络物理层的关键技术主要包括以高阶光调制为基础的带宽可变光收发技术和以带宽可变波长选择开关(Bandwidth Variable Wavelength Selective Switch,BV-WSS)为主要器件的带宽可变交叉技术,如图1-3所示。

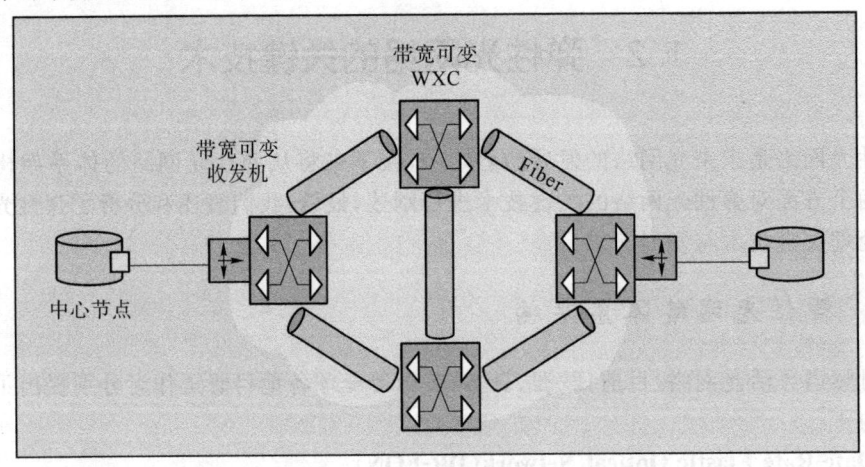

图1-3 弹性光网络网络模型:基于带宽可变收发机和带宽可变交叉技术

**1. 带宽可变收发机**

带宽可变光收发机在高阶光调制的过程中,可以提供不同的灵活维度,比如不同的符号速率、调制格式、信号带宽和复用方式等。这些灵活维度之间存在着紧密联系。通过选择相关参数控制带宽可变光收发机的灵活性是一个较为复杂的过程。不同的参数组合可以构成不同类型的收发机,也意味着将得到不同的使用性能和硬件成本。

**2. 弹性光交换结点**

在灵活栅格弹性光网络中,业务带宽需求多种多样,因此需要网络中的光交换结点能够支持带宽可变的交换功能,其中以 BV-WSS 为核心器件,该器件可在光域直接实现精细颗粒度的带宽和中心波长灵活调整的功能。目前有多种实现 BV-WSS 的技术方案,包括基于 LCoS 和 MEMS 的方案等。图 1-4 展示了一种带宽可变的交叉结点结构和其中的核心器件 BV-WSS 的交换原理。

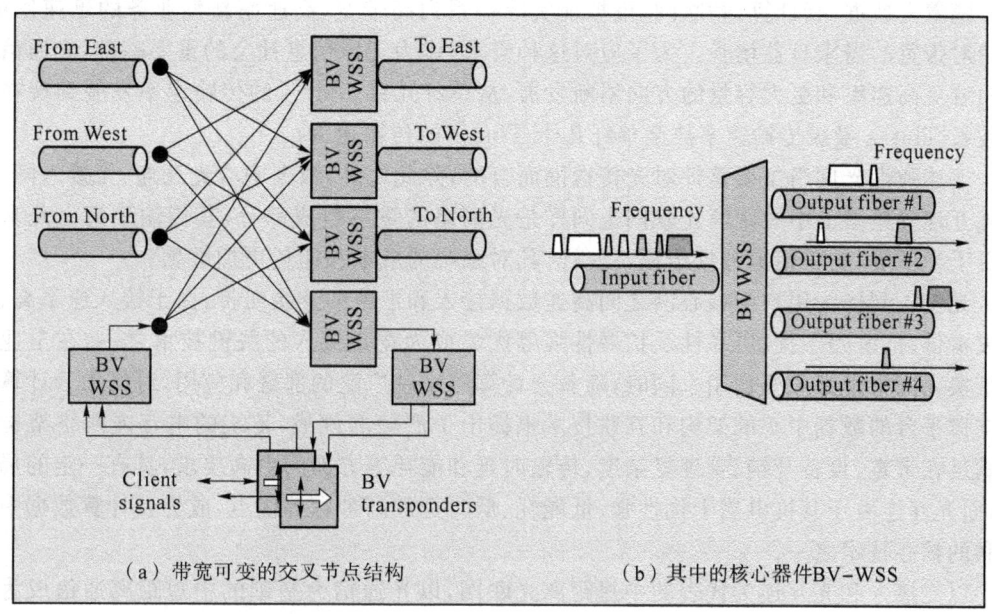

（a）带宽可变的交叉节点结构　　　　（b）其中的核心器件 BV-WSS

图 1-4　交叉节点和核心器件图

## 1.2.3　信号处理关键技术

目前,针对弹性光网络中的信号处理技术主要用于补偿网络中的物理损伤,研究的重心依然是基于相干检测的数字信号处理(Digital Signal Processing,DSP)技术。采用各类 DSP 算法可以抑制光纤信道的各类物理损伤,从而显著提高信号传输性能。另外,相干光的频率选择性从物理上支持信号频谱栅格的弹性伸缩,因此相干检测与数字信号处理是支撑弹性光网络传输层架构的重要技术。

在弹性光网络中,DSP 技术是相干通信技术发展的最大推动力。光脉冲信号在光纤中传输往往受到很多物理效应的影响,电域 DSP 技术非常成熟,成本相对低廉,DSP 算法的多样性保证了对抗物理损伤的有效性,一般可以实现色散补偿、自适应均衡、解偏分复用、载波频偏估计以及载波相位恢复等功能。

但是，随着系统规模的扩大、网络灵活性的提升，传统的DSP算法由于复杂度较高、补偿效果有限、自主学习能力较差等原因，也面临极大的挑战和升级需求；同时也应看到，在高速传输时，电域处理目前还存在电子速率瓶颈，难以满足实时需求。而光信号处理（All-Optical Signal Processing，AOSP）技术则可有效避免电信号处理中的光—电—光转换导致的电子瓶颈问题，是未来全光网络的核心技术之一。但是目前，弹性光网络的大部分研究都聚焦在网络层的控制机制和物理层的实现器件上，而弹性光网络中信号处理技术的研究尚未跟上技术的发展需求，目前仍有很多问题急需探索和解决，相关内容将在下节详细阐述。

## 1.3 光接入与光互联的发展现状与趋势

随着大数据、云计算、物联网、虚拟现实等一系列高带宽、高速率新型业务的迅速发展，用户对带宽的需求日益增长。为了应对这种需求，作为支撑信息社会的重要基础，光通信网络向着更高速率和更大容量的方向不断发展，从单纤几百 Gbit/s 的传输速率发展到现在的单波长 Tbit/s 量级传输速率甚至单纤几十 Tbit/s 的传输速率。

上述弹性光网络主要是针对光传送网而言的，除此之外，数据中心光互连、光接入网、城域光互连等典型的中短距离光联网也同样是光网络的重要组成部分，其传输距离由几米到几百千米不等，与长距离数据传输不一样，其对系统的成本和能耗更加敏感。

光接入网作为用户与核心网之间高速数据接入和汇聚的连接纽带，由于接入速率高、维护成本低、抗电磁干扰、可靠性及扩展性强等优势成为宽带接入的关键技术之一，在全业务宽带接入网中发挥主要作用。同时，随着云计算越来越广泛的部署和应用，对作为云计算核心支撑平台的数据中心的架构和互联技术也提出了严峻的挑战，传统的电互连网络架构无法满足在带宽、设备开销、管理复杂度、传输时延和能耗等方面的更高要求，具有一定的局限性；而光互连由于其抗电磁干扰性强、低能耗、低时延和高带宽等优点，成为云计算数据中心互联的核心技术之一。

以光接入和光互连为代表的中短距离光联网，以光通信为基础的中短距离通信成为当今甚至未来光网络很重要的组成部分。因此，深入研究中短距离光联网中的信号处理，特别是光接入与光互连的信号处理技术，对未来光网络技术的发展具有重要意义，也是目前光通信研究的热点和难点。

在光接入网领域，随着流媒体、视频会议和在线游戏等一些高质量、高带宽业务需求越来越多，用户端带宽消费的主要组成部分已经从语音和文本业务过渡到数据和视频业务，互联网业务的持续增长，推动着用户对接入网带宽和可靠性的要求不断提高。而在光互连领域，以数据中心光互连为核心技术的云计算服务在各种新兴业务的驱动下被广泛关注和部署。实际的业务需求对光接入和光互连技术的要求呈现新的特点，全数字化、宽带化、智能化已成为光接入和光互连乃至未来光网络技术的发展趋势，不同距离的光通信网络如图1-5所示。

### 1.3.1 光接入与光互连的主要分类和现状

光接入网，在这里我们主要讨论的是光纤接入网，是指本地交换机或远端模块与用户之

图 1-5　不同距离的光通信网络

间采用或部分采用光纤作为传输介质进行通信的系统。相对于数字用户线路(DSL)、混合光纤同轴电缆(HFC)和电力线宽带(BPL)等传统电缆接入网络,光接入网具有通信容量大、抗电磁干扰性强、安全性好等诸多优点,是有线接入方式中发展最为迅速也最具发展潜力的有线宽带接入网方案。从 2012 年开始实施的"宽带中国"战略,大范围的光纤宽带网络建设及近百兆的家庭带宽目标都为光接入网的快速发展注入了强大的动力。光接入网是一个典型的点到多点的传输网络。根据网络中是否含有有源设备,光接入网可以分为有源光网络(AON)和无源光网络(PON),而且两者采用了不同的分路方式:前者采用有源电复用器分路;后者采用无源光分路器分路。与 AON 相比,PON 通过无源分光器为用户提供透明的通信传输,而且投资成本低,有利于维护和管理,网络结构简单,扩展性好,所以 PON 技术得到迅速发展和广泛应用。

　　光接入网由光线路终端(OLT)、光网络单元(ONU)和光分配网(ODN)三部分组成。OLT 可以位于交换局内,也可以位于远端,OLT 的作用是为光接入网提供网络侧与业务之间的接口,并经过一个或者多个 ODN 与用户侧的 ONU 通信。OLT 按照一定的帧格式实现多业务接入,管理来自 ONU 的各种信令和信息。OLT 与 ONU 的关系为主从通信关系。ODN 为 OLT 与 ONU 之间提供光传输手段,实现业务的透明传送。ONU 位于 ODN 的用户侧,ONU 的主要作用是为光接入网提供直接或者远端的用户侧接口,主要功能是接收来自 ODN 的光信号、处理光信号并为用户提供业务接口。在逻辑上光接入网是一种"点对多点"的网络,一个 OLT 服务多个 ONU,光接入网可以根据不同的需求和应用环境,灵活地组成星形、总线形、环形和树形等不同的拓扑结构,如图 1-6 所示。不同的拓扑结构组网对光接入网的网络功能、成本造价及可靠性等具有重要影响。树形结构作为一种分级结构,支持 OLT 与 ONU 之间双向传输,扩展方便、灵活,成本低,易推广,适合 OLT 与 ONU 这种分主次的网络系统,所以光接入网一般也采用树形拓扑结构进行组网。

　　数据中心由成千上万台服务器组成,各种应用运行于这些服务器中。数据中心担负着互联网中绝大部分数据的处理功能,也是云计算技术的基础。云计算的日益发展也对数据中心网络架构提出了新的严峻挑战。随着云计算对计算能力的要求越来越高,对服务器之

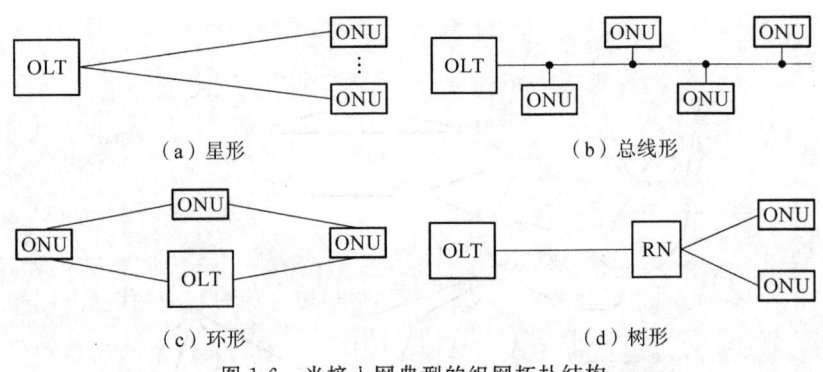

图 1-6 光接入网典型的组网拓扑结构

间的通信带宽和时延要求变得更高,而且数据中心内部的信息交互也变得更为频繁。传统的电互连网络架构难以在能耗、带宽、设备开销和管理复杂度等方面同时满足云应用的要求。光通信适合高速信号的长距离传输,但随着云服务对计算速率和网络速率需求的提高,光通信也越来越向数据中心渗透。因此,具有低开销、低能耗和高带宽优势的光互连网络架构产生并得到广泛的关注和研究。

随着数据中心网络链路带宽需求的提升,传统的电互连网络的铜缆互连不再是一种理想的互连方式,同时随着带宽需求和信号速率的提升,电互连交换芯片所支持的端口数目会逐步降低,无法满足更高交换容量的要求并且网络的设备开销、布线开销、能耗也不断增大。而随着光互连在数据中心的引入,光互连技术因其巨大的优势可以有效地解决上述问题。目前,数据中心的光互连网络架构分为光电混合互连和全光互连网络架构。光电混合互连结构是为了有效兼容现有数据中心的电互连技术,同时通过光互连技术解决核心层流量超负荷的问题。电气开关设备和光交换设备这两种设备组成了光电混合互连架构,并且构成两个并行网络——电互连网络和光互连网络,不同流量将通过不同的网络完成传输。在混合架构中,光互连网络一般由商用全光交换设备组成,因此具有较高的技术可行性。但是,由于光电混合网络中仍存在大量的电交换设备,因此在能耗和设备开销等方面网络架构并没有取得显著的优化。目前大规模集群系统的能耗已经超过预期水平,为进一步降低能耗和开销,需要在服务器级互连、板级互连甚至在芯片级互连领域广泛使用光互连技术。数据中心光互连根据互连的距离和作用分为数据中心内部光互连和数据中心之间的光互连,如图 1-7 所示。数据中心内部光互连亦可进一步细分为芯片间光互连、板间光互连、机架间光互连、服务器间光互连等。数据中心之间的光互连则完成了数据中心与另一个数据中心之间的光互连通信。随着计算速率和互连通信要求的提高,数据中心的快速发展对高速光互连产生很大的需求,并且需求越来越向短距离渗透,而不同的距离互连也涉及不同的光通信技术。对于数据中心来说,需要根据带宽密度、功耗、成本这几个重要而敏感的因素来选择合适的光通信技术。全光互连网络架构成为下一代数据中心网络结构的研究方向和发展趋势,而未来的高速网络也需要创新性的光互连技术。

## 1.3.2 光接入与光互连中的关键技术和发展趋势

在用户带宽需求不断提高的驱动下,光接入网技术得到了快速发展,目前时分复用(TDM)10 G EPON 和 GPON 技术已经比较成熟并且得到广泛部署和使用。为了不断满足

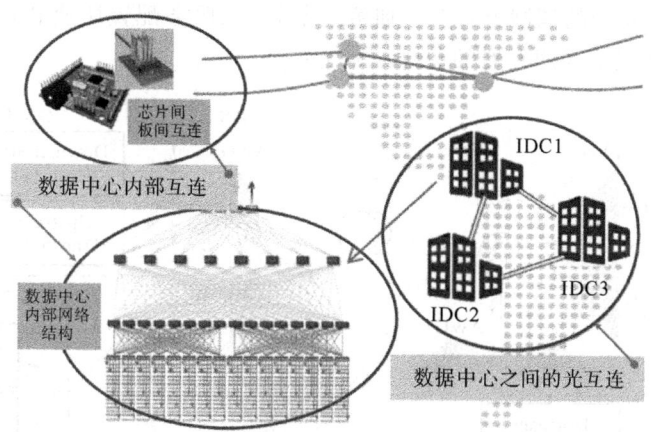

图 1-7 数据中心内部光互连与数据中心之间的光互连示意图

用户带宽需求和下一代光接入网的发展要求，光接入网正在向单波长 25 G/40 G 光接入网、波分复用 100 G 光接入网迈进。波分复用(WDM)技术充分利用单模光纤低衰减、低色散窗口的频谱资源，将不同波长的光信号复用到一根光纤中，实现单纤多路光信号的同时传输，极大提高了系统链路的传输容量。相比于 TDM 光接入网，WDM 光接入网为 OLT 与每个 ONU 之间的通信单独分配一个波长信道，具有大容量、可透明性传输、高业务质量和高安全性等优点，近年来得到了广泛关注和研究，其结构示意图如图 1-8 所示。WDM 光接入网的关键技术主要有以下几类。

**1. OLT 端的光源选择**

在 WDM 光接入网中，要为每一个 OUN 用户分配专属的通信波长，所以 OLT 端需要配置多个波长但是波长固定的光源会增加系统成本和结构的复杂性，所以选择制造成本低廉的光源是 WDM 光接入网发展的关键之一。

**2. 无色 ONU 技术**

WDM 光接入网为 OLT 与每个 ONU 之间的通信单独分配一个波长信道，系统会同时存在多个不同波长，如果因此需要相应地准备只适用于不同波长的 ONU，这不仅增加了 OUN 设备的复杂性，而且会大大增加接入网建设和维护的成本，所以希望采用的 ONU 是与波长无关的，即是"无色"的。目前实现无色 ONU 的方案主要有：基于反射半导体光放大器(RSOA)发射重调制技术的无色 ONU、基于注入-锁定激光器技术的无色 ONU、基于宽谱光源分割技术的无色 ONU、基于可调激光器的无色 ONU 等。

**3. 波分复用/解复用器**

波分复用器/解复用器是光纤通信系统利用 WDM 技术进行扩充容量的关键器件，而现在大部分使用光纤布拉格光栅(FBG)、多腔介质薄膜滤波器(MDTFF)、熔融拉锥器件(FTD)、阵列波导光栅(AWG)等，AWG 被认为是 WDM 光接入网波分复用/解复用的理想器件。

**4. 组播、广播技术**

在 WDM 光接入网中除了要享用单独分配的波长信道进行 OLT 与每个 ONU 之间的大容量单播通信外，而对于一些具体的实际业务，如视频会议、网络电视等通信服务，点到多点的组播和广播技术对于 WDM 光接入网来说也是非常重要的通信方式。目前 WDM 光接入网中的组播方法主要有：增加额外的波长光源进行组播、副载波调制、偏振复用、单播信号和组播信号采用正交的调制方式等。研究可靠性强、服务配置快速和资源利用率高的组播技术也是 WDM 光接入网发展的关键技术之一。

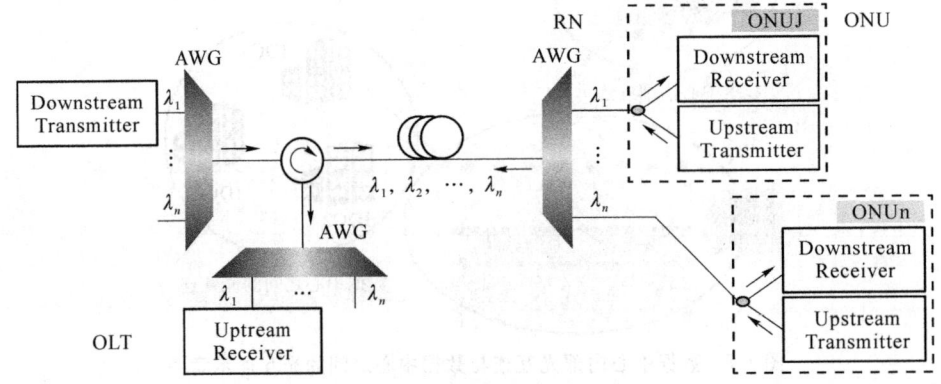

图 1-8  WDM 光接入网结构示意图

在数据中心网络在带宽需求提升的驱动下，数据中心光互连技术越来越受到关注。传统的电互连随着带宽需求和信号速率的提升，遇到了带宽瓶颈、能耗大、设备开销大、布线开销大的瓶颈。而由电互连向光互连发展的过程中，为了还能充分利用现有的电互连设备与技术，还是先渐进地发展成为光电混合互连的网络架构，并且应用到实际的数据中心网络中。但是由于光电混合互连网络中仍存在大量的电交换设备，因此在能耗和设备开销等方面并没有取得显著成效。为了进一步优化数据中心互连网络的性能，降低能耗和开销，需要加快对光互连关键技术及其在数据中心的具体应用。根据实际数据中心互连的需求，光互连技术需要攻克的关键技术主要如下。

**1. 新型的光交换结构**

由于目前数据中心光交换的端口有限，导致光互连网络的扩展性非常有限，进而无法实现服务器级的全光互连，所以需要增加光交换端口的数目；同时，光交换结点的性能也会直接影响网络拓扑、交换机制和通信策略，所以需要设计低能耗、低成本、细粒度、快速配置的光交换结点，这样可以有效改善光互连网络的性能；另外，为了实现数据中心低能耗、低时延和大容量的互连性能，需要减少甚至完全去除电交换设备。

**2. 大带宽的数据中心点对点光互连系统**

数据中心光互连根据互连的距离和作用分为数据中心内部光互连和数据中心之间的光互连。数据中心内部光互连可进一步细分为芯片间、板间、机架间、服务器间光互连等，数据中心之间的光互连则完成了一个数据中心与另一个数据中心之间的光互连通信。随着计算速率和互连通信要求的提高，数据中心的快速发展对高速光互连产生很大需求，不同的距离互连也涉及不同的光通信技术。对于数据中心来说，需要根据带宽密度、功耗、成本这几个重要而敏感的因素来选择合适的光通信技术，具体涉及数据中心点对点光互连系统物理层的光通信技术的选用。图 1-9 所示为数据中心点对点光互连系统示意图，相对应有源数据端、光发射机、光纤链路、光接收机、数据目的端。

在长距离高速的骨干网和城域光互连网络中，由于其通信带宽极高，通常采用复杂的高阶调制技术、相干检测技术等。而出于对成本和功耗的考虑，强度调制-直接检测（IM-DD）

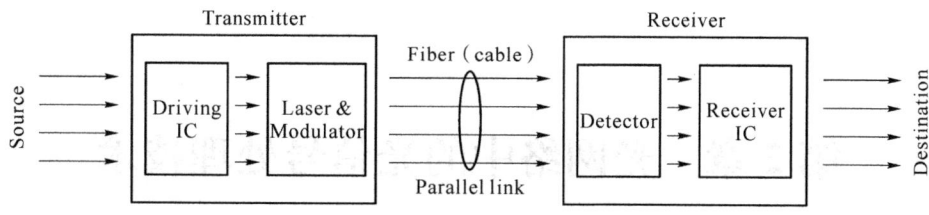

图 1-9 数据中心点对点光互连系统示意图

系统更适用于数据中心的光互连。在近几年的研究中,数据中心的光互连速率由单波长 100 Gbit/s 发展到单波长 400 Gbit/s,1.6 Tbit/s 已被作为未来的通信速率目标。对于传统的光通信系统,提升通信容量的策略是依赖更高带宽的电子或光学组件,在数据中心光互连系统,也需要根据具体的应用需求、距离、成本和功耗来选择器件搭建系统,如进行服务器与服务器之间的光互连(<1 km)时,可以选择带宽较小但成本更低的垂直腔面发射激光器(VCSEL)作为直接调制光源,多模光纤作为传输链路[52,53];进行数据中心之间的互连(2~20 km)时,可以选用带宽稍大的直接调制半导体激光器(DML)或者电吸收调制器(EML)作为光源,单模光纤(SMF)作为传输链路;当进行更长距离的数据中心之间光互连(20~100 km)时,可以选择分布式反馈激光器(DFB)加马赫增德尔调制器(MZM)的外调制方式,SMF 作为传输链路进行互连通信。表 1-1 总结了数据中心光互连系统常用的一些光源、调制器、光纤、信号调制格式和探测器,选择合适器件的同时,也需要选择适合的信号调制格式,例如 NRZ-OOK、脉冲幅度调制(PAM)、无载波幅度相位调制(CAP)、离散多音频调制(DMT),另外,在实现数据中心高容量、低成本的光互连的前提下,根据实际的系统和器件限制,还需要解决以下问题:由于低成本的发射接收机而导致受限的带宽及功率受限问题;系统工作在 C 波段时由于色散引起的信道衰落;如何在 IM/DD 系统中实现偏振复用/解复用。所以解决光互连系统发射机带宽及功率受限而导致系统速率、容量受限的问题,也是光互连系统发展的关键目标之一。

另外,数据中心光互连系统也逐步从用分立器件搭建改为用光模块搭建,目前已有的 100 Gbit/s 短距离互连的标准包括 100GBASE-SR10、100GBASE-SR4 和 100GBASELR4,基本实现方式是基于 4 通道的 25 Gbit/s 通信系统或者 10 通道的 10 Gbit/s 通信系统。

表 1-1 数据中心光互连常用的一些器件与调制格式列表

| 光源+调制器 | 光纤 | 调制格式 | 探测器 |
|---|---|---|---|
| VCSEL | 多模光纤 | OOK | PIN |
| DML | OM1/OM2/OM3 | PAM4/8/16 | APD |
| EML | OM4/WBMMF | CAP | 其他 |
| DFB+MZM | SMF | DMT | |
| 激光器+其他分立元件 | 其他光纤:塑料 | 其他 | |

**3. 增强光互连网络的安全性和可靠性**

全光网络的透明性在改善网络性能的同时,也给网络安全带来了一定隐患,因为对于攻击者来说,全光网络信号同样透明,保证全光互连网络的安全性才可以确保数据中心继续发展。

目前,光互连网络正向着大容量、低能耗、低时延和高安全性的方向发展。

# 第 2 章 光网络中的光信号处理技术

## 2.1 光信号处理技术的研究意义和研究现状

### 2.1.1 光信号处理技术的基本概念与研究意义

所谓光信号处理，顾名思义就是在光域内实现对信号的各种变换、处理操作。在光域实现对信息的处理可以避免传统电信号处理中光电光（OEO）转换过程中的电子瓶颈问题所带来的处理速率的限制。采用光信号处理的技术手段无须触及信号的每一个比特，从而可以提升信息处理速度，例如，在采用 EDFA 放大信号时，可以在不触及每比特信息的情况下一次性放大 Tbit/s 的信号，同样在全光波长转换中，信号光的信息可以直接从一路波长完整、快速地复制到另一路波长上，如图 2-1 所示。

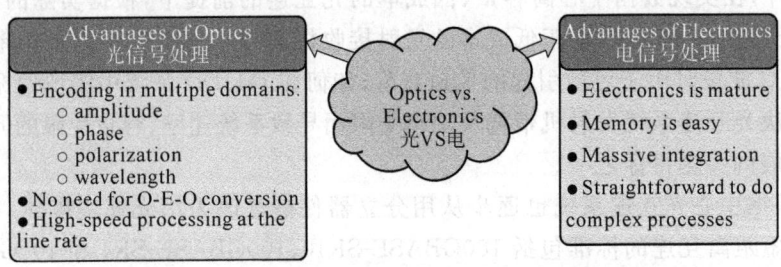

图 2-1 光信号处理与电信号处理的优势对比[3]

目前，光信号处理所采用的主要技术手段是利用光学非线性器件中的非线性效应，实现针对各种不同调制信号的各种处理以及变换操作。光信号处理涉及四方面的关键要素：各种类型的调制光信号；非线性器件；非线性效应；网络功能需求。

**1. 各种类型的调制光信号**

幅移键控（ASK）、频移键控（FSK）和相移键控（PSK）为光纤通信网络中最常见也是最常用的调制方式，其分别对应使用光载波的幅度、频率和相位变化表示信息。数字调制的过程就是一个映射过程，它将数据"1"和"0"（或者说符号"1"和"0"）映射到载波的幅度、频率或者相位参量上，经传输后，在接收端再将载波的幅度、频率和相位参量重新映射成原始的数据信息。在 ASK 调制中，光载波的幅度大小随数据而变，其他参量则保持固定，即发送比特"1"时对应一个载波幅度，发送比特"0"时，对应另一个载波幅度，NRZ 和 RZ 码型对应不同的占空比。当用不同强度的一串数字序列控制脉冲幅度时可以得到 PAM 信号。在 FSK 中载波的频率用于表示数字信息,某一特定频率为"1"而另一频率为"0"。在 PSK 中,用光载波的相位变化表示信息,这里的相位是指相对于正弦载波初始相位的角度偏移,发送"0"时,载波相位产生 π 相移,而发送"1"时则不改变相位,相位变化角度可取对应符号映射的一系列值。调制时结合幅度和相位可以获得 QAM 信号,采用 QAM 调制在相同的波特率时可以获得更高的传输速率,图 2-2 给出了光通信中不同类型的调制信号示意图,高阶调制信号示意图如图 2-3 所示。

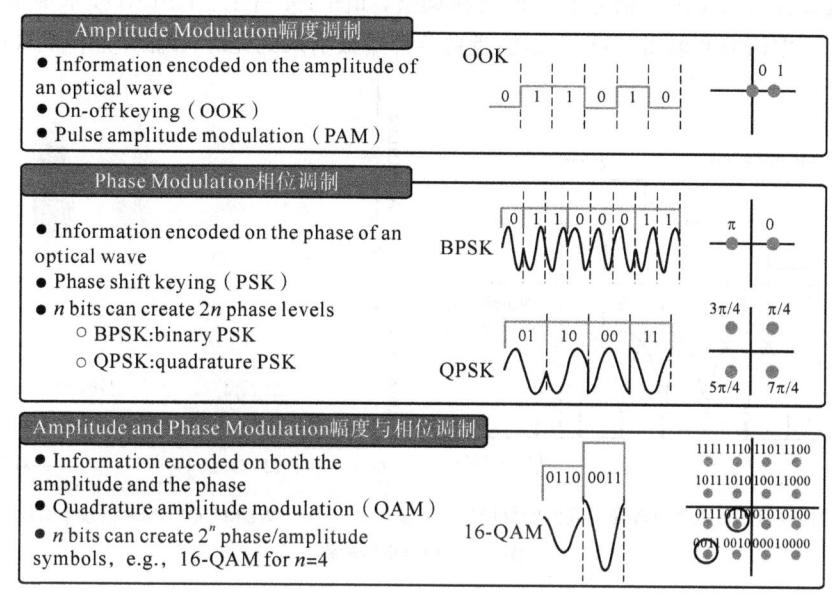

图 2-2　光通信中不同类型的调制信号示意图:OOK,PAM,m-PSK,QAM[4]

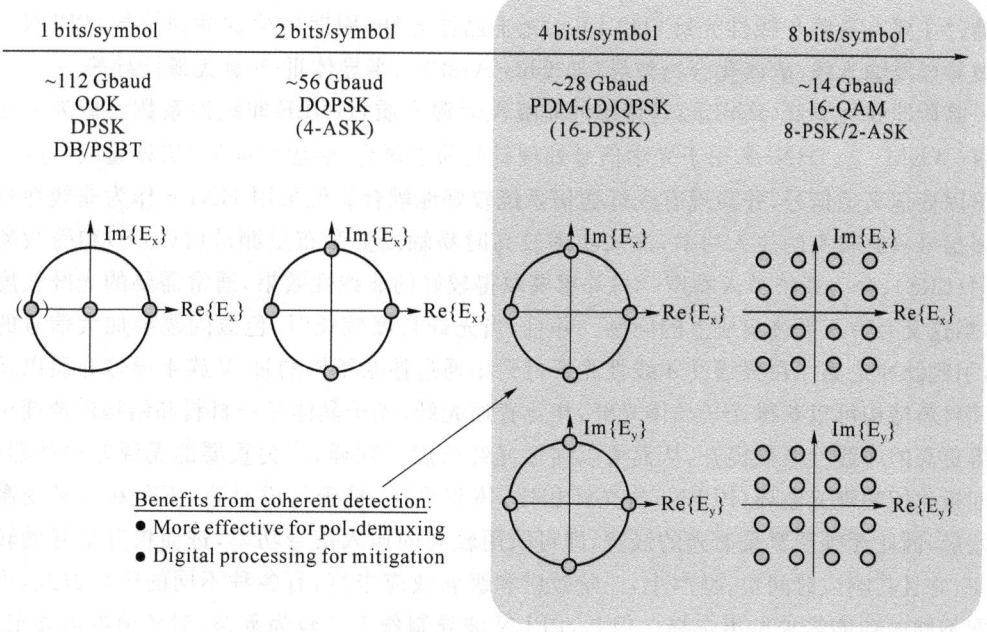

图 2-3　高阶调制信号示意图:OOK,DPSK,PDM-(D)QPSK,8PSK,16QAM

近些年来,由于高阶调制方式(m-PSK,m-QAM 以及偏振复用信号 PDM-mPSK,PDM-mQAM)可以携带多比特信息,提升了频谱效率,因此受到越来越多的关注,如图 2-3 所示。

另外,相比于单载波调制,近些年来引起广泛关注的多载波调制(OFDM)技术,由于其各个子载波之间相互正交,减少了子载波间的相互干扰,同时提高了频谱利用率,接收端可以完整地恢复出原始信号,并且由于调制后的频谱可以相互重叠,从而节省了频谱资源,通过调节子载波数目可以实现对信号速率的灵活调整,如图 2-4 所示。OFDM 技术最早在无线以及宽带接入网中研究并取得了巨大成功,近些年开始被引入到光纤传输系统中,即 O-OFDM。

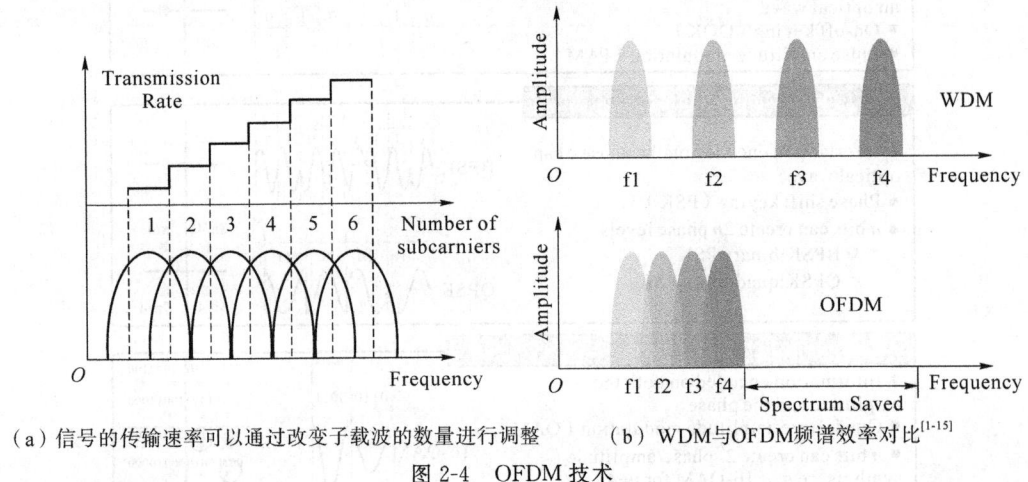

(a)信号的传输速率可以通过改变子载波的数量进行调整　　(b) WDM与OFDM频谱效率对比[1-15]

图 2-4　OFDM 技术

**2. 非线性器件**

通常按照是否需要额外的外界电源控制,可以把常用的非线性器件分为有源器件和无源器件。有源器件主要包括半导体光放大器(SOA)、量子点半导体光放大器(QD-SOA),无源器件主要有高阶非线性光纤(HNLF)、光子晶体光纤、周期极化铌酸锂波导(PPLN)、硅基波导以及纳米线、硫族化合物波导(如 ChG $As_2S_3$)、半导体Ⅲ-Ⅴ族无源波导等。

高阶非线性光纤(HNLF)是传统的非线性无源介质,HNLF 非线性系数大概为十几到一百(WKM)$^{-1}$。HNLF 用于光学信号处理具有易于耦合、响应时间短(法秒量级)等特点,其可以处理高速信号,并与现有光纤通信系统较好地耦合。但采用 HNLF 作为非线性材料需要信号具有较高的注入功率,注入功率较高时易触发受激布里渊散射(SBS)和受激喇曼散射(SRS),会为系统带入噪声。另外想要取得较好的非线性效果,通常需要的光纤长度较长,当这又会带来系统集成上的问题。并且,当光纤长度较长时,色散问题会加大信号的失真,引起脉冲走离。在普通高非线性光纤材料中通过掺杂不同的Ⅲ-Ⅴ族半导体介质以及改进其材料结构可以获得光子晶体光纤,相比普通光纤,光子晶体光纤材料和结构的改变可以获得更高的非线性系数提升,从而可以缩短光纤长度。同样,作为重要的无源非线性器件,周期极化铌酸锂光波导(PPLN)与光纤相比,体积更小,易于集成封装,不存在各种受激辐射效应,因此无须展宽泵浦光的线宽,即可采用较高的输入信号功率,进而提升信号的转换效率,并且其响应时间快,噪声小,二阶效应和级联效应丰富,有各种不同的级联方式,可以根据不同的功能需求做出选择。但是,PPLN 波导制作工艺较为复杂,对各项参数要求高,工作波长受准相位匹配条件限制,热稳定性差。近些年来,随着波导制作工艺的进步,在传统无源器件的基础上，硫化物、III-V族以及以硅基为材料的波导由于其在响应速度、集成度、非线性系数上的优势，在光信号处理领域逐渐引起人们关注。图 2-5 给出了可用于光信号处理的各种材料以及由材料构成的器件，材料主要有二氧化硅、氧化铋、铌酸锂、硅、半导体量子阱、硫族化物，对应的非线性器件分别为不同材料的高非线性光纤、PPLN、硅基波导以及硅基纳米线，以及不同结构的半导体光放大器、硫化物波导等。

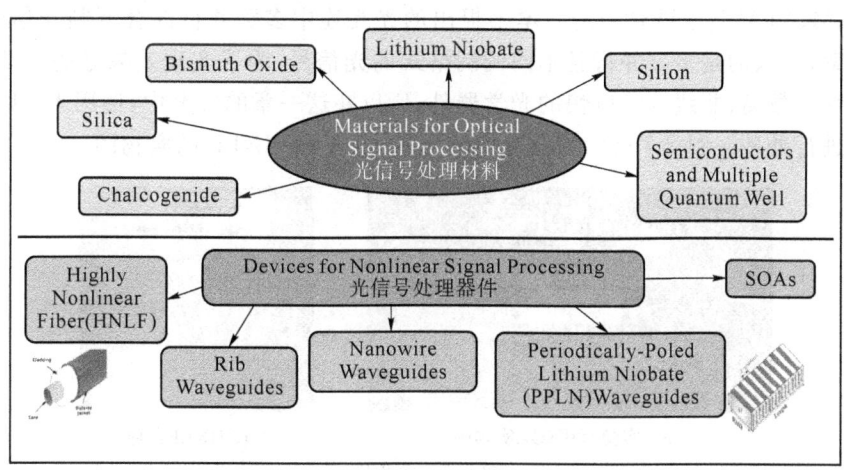

图 2-5　不同非线性材料与器件对照图[3]

在有源器件方面，SOA 以及 QD-SOA 的非线性来自其有源区中载流子跃迁引入的极化，相比于无源介质，SOA 的非线性系数一般要大几个数量级，采用量子点结构的 QD-SOA 取得了比普通 SOA 更高的非线性系数。半导体放大器具有能耗低、易于集成、工艺成熟等优势，但是在放大信号以及触发非线性效应的同时，会引入放大自发辐射噪声（ASE 噪声）。

图 2-6 给出了几种不同非线性介质的非线性参数对比，可以看出，有源活性介质的非线性系数要高于无源介质，但是其响应时间（一般为 ps 量级）也比无源介质要大（fs 量级）。同时，利用常规器件搭建的具有不同结构的组合器件，如非线性光纤光学环镜（NOLM）、SOA 马赫增德尔干涉仪（SOA-MZI）等，也被广泛地研究和应用。

| Nonlinear Material | Loss($\alpha$) | Effective Area[$\mu m^2$] | Nonlinear Coefficient($\gamma$) | Dispersion(D) [ps/nm/km] |
| --- | --- | --- | --- | --- |
| SOA | ~1.2 dB/facet | N/A | N/A(~100 ps Gain Recovery) | N/A |
| Quantum-Dot SOA | ~1.2 dB/facet | N/A | N/A(~1 ps Gain Recovery) | N/A |
| HNLF | ~0.6 dB/km | ~10 | ~25/W/km | ~-0.1 |
| Bismuth Oxide HNLF | ~1.3 dB/m | ~4 | ~1 360/W/km | ~-260 |
| Chalcogenide Glass | ~0.3 dB/cm | ~20 | ~2 270/W/km | ~-560 |
| PCF | <10 dB/km | ~8 | ~1/W/km | <1 |
| PPLN | ~1 dB/cm | ~50 | d33<~30 pm/V | N/A |
| Silicon Waveguide | ~1 dB/cm | ~5 | ~3/W/m | ~4 000 |

图 2-6　不同器件的重要性能参数对比

基于不同材料的非线性介质在光信号处理中各有优缺点，不同的介质存在不同的非线性系数、非线性效应、材料损伤以及宽平坦带宽,相应的也会存在不同强度的噪声,实际中应根据具体的需求和应用场景权衡选择相应的器件。

本书后续章节实验所采用的基本是 CIP 公司 1 550 nm 波长蝶形封装外温度控制的磷化铟多量子阱 SOA,实物如图 2-7(a) 所示,其饱和增益恢复时间小于 25 ps,偏振相关饱和增益小于 0.5 dB,小信号增益超过 30 dB,其内部有源波导密封因子超过 20%,可用于产生 FWM、XGM、XPM 等非线性效应。本书提出的光互连中多路并行混合调制光信号的多功能处理方案,输入的是多路并行且不同调制格式的光信号,为了实现效果好的非线性处理,需要非线性系数高、非线性响应快的光学器件,所以在这一章的方案中,使用 HNLF 对输入的光信号进行处理。图 2-7 所示为实验室使用的 SOA 和 HNLF 的实物图。

（a）实验所用SOA实物图

（b）HNLF实物图

图 2-7 实物图

### 3. 非线性效应

通常,非线性介质中的 $\chi^{(2)}$ 以及 $\chi^{(3)}$ 电极化率导致的非线性克尔效应被用于光信号处理技术中。$\chi^{(2)}$ 电极化率导致的非线性效应主要包含倍频(SHG)、和频(SFG)、差频(DFG)以及级联倍频差频(cSHG/DFG)、级联和频差频(cSFG/DFG)等。图 2-8(a) 给出了 SHG 效应原理图,一路泵浦光注入 $\chi^{(2)}$ 介质,其频率位于介质的准相位匹配波长(QPM)处,触发 SHG 效应,相应地会在二倍频率处生成新的倍频光。图(b)给出了 SFG 效应原理图,新生成的光的频率为两路输入光的频率之和。图 2-9 所示为级联和频差频(cSFG/DFG)以及级联倍频差频效应(cSHG/DFG)原理图。

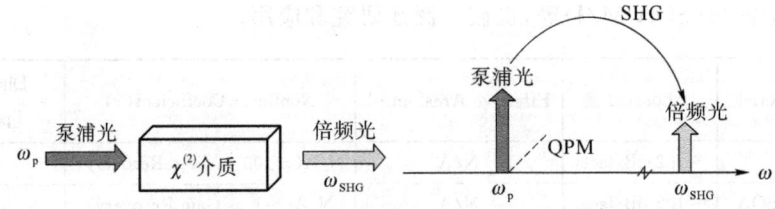
（a）SHG效应原理图

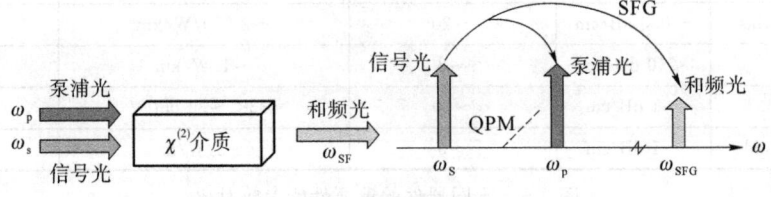
（b）SFG效应原理图

图 2-8 倍频效应原理图

第 2 章 光网络中的光信号处理技术

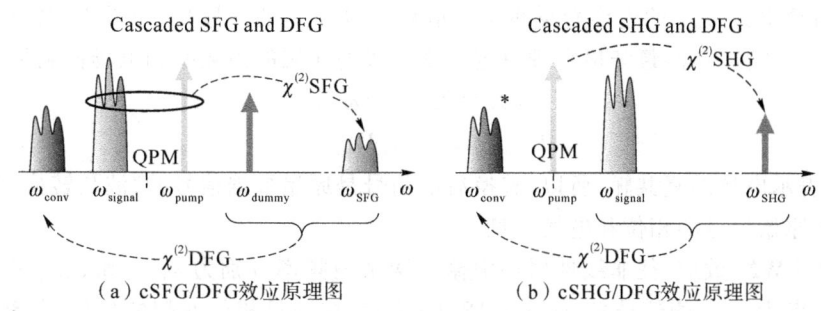

图 2-9 级联和频差频以及级联倍频差频效应原理图[5]

$\chi^{(3)}$ 电极化率导致的非线性效应主要包括 SPM、XPM 以及 FWM 等。光纤或者 SOA 有源区中由于注入光导致的折射率的变化会实时调制输入光信号的相位，折射率的变化引起信号前后产生感生相移，称为自相位调制(SPM)。当有两路及其以上的光注入时，折射率的变化会引起不同光束之间的交叉相位调制(XPM)，一般 XPM 效应会伴随着 SPM 同时出现，由 SPM 和 XPM 导致的信号相位变换可以表示为

$$\phi_{NL}(t) = \gamma L_{eff}\left[P_{signal}(t) + 2\sum_{i\neq signal} P_i(t)\right] \quad (2-1)$$

式(2-1)右边两项分别代表 SPM 和 XPM 各自引入的相位变化。图 2-10 示意了由 SPM 引起的信号频谱展宽以及 XPM 带入的相位噪声。

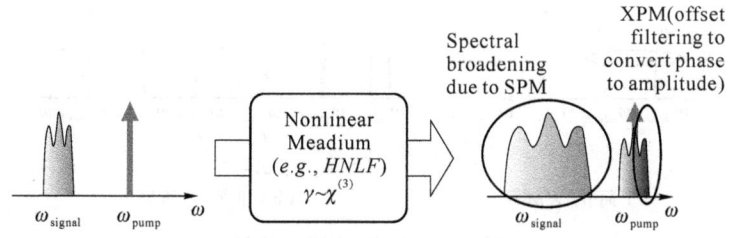

图 2-10 由 SPM 和 XPM 效应引起的频谱展宽和相位噪声示意图[5]

四波混频(FWM)过程起源于介质的束缚电子对电磁场的非线性响应，通过四波混频过程可以产生新的光波，如图 2-11 所示，通过两束频率不同的光在非线性介质中的相互作用会在新的频率上生成两束新光，此过程称为简并四波混频过程。当有多束光输入时，会触发简并和非简并四波混频过程，相应的在不同频率上会生成更多的闲频光。

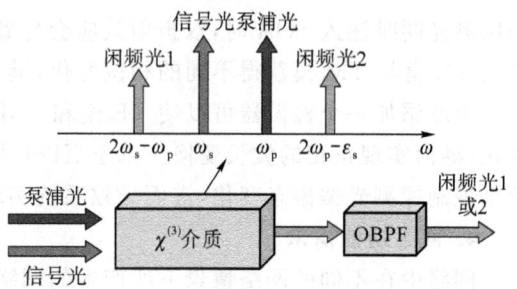

图 2-11 Degenerate FWM 过程示意图

FWM 是往具有三阶非线性极化率的非线性光学器件(如 SOA、HNLF 等)中输入三个光波，在满足相位匹配的条件下混频生成第四个光波的光波混频过程。图 2-12 所示为两种类型 FWM(简并 FWM 效应和非简并 FWM 效应)的原理图。简并 FWM 效应，往非线性

器件输入角频率为 $\omega_{pump}$ 的连续光泵浦光和角频率为 $\omega_{signal}$ 的信号光,如图 2-12(a)所示,在满足相位匹配的条件下,能量守恒定理决定了新生成的光波的角频率和电场值满足:

$$\omega_{conv}=2\omega_{pump}-\omega_{signal} \quad (2-2)$$

$$E_{conv}(t)\propto E_{pump}^2 E_{signal}^*(t) \quad (2-3)$$

式中,"*"表示电场的复共轭,所以,转换后的信号是原始数据信号的"波长转换"和"相位共轭",保留了原始信号的相位和电场信息。

非简并 FWM 效应,往非线性器件中输入两个角频率分别为 $\omega_{pump1}$ 和 $\omega_{pump2}$ 的连续光泵浦光和角频率为 $\omega_{signal}$ 的信号光,如图 2-12(b)所示,在满足相位匹配的条件下,新生成若干混频光,新生成的三个光波的角频率、相位和电场值满足:

$$\omega_{conv1}=2\omega_{pump1}-\omega_{signal} \quad (2-4)$$

$$\omega_{conv2}=\omega_{pump1}+\omega_{pump2}-\omega_{signal} \quad (2-5)$$

$$\omega_{conv3}=\omega_{signal}+\omega_{pump2}-\omega_{pump1} \quad (2-6)$$

$$E_{conv1}(t)\propto E_{pump1}^2 E_{signal}^*(t) \quad (2-7)$$

$$E_{conv2}(t)\propto E_{pump1} E_{pump2} E_{signal}^*(t) \quad (2-8)$$

$$E_{conv3}(t)\propto E_{signal}(t) E_{pump2} E_{pump1}^*(t) \quad (2-9)$$

所以在两个泵浦光的情况下,多个混频作用同时发生,生成的波长转换的光有相位共轭的,也有非相位共轭的。另外,值得一提的是,由于 FWM 涉及两个频率相加和一个频率相减,所以,如果输入泵浦光都在同一个频带,那么新生成的转换信号也倾向于在同一个频带。

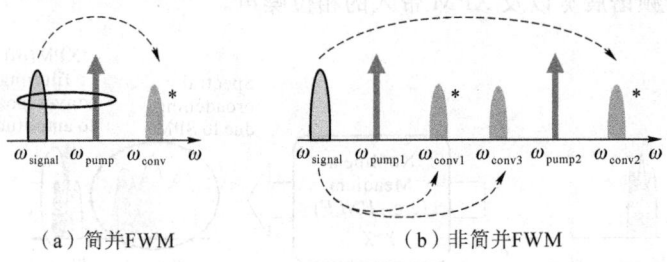

(a)简并FWM　　　　　　(b)非简并FWM

图 2-12　FWM 效应原理图

XPolM 效应是由于 SOA 结构的不对称性会导致其内部存在双折射现象,而当泵浦光和探测光同时注入 SOA 时,双折射效应会导致探测光的 TE 模和 TM 模获得不同的增益,进而 TE 模与 TM 模获得不同的相位变化,继而调制了输出的探测光的偏振态的现象。而在输出端添加一个检偏器可以使 TE 模和 TM 模发生干涉进而将偏振态的变化转变为强度变化,继而实现正相的波长变换。基于 XPolM 效应的光信号处理结构简单、配置灵活,但是较难控制探测光偏振态变化,进而导致系统实现不稳定。

**4. 网络功能需求**

网络中在不同的网络情景下所产生的网络功能需求是光信号处理技术所要实现和达到的目标,也是其研究的意义所在。不同的网络类型对光信号处理所要实现的网络功能需求也略有不同。在传送网中,中心结点所需的网络功能主要包括波长转换、信号互换、信号再生、调制码型转换、信息组播、光学逻辑以及光缓存等。在接入网中,所需的网络功能主要包括时钟恢复、频率转换以及超宽带(UWB)信号产生等。除此之外,光复用(Multiplexing)、解复用(Demultiplexing)、光域均衡(Equalization)、光关联(Correlation)、傅里叶变换

(FFT/DFT)、模数数模转换(A/D,D/A)、光采样、全光可调延时(Tunable Optical Delay)、光域性能(OSNR,CD,PMD 等)检测(OPM)等在不同网络中都有相应的应用。

随着通信领域传输技术的发展,宽带互联网开始普及,信号传输速率和通信容量的提升给人们带来了诸多好处,如视频会议、高清电视、远程教育等,但同时也给网络带来了很大压力。首当其冲的就是功耗问题,波分复用系统中,需要有与波长数量相对应的多路光电、电光信号转换电路。另外,在电域内进行的路由和交换会引起大量的功率消耗,相比电信号处理,全光信号的处理可以大大降低能耗。再有就是处理速度问题,电域的处理速度已经成为整个光网络通信的瓶颈。相比而言,光域的信息处理可以有效提升处理速度,因此,光信号处理技术引起人们越来越多的关注,涉及网络的传送、接收、中间交换以及接入等各个不同环节,其作为未来网络全光化、弹性化的重要支撑技术,有着重要的研究和应用价值。

## 2.1.2 光网络中光信号处理技术的研究意义与特点

**1. 光网络中光信号处理研究的意义**

光网络的关键技术如频谱和路由分配,频谱资源重构(碎片整理),带宽可变收发机以及交换和滤波,流量疏导以及生存性策略,虚拟化、网络管理控制等都需要底层物理技术的支撑,采用光信号处理技术可以更好地支持以及实现这些技术。以频谱路由分配为例,通过全光信号组播技术,原有频谱信号可以被组播到多个不同输出波长上,从而为频谱分配算法提供更多选择,进而做出更高效的网络处理。同样,采用全光信号组播或者信号互换技术,可以对网络中的频谱碎片进行整理,信号组播或者互换技术可以实现对零散频谱碎片的搬移,使其变成连续的频谱资源,从而可以足够承载到达业务,使得原来的频谱碎片得以利用,进而降低网络的阻塞率,提升网络的整体性能。对于网络生存性而言,如图 2-13 所示,两条业务分别从发送端 TX1 和 TX2 发出送到结点 D,经过的路径分别为 TX1-A-B-D 和 TX2-A-C-D。而当链路 A-B 发生故障时,启动保护倒换功能,将业务 1 通过 A-C-D 传输到目的结点,此时在 D 结点处通过光域性能检测技术分析,如果原有的业务 2 在链路 A-C-D 上占用不大,足以传输业务 1 时,则业务 1 通过 A-C-D 直接传输到 D 结点,如图 2-13(b)所示。如果原有业务 2 所在的链路 A-C-D 资源占用较大,不足以传输业务 1 时,通过性能监测模块,监测原有业务 2 的性能,如果性能在某一门限值之内时,则业务 1 和业务 2 在结点 A 处进行调制复用即码型转换,把业务 1 和业务 2 的两种信号格式合为一种,码型转换后的信号经过 A-C-D 链路到达 D 结点,在目的结点 D 再次进行码型反转换,完成调制解复用,如图 2-13(c)所示。采用码型转换技术,同样可以实现带宽、速率可调的收发机,通过低阶的 OOK,BPSK 信号可以生成 QPSK 信号,把 QPSK 信号做延时以及幅度调整可以生成高阶 QAM 信号,从而避免了直接产生高阶 QAM 信号时对高带宽线性电放大器的要求。采用全光 DFT/FFT 技术可以用于生成和解调全光 OFDM 信号,码型转换或者全光 OFDM 技术可以提升网络的弹性化程度,以适应弹性网络的需求。

采用全光逻辑门技术在物理层对信号进行网络编码可以有效节省带宽和提升网络安全性,节省带宽可以空出更多的频隙资源供承载其他业务,良好的安全性策略对于保证网络的正常运作,避免不必要的经济损失至关重要。

综上可知,光信号处理技术对于从物理层解决弹性光网络的关键技术问题有重要作用,研究适用于弹性光网络的光信号处理技术意义非凡。

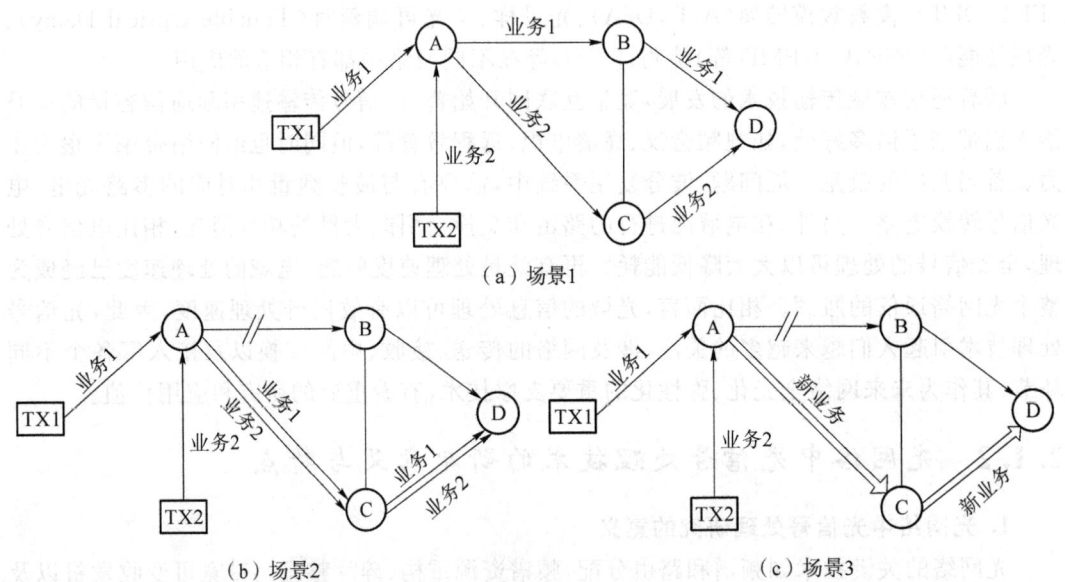

图 2-13 采用光信号处理技术解决网络生存性问题的应用场景示意图

**2. 适用于弹性光网络的光信号处理的特点**

针对弹性光网络的光信号处理技术相比之前的 WDM 网络系统下的信号处理技术呈现不同的特点,具体表现在以下几个方面。

(1)由于弹性光网络中现有的 ITU-T 的固定波长栅格和带宽分配策略被打破,采用灵活的波长分配策略,并且通过碎片整理等技术减少空闲频谱的比例,在实际网络中频隙分布将更加密集,并且随着网络中业务需求动态变化频谱占用情况不确定性也会增加,即对应信道的中心波长的不确定性将会增加,所以首先,适用于弹性光网络的光信号处理技术首先应该具备输出波长可调性,并不应局限于 WDM 通道波长,以实现对密集频谱波长上的信号输出,并且可调间隔越小越好。

(2)弹性光网络支持空间上距离自适应的速率以及码型调整,不同的调制码型的抗噪性能不同,不同传输距离以及信道状态对信号的质量要求也不一致,低阶调制信号具有更好的抗噪性能,从而有利于长距离传输。同时,当传输距离较大时,在保证接收端信号质量的情况下可以采用更高阶的调制方式,从而可以实现更高效的信号传输,弹性光网络具有随业务和网络性能变化动态调整信号格式的能力。同时,弹性光网络还支持时间独立的弹性频谱分享策略同一段频谱在不同的时间段可以分配给不同的业务,如图 2-14 所示。所以,在弹性光网络中同一时刻可能会有多种不同调制方式并存,并且随着高阶调制技术的成熟,其在网络中的应用也会增加。因此,弹性光网络下的光信号处理技术应该支持对多种不同调制格式的信号包括高阶调制信号(m-PSK,mQAM)的处理能力,最理想的情况是做到对调制格式、信号速率透明。

(3)弹性光网络作为新兴的网络架构于 2008 年被首次提出,伴随着弹性光网络研究兴起的同时,光通信中的其他技术也在飞速发展,如相敏放大技术、轨道角动量复用(OAM)技术以及各种新型的光器件,这些新技术以及新材料、器件的研究和应用也会逐渐应用和部署到弹性光网络中,相应的网络的效率和性能将会从一定程度上得到进一步提升,因此,适用

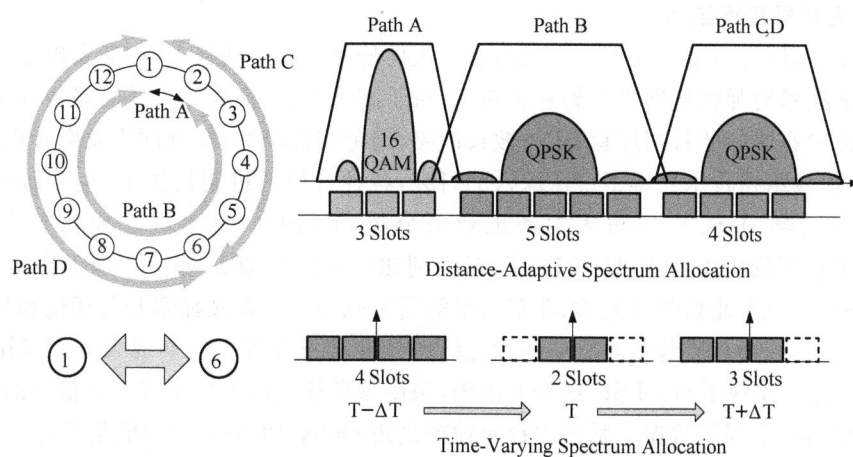

图 2-14 弹性光网络空间、时间码型调整策略示意图

于弹性光网络的光信号处理技术应当具备对新技术以及新兴材料或者器件的支持能力,从而可以提升网络的可延展性以兼容技术以及材料和器件的发展。

(4) 由于弹性光网络打破了原有的 ITU-T 的固定栅格大小的限制,从而可以提升频谱效率,同时由于碎片整理等技术的应用,同一时刻空闲的频谱资源都会得到有效利用,可以预测网络中波长通道将会更加密集,如果能够针对多信道信号同时进行处理将会显著提升处理效率,适用于弹性光网络的信号处理技术应具备多信道信号处理的能力,对多个信道信号同时处理可以降低能耗,减少系统开支,同时提高网络处理效率,多信道信号并行处理技术也是光信号处理未来的一个重要发展方向。

(5) 适用于弹性光网络的信号处理技术应当研究码型转换技术,特别是涉及高阶调制格式的转换。由于弹性光网络可自适应地调整信号码型,当网络性能发生变化时,系统上报网络控制层,控制层根据链路情况和码型的抗噪能力下达指令,从而切换到适合当前链路传输的调制码型,码型转换技术将起到重要作用。同时,码型转换技术对于连接采用不同调制方式的局域网络也是必需的技术。另外,弹性光网络中倾向于采用带宽可变、调制方式灵活的发送机,采用码型转换技术可以用低阶调制信号生成高阶调制信号,如高阶 QAM,从而可以降低对直接生成高阶 QAM 信号时的硬件要求。

(6) 适用于弹性光网络的信号处理应当提倡多种信号处理功能并行实现。多种信号处理技术并行实现有利于提升操作效率,降低网络能耗,满足未来网络绿色节能的需求。

## 2.1.3 光网络中光信号处理技术的研究现状

光信号处理技术有利于提高弹性光网络系统与网络的灵活性、可扩展性,可以为弹性光网络的关键技术提供底层物理技术支撑,是未来网络功能物理层实现的基石,在传输、交换以及接入上都将发挥重要作用。本书重点研究适用于未来光网络中的光信号处理技术,主要包括:信号组播技术、调制码型转换技术、光学逻辑、波长互换技术以及信号再生等。下面,结合最新的发展趋势,对前述几种重要的信号处理技术的研究现状做详细介绍。[6]

### 1. 全光信号组播技术

信号组播,即把一个波长上携带的信息一次性传递到多个波长上,进而实现信号的分发传递。组播技术对弹性光网络起到重要作用,对于高清电视、流媒体以及新兴数据业务的分发以及数据中心之间的数据迁移,解决波长冲突,避免波长阻塞,提升网络效率有重要意义。近些年来,信号组播技术获得了广泛深入的研究,各种各样的机制被提出,主要研究机构有美国南加州大学(USC),加州大学圣地亚哥分校(UCSD),日本国立通信技术研究院(NICT),美国哥伦比亚大学,日本 NTT,意大利比萨 CNIT,新加坡南洋理工大学,国内主要有华中科技大学、北京邮电大学、北京大学等研究机构也在积极探索相关理论和技术上的突破,采用的非线性介质包括高阶非线性光纤以及硅基波导等。前期成果分别采用基于铋(Bi)材料的光纤实现了对 DPSK 信号的组播,采用参量放大的原理实现了对信号的组播,采用光纤环形结构实现了偏振不敏感的针对偏振复用 OOK(PDM-OOK)的信号组播,在硅基波导中实现了对 DPSK 信号 1～5 的组播。但是,这些研究大都受限于相对较高的输入功率,低转换效率以及复杂的系统结构。正交相移键控(Quadrature Phase Shift Keying,QPSK)是一种很具吸引力的调制方式,其符号速率是线路上数据速率的一半,可以有效提升链路的频谱效率,同时 QPSK 信号是正在部署的 100G 商用系统的标准调制方式,能够实现对 QPSK 的信号组播对实际网络将具有重要意义。[4]

### 2. 全光调制码型转换技术

弹性光网络可以动态适应业务和网络性能的变化,根据距离、网络可利用带宽,进而调整信号的调制方式,同一时刻网络中可以多种信号调制格式并存。调制码型的转换对于网络的兼容性和互联性至关重要,对于弹性光网络的带宽调整、物理损伤感知的自适应也是必要手段。最早展开的码型转换技术是 RZ 码和 NRZ 码之间的转换,后来随着载波抑制归零码(CSRZ)的发展,在 RZ-OOK,NRZ-OOK 与 CSRZ 码型之间的码型转换技术开始被报道,如利用 XPM 和 XGM 效应实现 NRZ 到 CSRZ 的转换,利用四波混频效应实现从 NRZ-OOK/DPSK/DQPSK 到 CSRZ-OOK/DPSK/DQPSK 的转换,以及从 RZ-OOK/DPSK/DQPSK 到 CS-RZ-OOK/DPSK/DQPSK 的码型转换,包括利用 PPLN 的二阶非线性效应实现 NRZ/RZ/CS-RZ 与 NRZ-DPSK/RZ-DPSK/CSRZ-DPSK 相互间全光码型转换等相继被报道。与此同时,QPSK-BPSK 之间的码型转换也被报道,二进制和多进制之间的码型转换也被广泛研究,主要采用 HNLF,非线性光纤环镜以及硅基波导等实现 OOK 到 QAM 信号的变换。采用交叉相位调制以及偏振旋转效应 NPR 实现强度信号和相位信号之间的转换也有报道。近些年,由于其较低的噪声系数,相位敏感放大技术(PSA)引起了人们广泛的研究兴趣,基于 PSA 的码型转换也相继被报道,如利用 SOA 和 PPLN 实现了 QPSK 信号到 BPSK 信号的码型转换等。

### 3. 全光逻辑门技术

全光逻辑门技术在网络中起着十分重要的作用,是构成复杂光学逻辑器件的基本元素,在网络寻址、交换、包头识别、数据编码、再生以及奇偶校验等方面都有重要应用。同时,对于网络生存性而言,基于全光逻辑门技术可以实现网络信号的物理层编码,进而提升网络的抗毁性。近些年,全光逻辑门技术引起了广泛的研究,Jian Wang 等人采用 PPLN 光波导中的二阶非线性效应实现了 RZ、NRZ 以及 DPSK 信号的 AND、NOT、OR、半加器、半减器以及异或门等逻辑操作。[Ning Deng 等在 2006 年利用 SOA 实现了多路输入的 DPSK 信号的异或门,Zhihong Li 实现了 PolSK 信号的多功能逻辑门。近些年,随着硅基技术的兴起,基于硅基波导的全光逻辑技术也被报道,同时,随着调制方式往高阶方向发展,针对 QPSK 信号的逻辑技术也被提出。]目前针对全光逻辑门的研究倾向于向新型高阶调制方式,高速率,多路输入输出以及同时实现多种逻辑功能方向发展,同时随着制作工艺的进步,新型材料及器件也被广泛用作非线性媒质,提升了系统的性能和关键参数。[4、5]

**4. 全光波长互换技术**

全光波长互换技术是一种特殊的波长转换技术,相较单纯的波长转换通过波长互换技术可以一次性实现两次波长转换的功能,进而可以实现两路不同波长上信号之间的一次性互换,提升了网络效率。通常实现信号互换采用介质中的二阶或三阶非线性效应,分别采用光纤参量环镜 PALM 分别实现了 OOK 信号以及 DPSK 信号的互换,采用高非线性光纤实现了 NRZ 信号和比特级 RZ 信号之间的互换,采用 PPLN 中的级联二阶和频差频效应实现了 40 Gbit/s DPSK 信号时间和信道可选择性的信号互换。[6]

**5. 全光信号再生技术**

光信号再生技术可以有效缓解链路中由于噪声串扰等引入的信号损伤,延长信号的传输距离,2R 再生 3R 再生曾引起人们广泛的研究。近些年,随着相位调制信号的广泛研究,采用相位敏感放大器对相位调制信号进行相位再生引起了人们广泛的关注。目前商用的光放大器均为相位不敏感光放大器(PIA),其在理论上都有 3 dB 的噪声因子(NF)量子极限。与此相反,相敏光放大器(PSA)可以实现光信号在复信号平面上对同相分量(in-phase)的放大和对异相分量(out-of-phase)的衰减,达到相位压缩的效果,实现理论上的 0 dB 的噪声因子,进而可以实现光信号的无噪声放大,大大提升系统的信噪比(SNR)。因此,PSA 在低噪声远距离光纤传输系统以及多进制相位调制信号的光信号处理中,特别是相位再生上有着广泛的应用前景。目前,国内外就 PSA 的研究主要集中在低噪声信号放大以及对相位调制信号的全光再生上。相位敏感放大器技术用于相位再生被认为是一项非常具有吸引力的技术,获得了国内外的广泛关注。欧盟于 2008 年开始立项的 FP7 项目"PHASOR"是有关相敏光放大器的欧盟项目,该项目旨在对基于非线性光纤的相敏光放大器进行理论研究和实验实现,具体包括实现低噪声因子的光信号放大以及对相位调制信号的相位再生。欧盟该项目的主要参与研究机构包括英国南安普顿大学、瑞典查尔姆斯工学院、爱尔兰国立考克大学等研究机构。目前已于 Nature Photonics 发表多篇论文,报道了有关基于非线性光纤的 PSA 实现 1.1 dB 噪声因子的光信号放大以及对二进制 BPSK 信号、四进制 QPSK 信号实现全光相位再生的实验验证。同时,美国加州大学圣地亚哥分校(UCSD)的课题组在基于非线性光纤的相敏光组播上做了较多理论及实现工作,将 PSA 的研究拓宽到光信号组播上,以实现光网络互联。国内方面,华中科技大学的课题组就有关二进制 BPSK 以及四进制 QPSK 信号具有相位再生功能的信号组播方面做了计算机仿真等方面的研究。

不同于基于光纤的 PSA,日本 NTT 研究所与日本国家信息通信技术研究院(NICT)的研究者以及英国南安普顿大学的工作人员在基于周期性极化铌酸锂(PPLN)的 PSA 上做了大量理论分析和实验的工作。相比基于非线性光纤的 PSA,基于 PPLN 的二阶非线性效应的 PSA 更易于系统集成。但是为得到较高的相敏增益以及提高级联二阶效应过程的转换效率,基于 PPLN 中各种级联效应(cSHG/DFG,cSFG/DFG 等)的 PSA 往往对注入信号的功率要求比较大(up to 35 dBm),当输入功率比较大时,容易导致对器件的物理损伤(photorefractive damage)以及引起输入信号和倍频光的再次和频以及 Green-light-Induced Infrared Absorption(GRIIRA)效应,同时热不稳定性(thermal instability)也会加大。相比于采用 PPLN 中的级联效应实现的 PSA,采用直接的二阶效应(SHG、SFG 等)实现 PSA 的方式具有较低的复杂度和更高的转换效率,所需的注入光功率也较小。当注入功率较小时,非线性串扰将会减弱,同时整个系统的热稳定性会提高,同时采用直接的二阶效应实现的 PSA 具有较高的 PSDR(Phase Sensitive Dynamic Range)从而可以获得更好的再生效率 (Regeneration Efficiency)。与此同时,爱尔兰国立考克大学和英国阿斯顿大学的研究者提出并实现了基于半导体激光器(SOA)的 PSA 方案,用于实现相位调制信号的相位再生。基于 SOA 的 PSA 的系统方案具有易于集成、功耗低、无 SBS 效应等优点,但因为受 SOA 的载流子恢复速度的限制,目前有关基于 SOA 的 PSA 的工作并不多。

## 2.2 具有光信号处理功能的网络结点结构

为了将光信号处理技术应用于未来的弹性光网络中,具有弹性光交换能力的 ROADM 结构需要进一步升级和改进。目前适用于弹性光网络的 ROADM 结构主要是基于带宽可调波长选择光开关(TB-WSS),本节将介绍具有光信号处理功能的基于 TB-WSS 的 ROADM 结点结构。

### 2.2.1 弹性光交换中的核心器件——波长选择光开关

目前的弹性光交换结点结构大多是带宽可变波长选择光开关(BV-WSS),其带宽可调步长为 12.5 GHz,随着弹性光网络的不断发展,信号带宽的颗粒度越发精细,这就需要现有的 BV-WSS 进一步升级,以实现更高的带宽调谐分辨率。另外,这些弹性光交接结点结构并不具有光信号处理功能,依然需要进行光-电-光转换,这无法满足未来全光网络中超高速和低能耗的发展需求。目前,广泛使用的是由 Finisar 公司生产的 1×9 的 BV-WSS (DWP9F),该仪器共有 9 个输出端口,以 12.5 GHz 的步长来增加带宽的,12.5 GHz 也是目前商用 9 端口 BV-WSS 的最小带宽可变步长了,如图 2-15 所示。

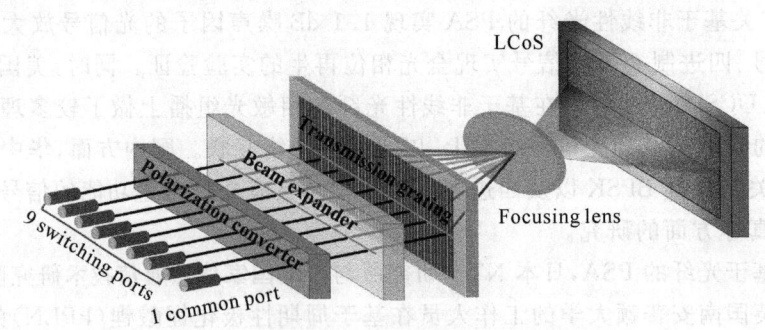

图 2-15 基于 LCoS 的 TB-WSS 原理图

而我们在接下来的方案中,采用的是由国内合作单位自主研制的带宽调谐步长为

6.25 GHz的1×9带宽可调WSS(TB-WSS),相比12.5 GHz而言,TB-WSS具有更加精细的颗粒度,将带宽调谐分辨率提高了一倍,其结构如图2-14所示。其原理为输入光纤端口的WDM信号先被偏振转换单元转换为线偏振光,经过透镜的准直后被反射到衍射光栅,WDM信号通过光栅衍射,实现波长分离,衍射光束被透镜重新汇聚,然后不同波长的光聚焦在不同的LCoS芯片区域,我们采用的是6.25 GHz栅格粒度的LCoS芯片,其工作波长范围是1 520~1 620 nm,像素尺寸为8 μm,填充因子为87%,分辨率为1 920×1 080,采用脉冲宽度调制数字驱动方式控制每个像素的电压,即控制每个像素的相位。然后,通过LCoS反射,反射方向独立可控,最终将不同波长的光耦合到各自的目的端口,实现带宽可调的波长选择功能。

接下来,我们详细测试了TB-WSS的各项性能指标。首先,我们以端口1为例测试了端口1在全通情况下的插入损耗,以及与其他八个端口之间的隔离度,从图2-16(a)可以看出在整个C波段,端口1的插入损耗在5.5~6 dB之间,整体而言性能比较平稳,其中的一些波动是由于LCoS像素点不平坦所导致的。另外,端口1与其他八个端口的隔离度都在25 dB以上,这足以避免来自其他端口的串扰。然后,我们将中心波长固定在1 550 nm处,在带通条件下调节端口1的3 dB带宽,以不同的步长将3 dB带宽从15 GHz逐渐增加到1 THz,如图2-16(b)所示,每个端口的最大带宽可达5 THz,横跨整个C波段。

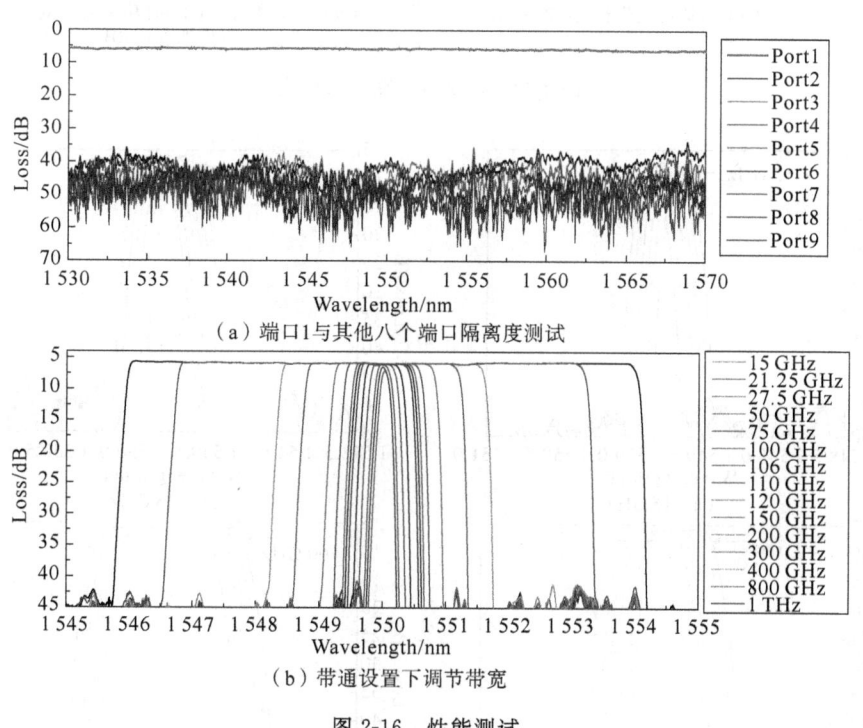

(a) 端口1与其他八个端口隔离度测试

(b) 带通设置下调节带宽

图2-16 性能测试

下面我们测试了带宽变化最小颗粒度,如图2-17(a)所示,端口1的带宽以6.25 GHz为步长依次增加,从而证明了TB-WSS的带宽可变最小步长为6.25 GHz,相比BV-WSS精细度提升了一倍。已有研究表明,更加精细的颗粒度会使弹性光网络的性能进一步提升,使频谱效率得到改善、网络阻塞率不断下降。接着,带宽固定为 50 GHz,然后将其功率衰减值从 0 dB 一直增加到 15 dB,功率衰减的最小步长为 0.2 dB,该功能既可用来实现波长阻塞和功率均衡。接下来,我们测试了在固定带宽的情况下,以 6.25 GHz 的步长来改变中心波长,如图 2-18 所示,当带宽分别为 15 GHz、25 GHz、50 GHz、100 GHz 时,其中心波长都可以 6.25 GHz 逐步移动,证明了 TB-WSS 可以将频谱资源切割成频隙宽带度为 6.25 GHz 的栅格,与 12.5 GHz 的栅格相比,使弹性光网络更加灵活精细。

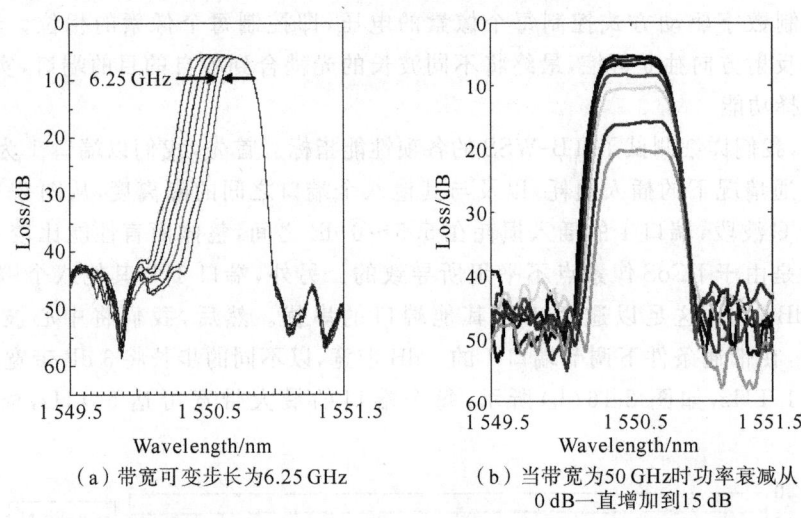

图 2-17 测试带宽变化颗粒度

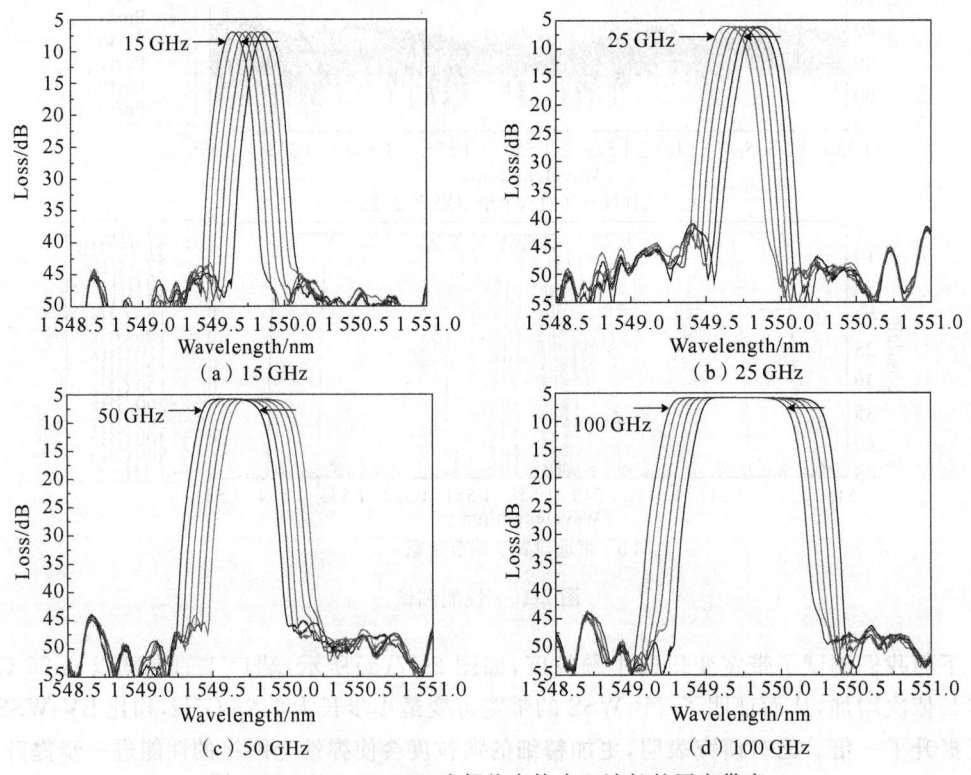

图 2-18 以 6.25 GHz 为栅格变换中心波长的固定带宽

然后,我们测试了 TB-WSS 的偏振相关损耗(PDL)和偏振膜色散(PMD)特性,为了方便测试我们选择了任意四个端口进行检测,PMD 是取群速度色散(GVD)的平均值得到的,如图 2-19 所示。

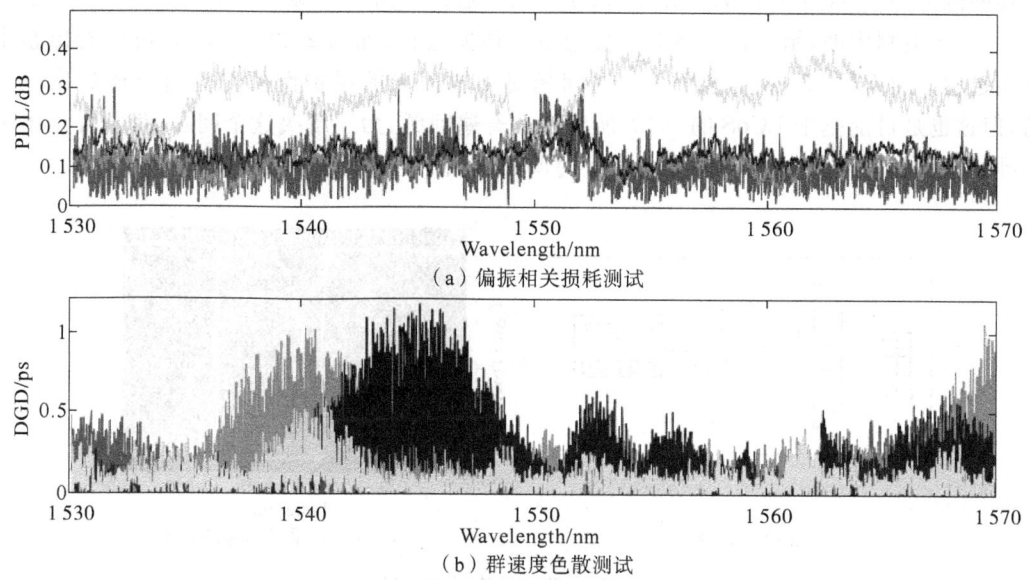

(a) 偏振相关损耗测试

(b) 群速度色散测试

图 2-19　相关测试

可以看出,这四个端口的 PDL 都小于 0.5 dB,而 GVD 则都小于 1.4 ps,即 PMD 都小于 0.5 ps,说明 TB-WSS 具有较低的偏振相关损耗和偏振模色散,这保证了 TB-WSS 在对混合偏振的光信号进行波长选择时稳定的性能,如表 2-1 所示。

表 2-1　TB-WSS 性能指标列表

| 指标 | 数值 |
| --- | --- |
| 工作波长 | 1 530～1 570 nm(191～196 THz) |
| 端口数量 | 1×9 |
| 3 dB 带宽最小值 | 15 GHz |
| 带宽最大值 | 5 THz |
| 带宽调谐颗粒度 | ≤6.5 GHz |
| IL(插入损耗) | ≤6.5 dB |
| PDL(偏振相关损耗) | ≤1 dB |
| PMD(偏振膜色散,取 GVD 平均值) | ≤0.6 ps |
| 端口隔离度 | ≥20 dB |
| 端口切换时间 | ≤150 ms |

最后,我们测试了 TB-WSS 从一个端口到另一个端口的切换时间,采用的测试系统如图 2-20(a)所示,一束波长为 1 550 nm 的连续光波(CW)注入 TB-WSS 的输入端口,两个输出端口与一个 2×1 的耦合器相连,通过光电探测器接入一个带宽为 33 GHz 的示波器中,采样间隔为 10 ms,当 TB-WSS 将 1 550 nm 的带通波长由一个端口切换到另一个端口的过程中,由于检测中断,示波器上将会捕捉到整个切换过程,如图 2-20(b)所示,可以看出整个切换过程大约需要 150 ms,这个切换时间相对于电信级的保护倒换时间而言还是比较大的,但这也是目前基于 LCoS 的 WSS 所面临的普遍问题,为了解决这个问题,我们曾提出过一种预警机制来克服由于 TB-WSS 切换时间过长而引起的保护倒换难题。

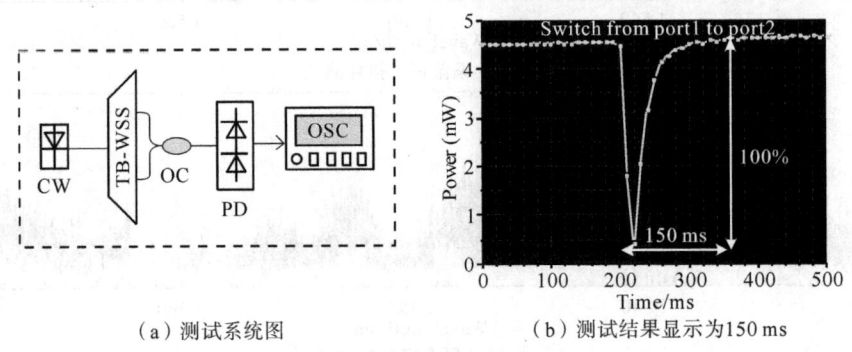

(a) 测试系统图　　　　　　　(b) 测试结果显示为 150 ms

图 2-20　端口切换时间测试

TB-WSS 的所有性能指标如表 2-1 所示。从表中可以看出,自主研发的 TB-WSS 具有良好的性能和更加精细灵活的特点,使其可以实现波长选择、光交换、中心波长和带宽可调滤波器、光信号处理等多种应用。

## 2.2.2　典型的弹性 ROADM 结构

图 2-21 展示了目前最为典型的两种基于 TB-WSS 的弹性光交换 ROADM 结构:第一种是"广播和选择结构(Broadcast & select)",在输入端,它通过分光器以广播的方式将信号传至各个端口,输出端利用 TB-WSS 选出所需波长的信号、阻塞其他波长信号,完成交换,同时,利用分光器进行下路,通过 TB-WSS 进行上路;第二种是"路由选择结构(Route & select)",在输入端,它通过 TB-WSS 直接完成波长选择,然后以交叉连接的方式将不同波长的信号路由至相应的端口,在利用输出端的 TB-WSS 选择所需波长的信号,同时分别利用输入端和输出端的 TB-WSS 实现相应信号的下路和上路,该结构相当于直接通过波长进行交叉连接。两种结构都通过一个集中控制平面,下发指令,配置器件的相应参数,完成弹性交换和上下路的动作。

但是,这两种典型结构都不具备光信号处理的功能,而之前所提出的多种光信号处理方案往往只是研究了物理实验,关注实现器件、非线性效应、信号速率、调制格式等物理层因素,却并未关注光信号处理技术的网络应用场景,这就造成了光信号处理技术与实际应用相脱节的问题。

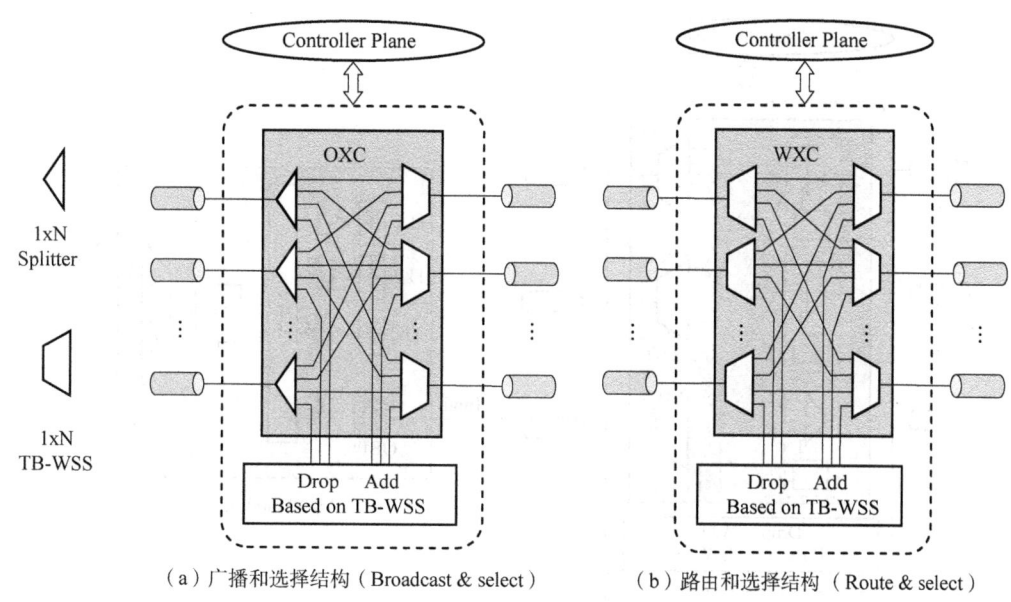

（a）广播和选择结构（Broadcast & select）　　（b）路由和选择结构（Route & select）

图 2-21　两种典型的弹性光交换 ROADM 结构

## 2.2.3　具有光信号处理功能的弹性 ROADM 结构

我们设计了适用于不同场景的具备多路多维多功能光信号处理功能的弹性 ROADM 结构。

**1. 结构一：广播、选择和完光信号处理结构**

为了满足不同的应用场景，我们共设计了三种具有光信号处理功能的弹性 ROADM 结构。第一种结构是"广播、选择和完光信号处理能力的结构（Broadcast & select & full AOSP）"，它是由图 2-21(a)中的典型 ROADM 结构改进而来，我们将它的每一个输入端口都配备了一个光信号处理模块（AOSP module），该模块与各输入端口的分光器相连，输入信号由分光器的一个分支被送入光信号处理模块中，如图 2-22 中橙色模块所示，它由多个可调光源（TL1、TL2…）、偏执控制器、一个光带通滤波器、一个合波器（MUX）、一个 SOA 和一个 TB-WSS 组成。

我们通过重点介绍其中的一个输入端口来理解它的运作机理，当一个输入信号抵达 ROADM 某一个端口时，首先可以通过该端口的分光器将该信号进行广播，送到 ROADM 的所有输出端口，如图中的实线所示。与此同时，该信号也由其中一支分路被送入光信号处理模块，基于 SOA 中的 FWM 混频可以完成波长变换、WDM\FWDM 组播、格式转换、逻辑门等多种方案。总之，通过该模块我们可以实现多路、多维、多功能的光信号处理技术。如果该信号具有光信号处理的需求，则通过 OBPF 将该信号所在波长滤出，根据不同的处理需求选择相应的泵浦光数量，与滤出的信号进行耦合一同输入 SOA 中，这里需要设计相应的光信号处理方案，通过 SOA 中的 FWM 效应实现相应的功能。经过 FWM 之后，将在不同波长上新生成多路光信号，最后通过一个 TB-WSS 进行解复用，将不同波长的光信号通过光纤连接方式路由至各个 ROADM 的输出端口，如图 2-22 中的彩线所示，整个运行过程

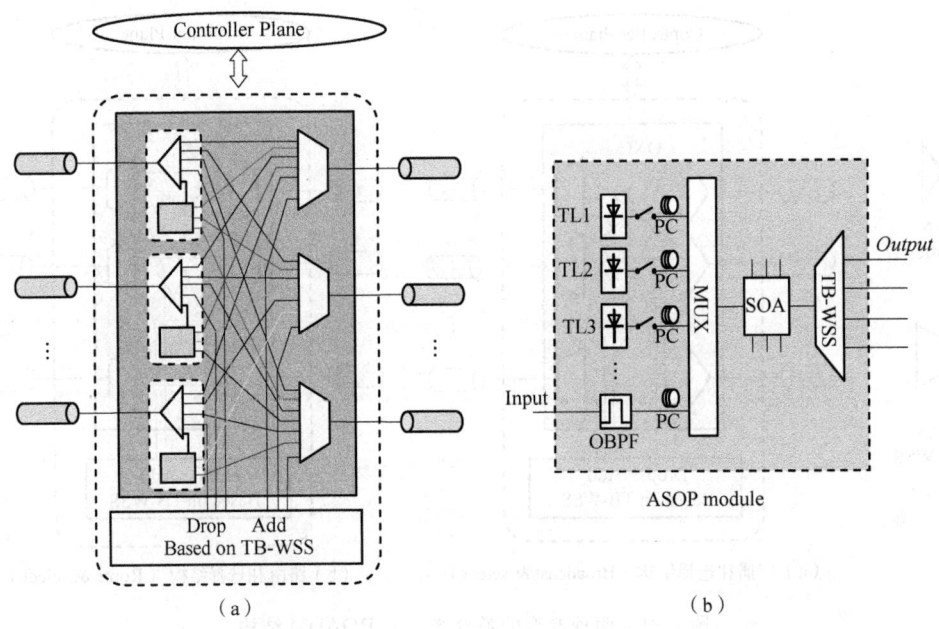

图 2-22 具有光信号处理功能的弹性 ROADM 结构一：广播、选择和完光信号处理的结构（Broadcast & select & full AOSP）;

由管理控制层下发指令，光信号处理模块中的设备是软件编程可控的，尤其是 TL、SOA、OBPF 和 TB-WSS，根据网络资源运行情况，可以实时、动态、精准地选择待处理信号、设计多种处理方案、将各波长信号路由至任意指定输出端口。在不需光信号处理时，该模块将会被休眠，对原有的网络运行不造成任何影响。

**2. 结构二：广播、选择和共享型光信号处理结构（如图 2-23 所示）**

然而，在实际应用中，并非所有业务都需要进行光信号处理，第一种结构更适用于需要频繁进行光信号处理的特殊网络场景，但大多数情况下只有一部分业务有光信号处理的需求，当网络运行稳定、频谱资源充足、信号波长不冲突的时候，基于分光器的同波长广播技术便可满足大多数的业务需求。在这种情况下，第一种 ROADM 结构中的每个端口都配备光信号处理模块便会造成物理资源的浪费和网络成本的增加。

针对这种情况，我们提出了第二种成本有效的 ROADM 结构："广播、选择和共享型光信号处理结构（Broadcast & select & shared AOSP）"，如图 2-23 所示，该结构采用的是共享型的光信号处理模块。与结构一相比，我们将模块中的 OBPF 换成了 TB-WSS，通过 TB-WSS 使模块与 ROADM 的所有输入端口相连，并且可以选出待处理信号的波长，既可以选择单路也可以选择多路信号，同时阻塞无须进行处理的信号波长，以免造成干扰。该结构可以以更低的成本同时完成单播、广播、单路或多路光信号处理的功能。

**3. 结构三：路由、选择和完光信号处理结构**

近些年来，随着网络规模的扩大，使得 ROADM 的端口数目也在高速增长，这给基于分光器的 ROADM 结构带来了巨大挑战，这是因为当 ROADM 端口数目增加时，分光器的光分支比也会相应增加，从而付出较大的功率代价，这会使每一支路中信号的信噪比明显降低。为了避免这种状况的发生，于是有方案提出了图 2-24(b) 中的结构，该结构将每一个输入端口中的分光器用 TB-WSS 进行替换,无须进行分光广播,通过 TB-WSS 直接将相应波长的信号路由到匹配的输出端口,并不会随着端口级数的增加而影响每个信号的信噪比,但是该结构并没有组播和光信号处理的功能。于是,我们在该结构的基础上进行了修改,提出了"路由、选择和完光信号处理结构(Route & select & full AOSP)",如图 2-24 所示,在每个输入端口处都配备有一个可进行波长交换和路由的光信号处理模块,此时之所以不选择共享型模块,是因为没有分光器的 ROADM 结构也就没有了同波长广播的能力,这会使基于光信号处理的组播需求上升,因此我们把每个端口都变成了既可以直接进行路由,又可以选择光信号处理的模块。

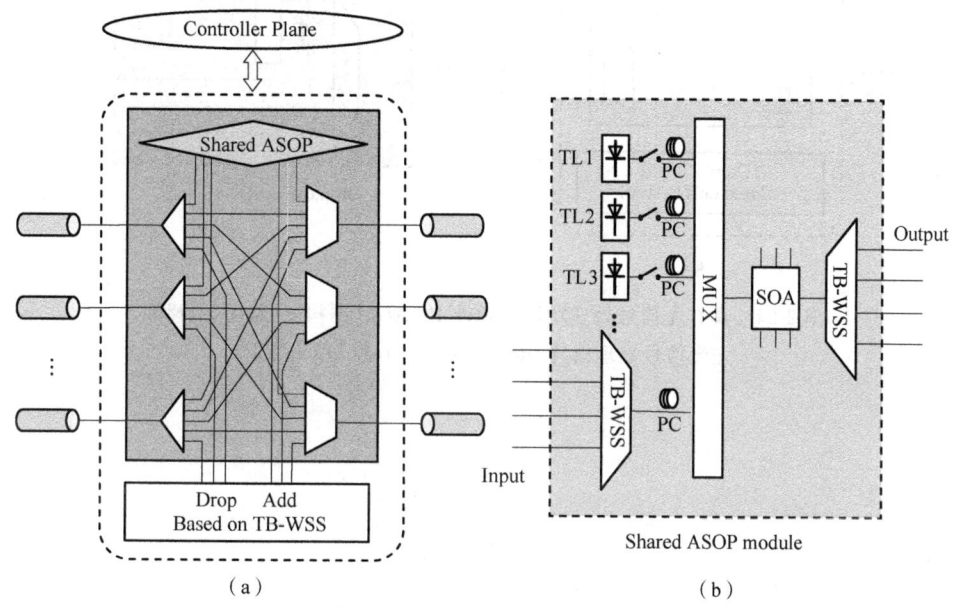

图 2-23 具有光信号处理功能的弹性 ROADM 结构二:广播、选择和共享型
光信号处理结构(Route & select & shared AOSP)

到达各输入端口的信号拥有两个选择,一个是直接进行路由送到相应输出端口,另一个是进行光信号处理,例如光域组播,新生成的信号再通过另一个 TB-WSS 进行解复用和路由到达相应的输出端口。该 ROADM 结构虽然成本更高,但是却具有最强的灵活性,并且保证了稳定的信号质量,是未来大规模、高 QoS 等级弹性光网络的可行方案之一。

与传统的 ROADM 结构相比,我们提出的三种结构都具有光信号处理的功能,它们适用于弹性光网络并且可以满足多种网络需求、有效避免波长冲突、减少网络阻塞率。这三种结构具有不同的特点,综合考虑了网络成本、效率和性能等因素,各自适用于不同的网络场景。其中的光信号处理模块主要基于 SOA 中的 FWM 效应,可以对多路光信号并行处理,并实现波长变换、WDM/FWDM 组播、调制格式转换、逻辑门运算、信号再生等多种功能。同时,所提结构还具有易于升级、便于扩展等优点。我们可以进一步做修改,将上述结构升级成更为先进的无色-无向-无冲突的具有光信号处理功能的 ROADM 结构,我们将在下一章的波长变换方案中进行详细讲解。

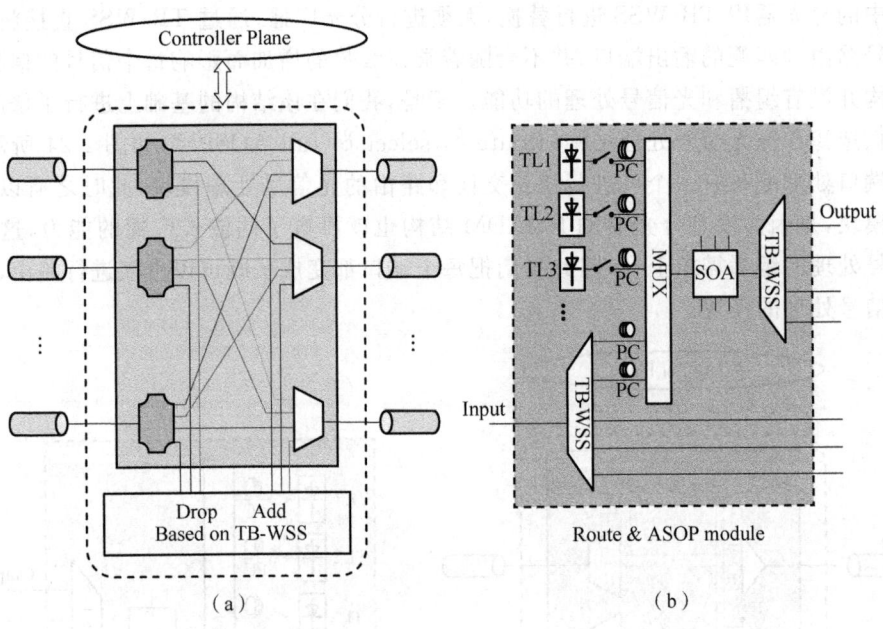

图 2-24 具有光信号处理功能的弹性 ROADM 结构三：路由、选择和完光信号处理结构（Route & select & full AOSP）

# 第3章 弹性光交换中的波分复用组播技术

现有的弹性光交换中具有波长一致性的要求和限制,基于分光器的单波长组播技术也面临着功率代价过大、波长冲突严重等问题。针对上述问题,基于 SOA 中的 FWM 效应,本章首先提出了适用于弹性光交换的高阶调制光信号的波长变换方案,接下来提出了适用于弹性光交换的全光波分复用组播技术。

## 3.1 适用于弹性光交换的波长变换方案

本节提出针对弹性光交换的光域波长变换方案,基于 SOA 中的 FWM 效应,利用其对调制格式透明的优势,通过实验验证了速率为 12.5 Gbit/s 的 DPSK、25 Gbit/s 的 QPSK 和 50 Gbit/s 的 16QAM 信号的波长变换方案,为了将其合理地应用于弹性光网络中,按照 ITU-T G.694.1 中规定的栅格和中心波长标准,我们对这三种格式的信号实现了步长为 12.5 GHz 的波长变换实验,证明了该方案在弹性光交换中的有效性。

### 3.1.1 弹性光交换中波长变换的意义

在传统的波长交换光网络中,控制平面需要同时遵守三个限制条件:一是波长一致性限制,即从源结点到目的结点的路由链路中,光信号的中心波长要保持一致;二是频谱连续性限制,即在整个路由链路中传输业务的频谱宽度要保持一致;三是避免频谱冲突限制,即在频谱分配时,同一根光纤链路中,不同业务之间的波长和频谱不可重叠。该方案的好处是简单便捷,交换结点无须具备波长变换能力,控制平面中的路由波长选择(RWA)算法也会相对简易,但这种方案不够灵活,随着业务流量和网络容量的增加,会造成频谱资源的极大浪费,同时降低建路成功率。

如图 3-1(a)所示,在传统的固定栅格光网络中,不同带宽的业务被分配固定的频谱资源,只有同时符合上述三个限制条件时,业务才能从 Node 1 抵达 Node 4(例如图中的业务 A),但是当某一段链路发生波长冲突的时候便会造成网络阻塞,例如业务 B 从 Node 1 经由 Node 2 到达 Node 3 时,由于 Node 3 与 Node 4 之间的橙色波长上已有业务 C,因此业务 B 将被阻塞而无法顺利抵达 Node 4,即便此时绿色波段在 Node 3 和 Node4 之间拥有空闲频谱资源,由于波长一致性的限制只能造成频谱资源的浪费。如果打破原有条件的限制,使 Node 3 具有波长变换(WC)的功能,则可将业务 B 的波长变换到具有空闲频谱资源的绿色波段,使业务继续传输,从而抵达 Node 4,如图 3-1(b)所示。

与此类似，在弹性光网络中，不同带宽的业务分配的频谱资源也在灵活调整，此时的波长变换应该对带宽和调制格式透明，具有波长变换能力的弹性光网络将会进一步提高频谱资源利用率，同时各业务通过波长变换避免了波长冲突的发生，降低了网络阻塞率，如图 3-1(c) 所示。

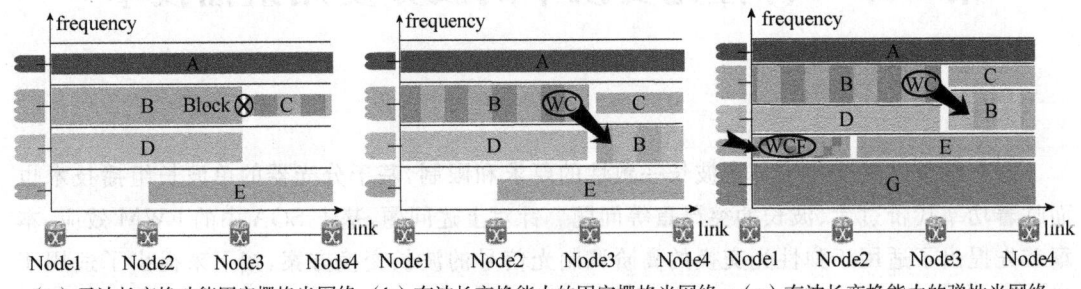

（a）无波长变换功能固定栅格光网络　（b）有波长变换能力的固定栅格光网络　（c）有波长变换能力的弹性光网络

图 3-1　不同种类的光网络

## 3.1.2　具有波长变换能力的无色无向无冲突 ROADM 结构

针对弹性光网络，A. N. Patel 提出了一种具有波长变换能力的弹性光交换 ROADM 结构，如图 3-2 所示，该结构配备了多种波长变换的选择方案，其中一个方案是为每一个输出端口配置一个波长变换器（Wavelength Converter），另一个是设计了一个共享的波长变换器池（WC Bank），只对其中需要做波长变换的业务提供服务，而无须为所有的业务服务，第三个选择是将需要进行波长变换的业务下路（Drop）进入转发器进行波长变换，然后再将变换好的业务重新上路（Add），送入 OXC 中。在这三种可选方案中，第一种方案成本太高，而且并不是每一个业务都有波长变换需求的，只有当出现波长冲突时才有需求，第三种方案要进行光-电-光变换，不但具有之前阐述的诸多缺陷，当要对多维高阶调制信号进行重新调制时，将会极大地提高整个转发器池的成本和复杂度。因此，综合考虑各种因素，采用共享型的波长变换池是个合理选择，但是 A. N. Patel 并未给出实现波长变换的具体方案，于是我们结合光信号处理技术，并进一步改善了第 2 章中所设计的结点结构，提出了具有波长变换能力的无色无向无冲突 ROADM 结构。

图 3-3(a)是我们提出的无色无向无冲突且支持灵活栅格波长变换功能的 ROADM 结构，该结构配备一个共享型的波长变换器，该变换器的输入端与 OXC 结构的各个输入端通过一个 TB-WSS 相连，通过该 TB-WSS 可对不同波长的信号进行选择或阻塞，将需要进行波长变换的信号选出，与来自可调光源（TL）的泵浦光进行耦合并一同输入 SOA 中，根据上一章所介绍的 SOA 中的 FWM 原理可知，通过 FWM 效应可将原始信号复制到另一个波长上，并且对调制格式和带宽透明，如图 3-3(b)所示，若原始信号在 $\omega_1$ 处，理论上通过调整泵浦光的波长 $\omega_2$ 便可将原始信号变换到任意的波长 $\omega_{221}$ 上，我们将重点研究目前在高速光传输中被广泛采用的 DPSK、QPSK 和 16QAM 三种格式的信号，但是经过波长变换后新生成的信号光的 OSNR 会有一定下降，因此性能会有一定程度的恶化，三种信号对于 FWM 的抗损伤能力各不相同，我们将通过实验进行研究和验证。

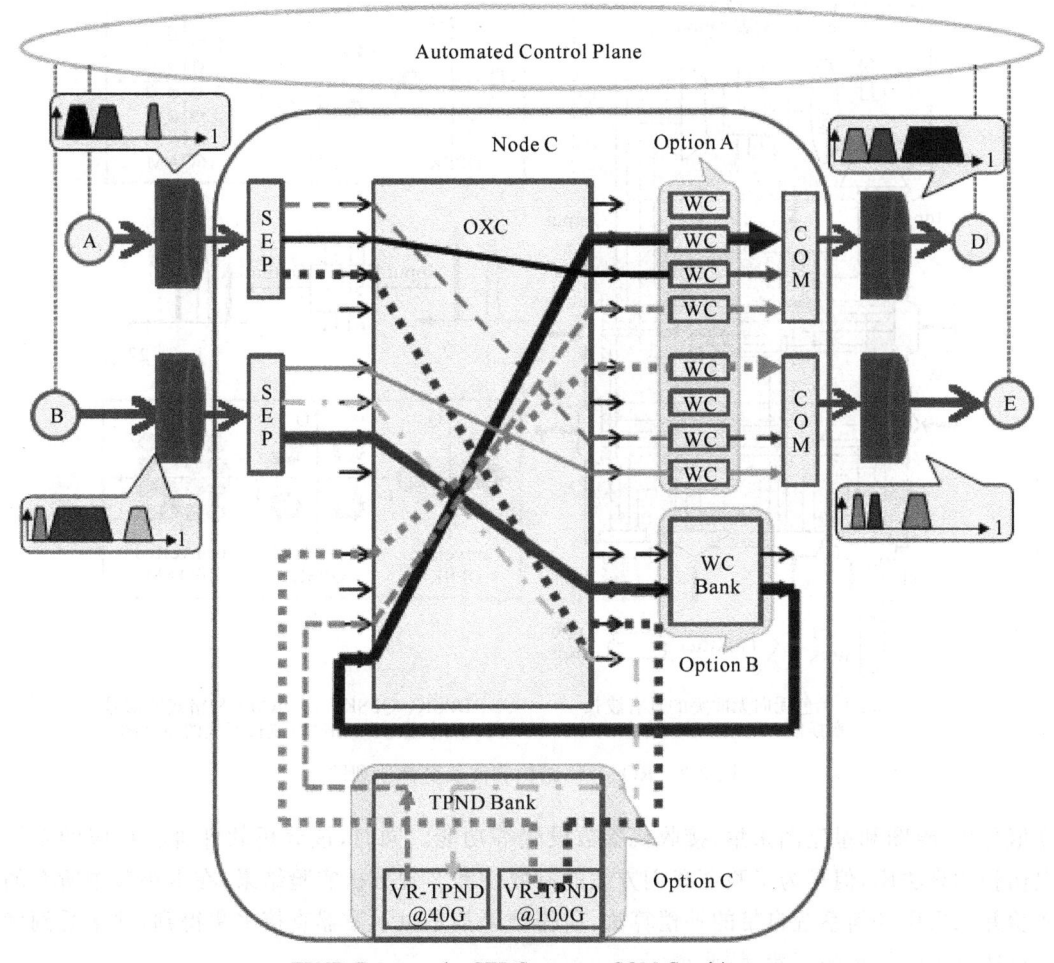

图 3-2 具有多种波长变换能力的弹性光交换 ROADM 结构

## 3.1.3 实验设置和结果分析

为了验证方案的有效性,我们采用了一套先进的基于相干接收的测试系统,如图 3-4 所示。这套仪器是由美国泰克(Tektronix)公司生产的专门用于超高速大容量相干光通信的测试系统。在发送端,由任意波形发生器(AWG 70001A)生成任意波形的电信号送入高阶调制信号发射机(OM 5110),该发射机基于 I-Q 调制器,可以根据需求生成任意高阶调制格式的光信号。所生成的信号经过光信号处理或光纤传输后抵达接收端,首先通过相干光波信号分析仪(OM 4106D)进行相干检测,将光信号解调为由 I 路和 Q 路组成的电信号,电信号通过高速采样示波器(MSO 73304DX)完成模数转换,对采集到的数字信号进行性能分析。

该系统是一套完整的测试系统,收发两端彼此透明,可以实现自动同步和性能分析,示波器中配有专业的测试分析软件,该软件界面如图 3-5 所示,可以实现误码率(BER)统计、

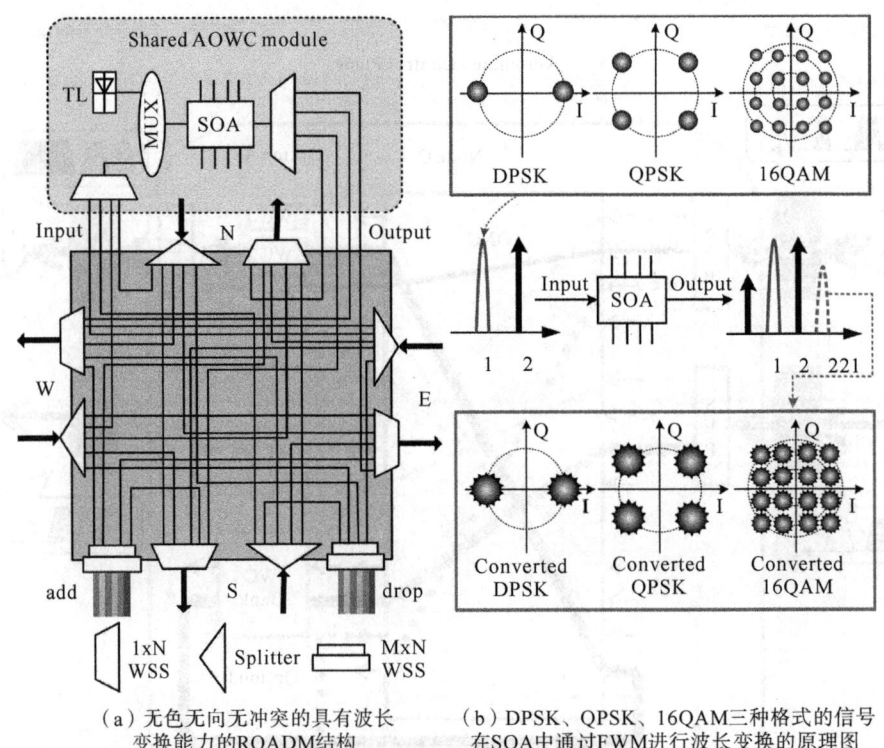

(a) 无色无向无冲突的具有波长　　(b) DPSK、QPSK、16QAM三种格式的信号
　　变换能力的ROADM结构　　　　　　在SOA中通过FWM进行波长变换的原理图

图 3-3　ROADM 结构和波长变换原理图

Q值分析、眼图和星座图采集、接收机参数设置等功能。同时，该分析软件含有相应的系统损伤补偿算法库，但是为了验证我们方案的有效性和客观分析实验结果，在本小节中所有的实验并未采用任何系统自带的补偿算法，所得结果都是由示波器直接采集得到，并未受到优化算法对实验结果的干扰，特此说明。

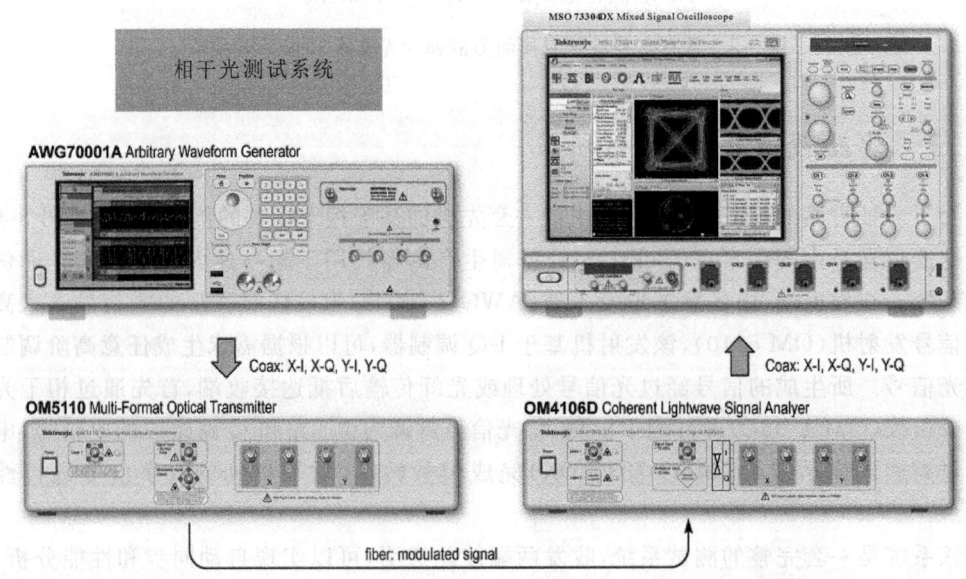

图 3-4　实验中所采用的泰克公司生产的基于相干接收的完整测试系统

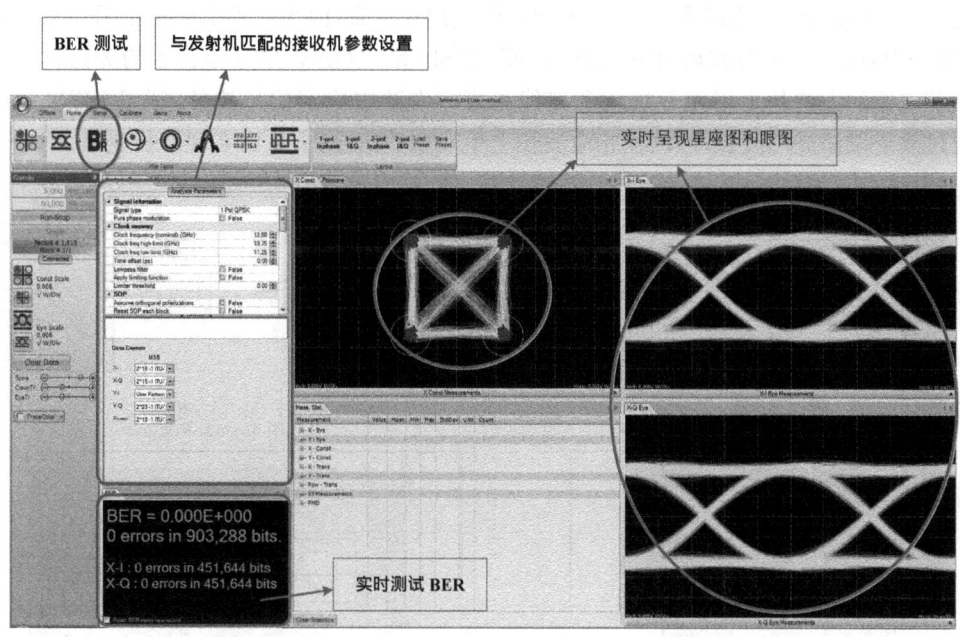

图 3-5 示波器自带中的测试软件界面

利用上述测试系统,我们搭建了基于 SOA 中 FWM 效应进行波长变换的实验平台,如图 3-6 所示,我们同时研究了速率为 12.5Gbaud 的 DPSK、QPSK、16QAM 三种高阶调制光信号,首先由多维调制光信号发射机(Multi-format transmitter)生成所需格式的光信号,泵浦光来自波长可调外腔激光器(ECL),由于 FWM 对偏振态敏感,信号光和泵浦光需要分别经过一个偏振控制器(PC)调整各自的偏振态以实现最佳的 FWM 转换效率,之后经由 TB-WSS 进行耦合。与传统的耦合器相比,此处 TB-WSS 不但具有耦合光束的作用,同时利用其滤波器的特点可以滤除信号光和泵浦光的部分噪声,得到更高的信噪比。之后将耦合信号输入 SOA(CIP-NL-OEC 1550)中,实验中采用的 SOA 具有 34 dB 的小信号增益和 6 dBm 的饱和输出光功率,在 SOA 的输入和输出端口各配有一个环形器,目的是为了防止反射造成干扰。通过 FWM 效应可以将信号光的强度和相位信息复制到新生成的闲频光上,实现波长变换,接着通过另一个 TB-WSS 进行波长选择,将新生成的信号光所在波长滤出,然后通过可调光衰减器(VOA)控制滤出信号的光功率,进入掺铒光纤放大器(EDFA)增强光信号的 OSNR,并通过一个光带通滤波器(OBPF)将 EDFA 产生的自发发射(ASE)噪声滤除,最后将信号送入多维调制信号接收机中。同时,利用分辨率为 0.02 nm 的光谱分析仪(YOKOGAWA AQ6370B)采集光谱信息。

为了与实际通信系统一致,我们对三种格式的信号采用了两种不同的收发系统:对 DPSK 信号,脉冲模式发生器(PPG)产生一串速率为 12.5 Gbit/s 长度为 $2^{31}-1$ 的伪随机序列,由相位调制器(PM)生成,接收端采用差分接收,由延时干涉仪(DI)和平衡探测器(BPD)组成,通过示波器(OSC)采集眼图,通过误码分析仪(BERT)进行 BER 的统计;对于 QSPK 和 16QAM 信号,采用前面介绍的 Tektronix 相干测试系统,循环发送长度为 $2^9-1$ 的伪随机序列,通过 AWG 和 I-Q 调制器生成 25 Gbit/s 的 QPSK 信号和 50 Gbit/s 的 16QAM 信号,接收端采用相干检测,由示波器采集星座图和眼图,通过离线统计的方式计算

BER。之所以采用两套测试系统,是为了和实际应用相一致,因为目前 DPSK 信号一般采用简单低廉的 PM 产生、差分接收和在线统计,而 QPSK 和 16QAM 信号作为更为先进的高阶信号,目前主流的方法是采用相干接收和离线处理。实验中固定信号波长,利用 FWM 基本原理,通过改变泵浦光的波长,可以在相应波长上生成新的信号光,从而实现波长变换。

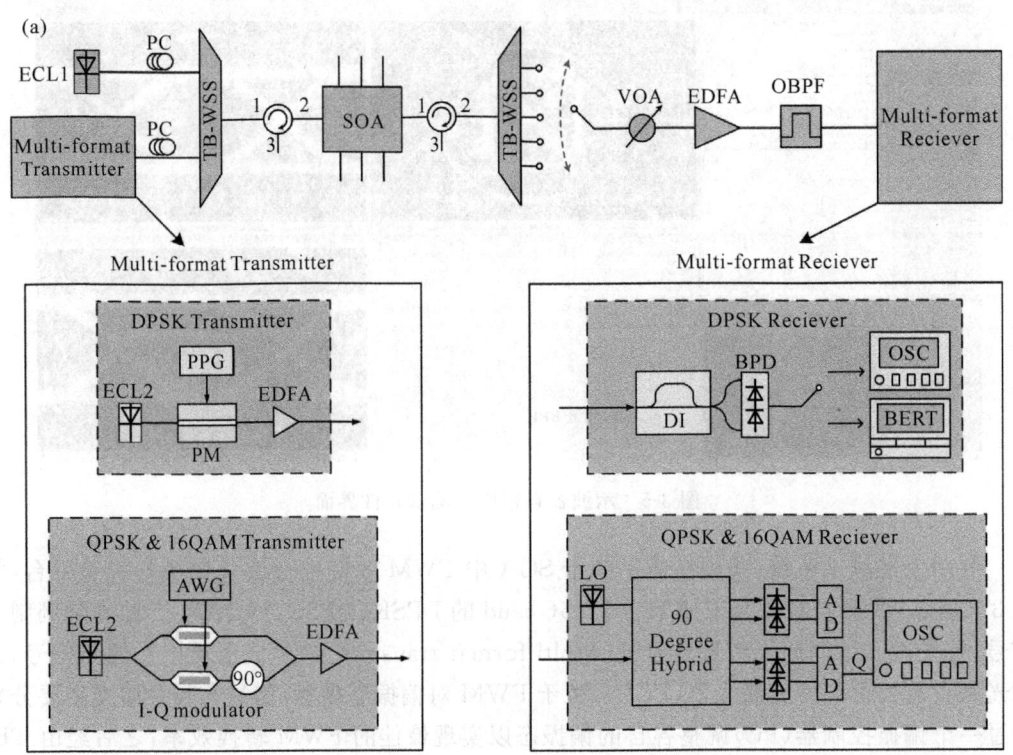

图 3-6 实验设置

ECL:外腔可调激光器;PC:偏振控制器;TB-WSS:带宽可调波长选择光开关;SOA:半导体光放大器;VOA:可调光衰减器;EDFA:掺铒光纤放大器;OBPF:光带通滤波器;PPG:脉冲模式发生器;PM:相位调制器;AWG:任意波形发生器;DI:延时干涉仪;BPD:平衡探测器;OSC:示波器;BERT:误码分析仪;AD:模数转换器

基于 FWM 效应新生成的信号光的性能与其 OSNR 成正比,而新生成信号的 OSNR 又与其波长变换的范围有关,因此,我们研究了波长变换信号的 OSNR 与其波长变换范围的关系,首先测试的是 QPSK 信号,SOA 的偏置电流设置为 280 mA,将原始信号光的波长固定在 1 551.72 nm(193.2 THz),光功率为 −5.5 dBm,以 6.25 GHz 的步长改变泵浦光的波长,按照 FWM 基本原理,则新生成信号光的波长将以 12.5 GHz 的步长依次变换,之所以选择 12.5 GHz 的步长是为了使所提方案可以与弹性光网络中的灵活栅格相对应,所选择的变换波长都是按照弹性光网络的栅格标准 ITU-T G.694.1 设置的,之前报道的波长变换方案中尚未对弹性光网络做过类似的针对性研究。在 SOA 输出端采集 FWM 变换之后的光谱图,如图 3-7 所示,以原始信号波长为基准,新生成信号的波长变换范围从 100 GHz 一直增加到 1 THz,而 1 THz 的变换范围足以满足绝大多数的网络需求。图 3-7(a)~(d)所示的是变换步长为 12.5 GHz 的 FWM 光谱图,图 3-7(e)~(h)所示的是变换步长为 200 GHz 的

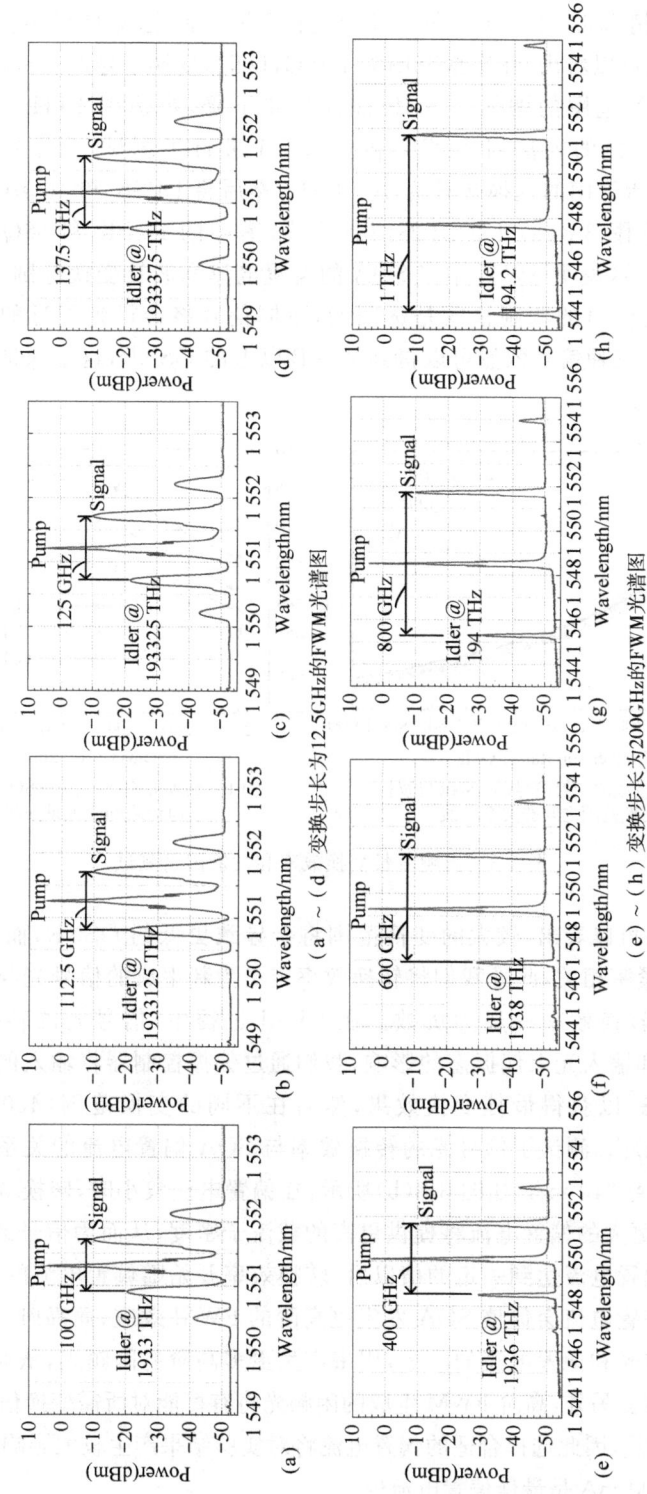

(a)~(d) 变换步长为12.5GHz的FWM光谱图
(e)~(h) 变换步长为200GHz的FWM光谱图

图 3-7 通过 SOA 中 FWM 之后的光谱图

FWM 光谱图,从光谱图中可以看出,新生成的光信号具有良好的 OSNR,这证明了方案的有效性,同时证明所提方案可以按照弹性光网络的灵活栅格标准实现波长变换。

接下来,我们精确测试了在不同波长变换范围下新生成的变换信号的 OSNR,从图 3-8(a)中的曲线可以看出,在变换范围为 100 GHz 时,变换信号的 OSNR 可以达到 33 dB 以上,随着波长变换范围的增加,OSNR 曲线逐步下降,当达到 1 THz 时 OSNR 已小于 22 dB。我们采用同样的方法对 DPSK 和 16QAM 进行了测试,为了提高测试效率,对 DPSK 和 16QAM 所采用的变换步长为 100 GHz,然后将 DPSK 和 16QAM 信号的测试数据通过拟合生成了图 3-8(a)中的另外两条曲线,图中的 DSPK 和 16QAM 曲线几乎和 QPSK 的曲线重合,这说明 FWM 中当 SOA 的偏置电流和波长变换范围一致时,新生成的闲频光的 OSNR 对信号的调制格式是透明的,不同信号将会得到相近的 OSNR。即便在 1 THz 的变化范围,三种信号依然可以得到 20 dB 以上的 OSNR,这也保证了波长变换在实际应用中的可行性。

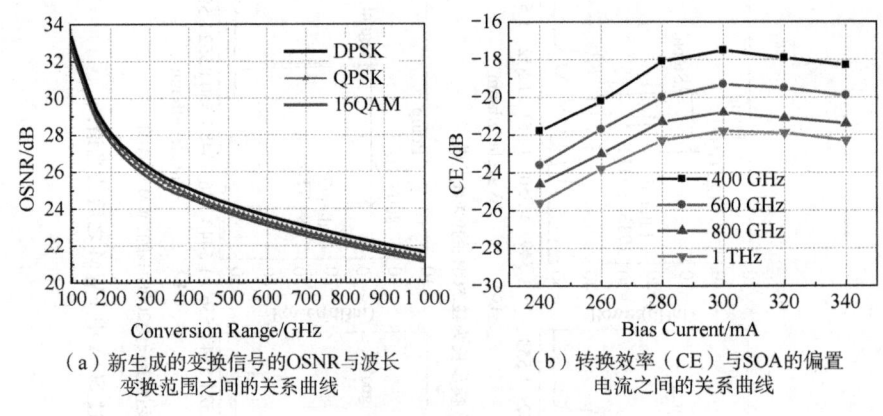

(a) 新生成的变换信号的OSNR与波长变换范围之间的关系曲线

(b) 转换效率(CE)与SOA的偏置电流之间的关系曲线

图 3-8　影响波长变换效率和性能因素测试

从上面的结果可以看出,较大的变换范围将会导致更低的 OSNR,而 OSNR 又和信号的转换效率(CE)紧密相关,此处我们将转换效率定义为新生成的信号光与原始信号光的信噪比的差值,因此转换效率一般为负数。在 FWM 过程中,信号光的转换效率将会受到 SOA 的偏置电流和输入光束偏振态的影响,我们通过偏振控制器将输入的信号光和泵浦光调整为相同偏振态,以获得最佳变换效果,然后在不同的变换范围(400 GHz,600 GHz,800 GHz 和 1 THz)内,测试了信号光的转换效率与 SOA 偏置电流的关系。将偏置电流从 240 mA 依次增加到 340 mA,如图 3-8(b)所示,在偏置电流较小时,转换效率随偏置电流逐渐增加,这是因为更大的偏置电流将提供更高的载流子密度,从而为信号的波长变换提供更多能量。但是当偏置电流达到一定的值以后,转换效率开始随偏置电流的上升而逐渐衰减,这是因为较大的偏置电流会促使 SOA 发生更高阶的 FWM 效应,而高阶 FWM 过程将会消耗更多来自泵浦光和偏置电流的能量,用来产生更多高阶的闲频光,从而导致波长变换信号转换效率的降低。另外,高阶 FWM 生成的闲频光将有可能对所需变换信号造成串扰,这将进一步恶化信号质量,因此选择合适的偏置电流将对实验结果产生较大影响,从图 3-8(b)的测试结果可以看出 300 mA 是最佳偏置电流值。

最后,我们测试了三种波长变换信号的 BER 性能与 OSNR 的关系曲线,作为对比,我们同样测试了背靠背情况下原始信号的 BER 性能,如图 3-9 所示,我们选择了 8 nm(1 THz)的变换范围,因为该范围不但可以满足弹性光网络的实际应用需求,同时 22 dB 的 OSNR 也保证了对三种信号进行 BER 统计的需求。如前所述,FWM 生成的闲频光由 TB-WSS 滤出,通过一个 VOA 来调整变换信号的 OSNR。对 DPSK 信号,通过采用误码分析仪 BERT 对误码率进行在线测试,用该方法得到 $10^{-9}$ 以下的 BER 值,从图 3-9(a)可知 DPSK 信号在 16 dB 时可实现无误码的性能,并且与原始信号相比,其 OSNR 代价小于 1 dB,插图呈现了原始信号和变换信号的眼图。对 QPSK 和 16QAM 信号,由于采用相干接收和离线统计的方法,BER 可分别统计到 $10^{-6}$ 和 $10^{-4}$ 量级,虽然难以进行无误码的测试,但是依然可以达到前向纠错编码(FEC)的阈值要求,即 BER 在 $10^{-3}$ 以下,如图 3-9(b)和(c)所示,与原始信号相比,两信号在 FEC 阈值处的功率代价分别为 0.8 dB 和 1.1 dB。图中同时呈现了 QPSK 和 16QAM 原始信号和变换信号的星座图以及各自 I 路、Q 路的眼图,通过清晰的眼图和各点集中的星座图保证了波长变换信号的可靠质量,证明了将多种高阶调制信号的波长变换方案应用于弹性光网络的有效性。

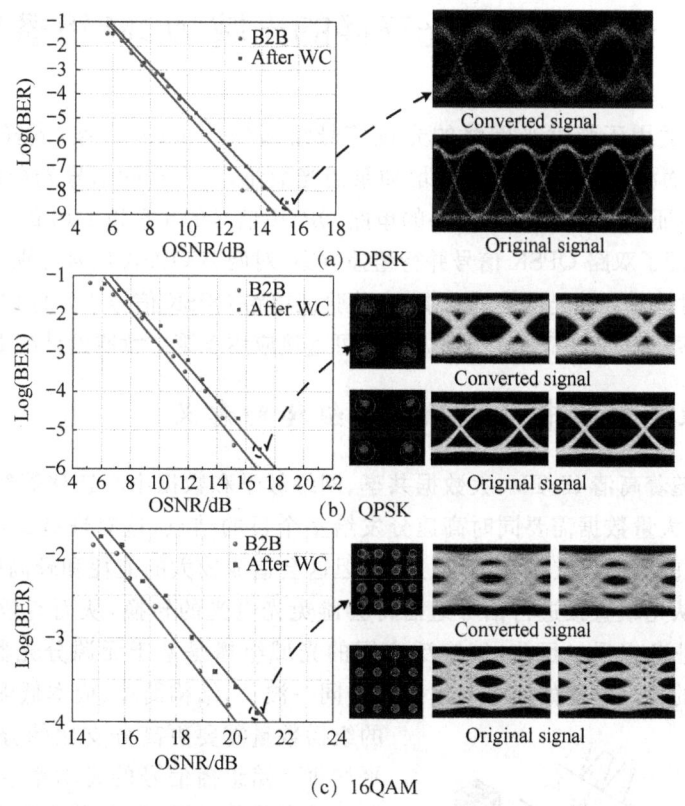

图 3-9  波长变换信号的 BER 与 OSNR 的关系曲线

虽然 FWM 对信号调制格式透明,但是我们也发现不同格式的光信号在 FWM 中具有不同的特性。低阶的 DPSK 信号具有更强的抗损坏能力,由于星座点间更大的欧氏距离使得经 FWM 变换的 DPSK 信号对于 OSNR 衰减具有更好的鲁棒性。从图 3-9 中可以看出,在相同的 BER 水平下,高阶信号需要更高的 OSNR,同时,在相同的波长变换范围下,高阶信号的 BER 值更差,尤其是在进行长距离光纤传输时,由于色散和非线性的累加,将会使高阶波长变换信号的性能遭受更显著的恶化。因此，在实际的弹性光网络应用中，应该综合考虑波长变换范围和光纤传输距离等因素，来更加合理地选择信号的调制格式类型。

为了更加全面地探索波长变换对弹性光网络的意义，除了物理层的实验验证，我们项目组还对网络层进行了仿真验证，曾提出一种针对波长变换弹性光网络的路由频谱资源分配算法。在 A. N. Patel 所提算法的基础上，结合我们的光信号处理方案，提出了 BER 和距离自适应波长可变（BER-DA-WC）路由频谱资源分配算法。从该网络仿真得到的结果可知，具有波长变换能力与没有波长变换能力的弹性光网络相比，在相同负载情况下，网络阻塞率更低，同时当波长变换范围大于 1 THz 以后网络性能的提升不再显著，由此可知当波长变换器具有 1 THz 的变换范围时就可以满足实际的弹性光网络需求。

综上所述，结合物理层的波长变换实验和网络层的路由频谱资源算法，我们可以看出在弹性光网络中波长变换的意义，同时也证明了我们所设计的 ROADM 结构的合理性以及基于 SOA 中 FWM 效应的波长变换方案的有效性。

## 3.2 适用于弹性光交换的光域 WDM 组播方案

本节提出了适用于弹性光网络的光域信号组播（Multicast）方案，同样基于 SOA 中的 FWM 效应，在前面波长变换的基础上，增加泵浦光数量，合理分配信号光和各泵浦光的中心波长，通过实验验证了速率为 25 Gbit/s 的单路 QPSK 信号的 1-6 和 1-10 的 WDM 组播方案；并提出并实验验证了双路 QPSK 信号并行组播方案，对两路 QPSK 信号分别实现了 1-3 和 1-6 的并行组播；同时针对弹性光网络的需求，实验验证单路 QPSK 信号 1-7 的 FWDM 组播方案，以上提出的一系列 WDM/FWDM 组播方案都可直接应用于第二章所设计的 ROADM 结构。

### 3.2.1 弹性光交换中光域 WDM 组播的意义

近些年来，随着高清 IP-TV、大数据共享、网络教学和数据中心迁移等新兴业务的出现，来自同一结点的大量数据需要同时高速分发给多个目的结点，这对现有的组播技术提出了极大挑战。传统的组播仅支持在 IP 层进行，但这会造成较大的能耗和较高的成本。如果能在路由结点中，从光域直接进行信号组播将会避免光电光的转换，从而有效实现超高速、低能耗、高效率的业务组播。目前，被广泛应用的光域组播是基于无源分光器（Splliter）的组播技术，该方案的特点是原始信号与组播信号同一波长，结构简单、成本低廉，但缺点是较大的组播数量需要更高分支比的分光器，这会导致平均每一路组播信号的光功率急剧下降，付出高昂的功率代价。同时，随着大数据和数据中心的快速发展，信号容量不断增加，组播业务所需带宽显著提高，传统的基于分光器的光域组播技术将会造成波长资源冲突，从而引起网络阻塞，如图 3-10 所示。

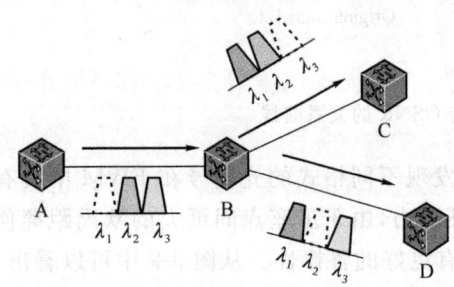

图 3-10　基于 WDM 组播技术的网络应用场景

图中描述了一种常见的信号组播网络场景，简化场景中共有三条链路 AB、BC 和 BD，链路中

有三个波长为 $\lambda_1$、$\lambda_2$、$\lambda_3$ 的信道资源,彩色实心部分意味着该信道已被占用,虚线空白部分象征着信道空闲。假设有一个来自结点 A、波长为 $\lambda_1$ 的超宽带业务需要在结点 B 处进行组播,将该业务同时分发给下游结点 C 和 D。然而,若在结点 B 仅可用分光器实现组播的话,组播请求将会失败,因为在链路 BC 和 BD 中 $\lambda_1$ 信道已被占用。因此,如果在中间结点具有波长变换能的组播技术的话,便可将原始业务由 $\lambda_1$ 分别复制到 $\lambda_2$ 和 $\lambda_3$,从而实现链路 BC 和 BD 中的传输,我们将这种组播技术称为波分复用(WDM)组播。因此,在频谱资源稀缺的超高速网络中,WDM 组播将会是传统组播方案的自然演进技术,它可以将某一波长的信号同时复制到多个不同波长上,根据网络资源占用情况,弹性灵活地分配组播信道,减少波长冲突,提高资源利用率。

近些年来,WDM 组播引起了相关领域学者的热切关注,有一些在不同材质中基于不同非线性效应的 WDM 组播方案已被证明和发表。例如,利用电吸收调制器(EAM)中的交叉吸收调制(XAM)实现了具有信号再生能力的 WDM 组播;利用非线性光子晶体光纤(PCF)中的自相位调制(SPM)实现了 1-8 的 WDM 组播;利用 QD-SOA 中的交叉增益调制(XGM)的 WDM 组播方案。除了上述各种非线性效应之外,FWM 依然被认为是最有潜力的 WDM 组播的技术选择,因为在 WDM 组播中 FWM 同样对调制格式、信号带宽、速率透明。目前,基于 FWM 的 WDM 组播方案已经在 HNLF、PCF、硅基纳米线和 SOA 等材质中得到了验证。虽然基于 FWM 的波长变换方案已经在 16QAM 和 64QAM 等高阶信号中被证明了,但是由于更加复杂的作用过程和对更多输入光束的更大变换范围,使得上述 WDM 组播中的信号大多局限在 OOK 和 DPSK 等低阶调制格式,对于弹性光网络中多种调制格式混合的情况并不适用。于是便有了利用铌酸锂光波导(PPLN)中的二阶非线性效应,即和频(SFG)和差频(DFG),实现 16QAM 信号的 WDM 组播方案,据我们所知,这是当时所发表的最高阶的全光组播信号格式,但是该方案利用三个泵浦光仅生成了两个组播信号,该实验的组播效率较低,难以满足实际的应用需求。因此,在弹性光网络中,应该实现的是对高阶信号的高效率 WDM 组播技术,利用更少的泵浦光来生成数量更多、阶数较高的组播信号。

## 3.2.2 基于 SOA 中 FWM 效应的一系列 WDM 组播方案

SOA 中 FWM 效应的原理如图 3-11 所示,信号光通过与不同数量的泵浦光经过 FWM 的相互作用,可以生成多个不同波长的闲频光,其中一些闲频光保留了原始信号的信息,从而实现波长变换或 WDM 组播的功能。

在这个过程中,简并 FWM(D-FWM)和非简并 FWM(ND-FWM)同时在 SOA 中发生,新生成的闲频光满足如下的频率和相位关系:

$$f_{abc} = f_a + f_b - f_c \qquad (3-1)$$
$$\theta_{abc} = \theta_a + \theta_b - \theta_c \qquad (3-2)$$

式中,$f_{abc}$ 和 $\theta_{abc}$ 是新生成的闲频光的频率和相位($a\neq c$,$b\neq c$,$a,b,0$ 分别代表输入的信号光和泵浦光)。

在本小节中,我们所采用的输入信号皆为 12.Gbaud 的 QPSK 信号。也就是说,原始信号完全由是相位信息来表征。由式(3-2)可知,在单泵浦 FWM 过程中,频率为 $f_2$ 的原始信号(S)的相位信息将会被映射到频率为 $f_{112}$ 的闲频光上,即实现了波长变换,如图 3-11(a)所

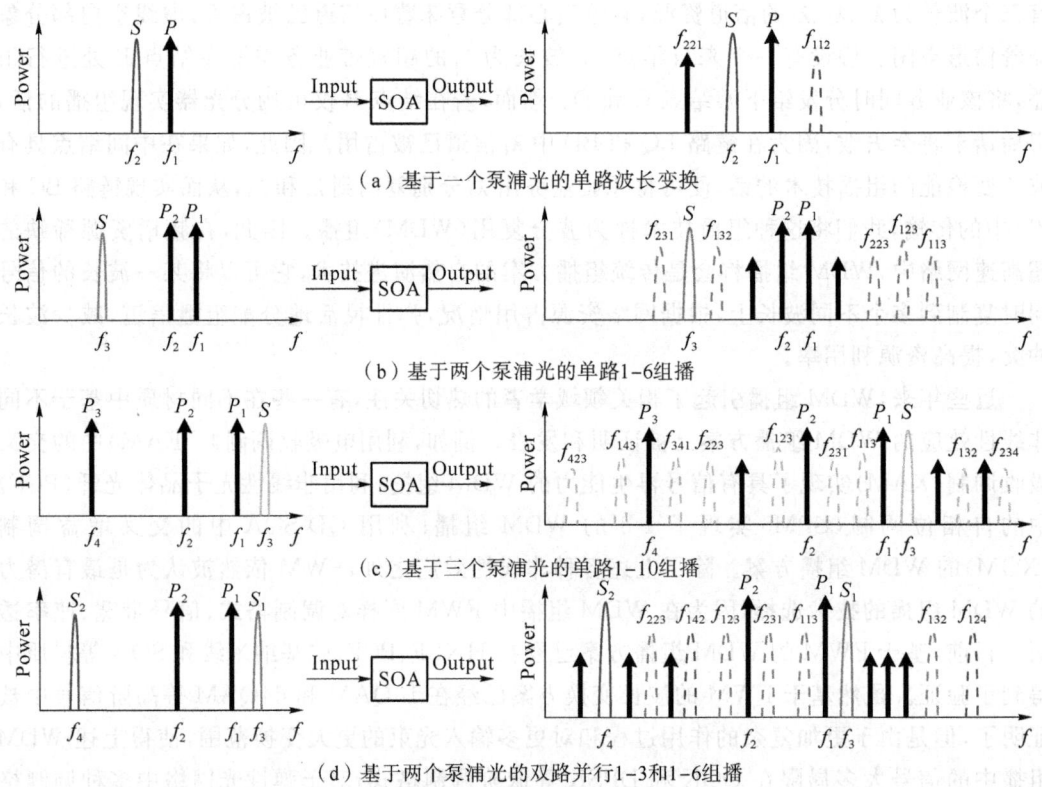

图 3-11 SOA 中 FWM 原理图

示。而在双泵浦的 FWM 中,两路泵浦光($P_1$ 和 $P_2$)与原始信号分别分布在 $f_1$、$f_2$ 和 $f_3$ 的频率处,三束光在 D-FWM 和 ND-FWM 的共同作用下,将会生成多路闲频光,根据 FWM 的基本原理可知,若想保留原始信号的相位信息,则在参与 FWM 过程的三束光波中,只能有一束是 QPSK 信号光($f_3$),其他两束应为同泵浦(即简并)或异泵浦(即非简并)光。因此,在新生成的多路光束中,其中五路闲频光将会保有原始信号的相位信息,分别是三路 ND-FWM 闲频光($f_{123}$,$f_{132}$,$f_{231}$)和两路 D-FWM 闲频光($f_{113}$,$f_{223}$),它们完整地保留了原始 QPSK 信号的相位信息,经过这个过程,原来的一路 QPSK 信号,变成了六路波长不同但信息一样的 QPSK 信号,从而实现了 1-6 的 WDM 组播方案。基于同样的原理,如果我们继续增加泵浦光数量,则可完成更多折数的 WDM 组播,为了有效避免由高阶 FWM 和多个泵浦光束作用引起的串扰,需要为信号光和泵浦光分配合理的频率位置和频谱间隔,如图 3-11(c)所示,基于三泵浦的 FWM 将会把原始信号的相位信息传递到九个新生成的组播信号,它们所在频率为 $f_{423}$、$f_{143}$、$f_{341}$、$f_{223}$、$f_{123}$、$f_{231}$、$f_{113}$、$f_{132}$、$f_{234}$,从而实现 1-10 的 WDM 组播。

以上所提方案都是对单路 QPSK 信号进行的 WDM 组播,接下来我们提出一种基于双泵浦 FWM 效应的双路并行 WDM 组播方案,如图 3-11(d)所示。在 SOA 输入端,有 $P_1$ 和 $P_2$ 两个泵浦光和 $S_1$ 和 $S_2$ 两路信号光,将它们分别分配在 $f_1$、$f_2$、$f_3$ 和 $f_4$ 频率上,为了避免产生串扰,两个泵浦光和两路信号光设置了不同的频谱间隔,即 $\Delta f_{42} \neq \Delta f_{21} \neq \Delta f_{13}$。通过 FWM,信号光 $S_1$ 的相位信息复制到了频率为 $f_{223}$、$f_{123}$、$f_{231}$、$f_{113}$ 和 $f_{123}$ 的闲频光上,而另一路信号光 S2 的相位信息则被传递到了 $f_{142}$ 和 $f_{124}$ 的闲频光上,因此对两路信号分别实现了 1-6 和 1-3 的 WDM 组播,整个光信号处理过程是同时并行完成的。

### 3.2.3 实验设置和结果分析

为了验证上述多种 WDM 组播方案,我们搭建了基于相干测试系统的实验平台,如图 3-12 所示,该平台所用仪器设备与图 3-6 中的波长变换实验大致相同,改进之处是我们又增加了两路泵浦光,同时生成了两路信号光。在这个验证性实验中,我们用两个线宽小于 100 kHz 的 ECL 光源(ECL-EXFO-FLS2800)发射两个不同波长的 CW 光,通过耦合器将它们输入由 AWG 和 I/Q 调制器组成的发射机,可同时生成两路不同波长但信息相同的速率为 25 Gbit/s 的 QPSK 信号,为了将两路信号去相关性,将其中一路信号滤出经过一段光延时线(ODL),另一路经过衰减器抵消 ODL 的功耗,最后将两路近似不相关的信号通过 EDFA 完成能耗的补偿,这也是实验室中常用的生成多路 WDM 信号的方法。TB-WSS 换成了 Finisar 公司生产的端口数为 1×9 的 BV-WSS(DWP9F),其最大插入损耗为 6.5 dBm,可调带宽范围从 12.5 GHz 到 500 GHz,按照 ITU-T G.694.1 的标准设定的可调步长为 12.5 GHz,实验中的第一个 BV-WSS 用来选择所需的信号光和泵浦光以输入 SOA 进行 FWM,第二个 BV-WSS 将 FWM 之后生成的原始信号和组播信号全部滤出进行相干检测。

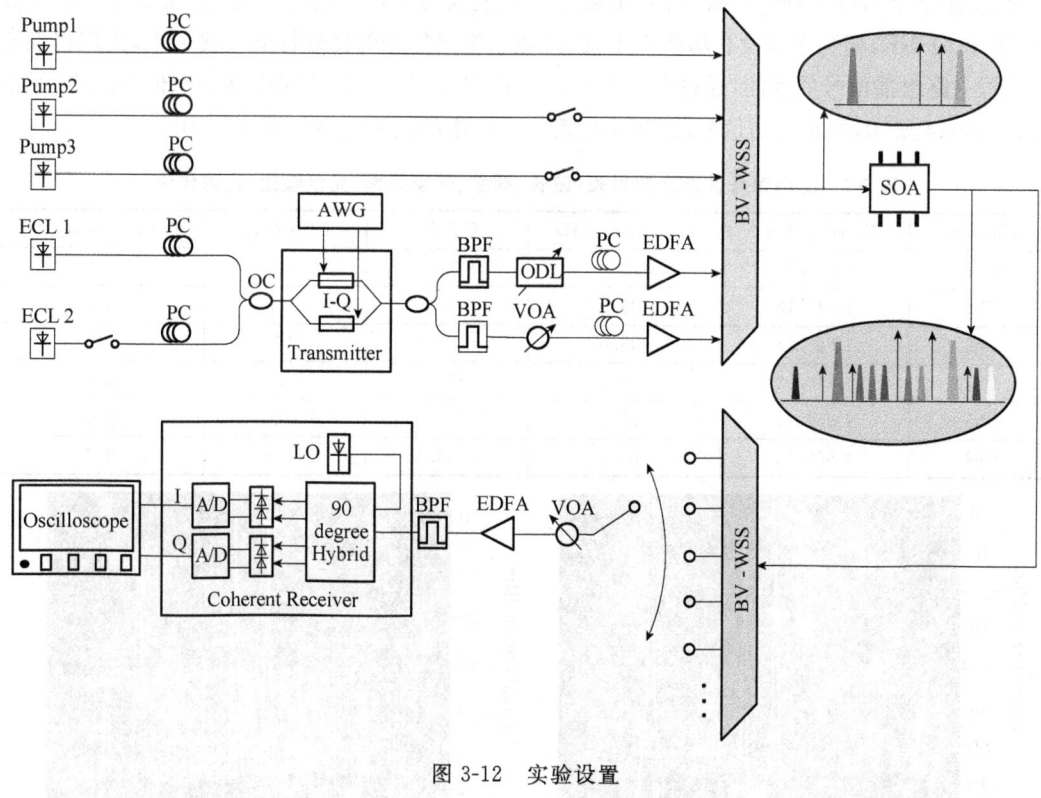

图 3-12 实验设置

ECL:外腔可调激光器;OC:耦合器;PC:偏振控制器;BV-WSS:带宽可变波长选择光开关;SOA:半导体光放大器;VOA:可调光衰减器;ODL:光延时线;EDFA:掺铒光纤放大器;BPF:带通滤波器;AWG:任意波形发生器;LO:本地振荡光源;A/D:模数转换器

该实验平台可以依次验证上述四种光信号处理方案,通过设置不同的泵浦光和信号光的波长与数量,可以实现相应的方案:基于单泵浦光的单路波长变换、基于双泵浦光的单路 1-6 信号组播、基于三泵浦光的单路 1-10 信号组播以及基于双泵浦光的双路信号并行(1-3 和 1-6)组播。由于上一节我们已经详细研究了单路波长变换的方案,本节我们将重点研究后三种 WDM 组播方案。

**1. 基于双泵浦 FWM 效应的单路 QPSK 信号 1-6 的 WDM 组播**

首先,我们来验证单路 QPSK 信号 1-6 的 WDM 组播方案,该方案基于双泵浦光,因此我们仅使用泵浦光 $P_1$ 和 $P_2$,将二者的波长设置为 1 548.52 nm(193.6 THz)和 1 549.32 nm(193.5 THz),初始光功率分别为 2.5 dBm 和 4.5 dBm。同时,仅激活 ECL1 生成一路波长为 1 551.72 nm(193.2 TH)光功率为 −2.5 dBm 的单路 QPSK 信号光,三束光由 BV-WSS 进行耦合输入到偏置电流为 280 mA 的 SOA 中,三路光束相互作用,通过 D-FWM 和 ND-FWM 的过程,SOA 输出相应的组播信号。我们使用分辨率为 0.02 nm 的光谱仪依次采集了 SOA 输入和输出的光谱图,如图 3-13 所示。从图中可以看出,三路光束经过 FWM 之后一共生成八路闲频光,其中五个保留有原始 QPSK 信号的全部相位信息,加上原始信号(Ch5)从通道 1(Ch1)到通道 6(Ch6)一共有六路 WDM 组播信号,六路组播信号所在的波长、对应的频率、转换效率(CE)、OSNR 详细记录在表 3-1 中。从光谱图和统计数据中可以看出,实验结果与理论分析一致,所有闲频光所在波长与 FWM 理论一致,生成信号具有较高的 CE 和 OSNR,相互之间没有串扰发生,这体现了组播信号的良好性能。接下来,我们将准确测试每一路组播信号的性能,通过第二个 BV-WSS 将不同波长的六路组播信号依次滤出,光谱图如图 3-14 所示,六路组播信号的 BER 与接收光功率的关系曲线如图 3-15 所示。

表 3-1 组播信号性能参数列表:波长、频率、转换效率、光信噪比、功率代价

| Channel | Wavelength/nm | Frequency/THz | CE/dB | OSNR/dB | Power penalty/dB |
| --- | --- | --- | --- | --- | --- |
| Ch1 | 1 545.32 | 193.4 | −27.5 | 16.7 | 1.1 |
| Ch2 | 1 546.12 | 193.9 | −23 | 21.5 | 0.3 |
| Ch3 | 1 546.92 | 193.8 | −27.3 | 17 | 0.85 |
| Ch4 | 1 549.92 | 193.3 | −23.2 | 18.4 | 0.5 |
| Ch5 | 1 551.72 | 193.2 | — | 42 | 0.0 |
| Ch6 | 1 552.52 | 193.1 | −23.5 | 17.2 | 0.7 |

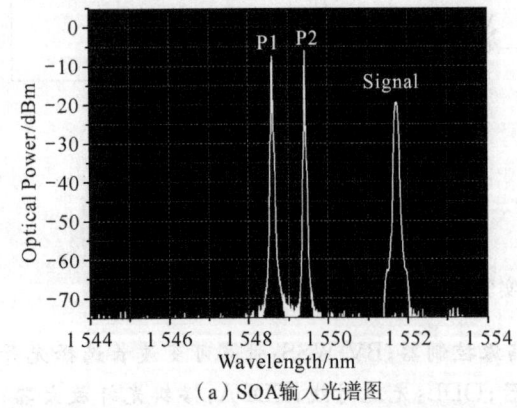

(a) SOA 输入光谱图

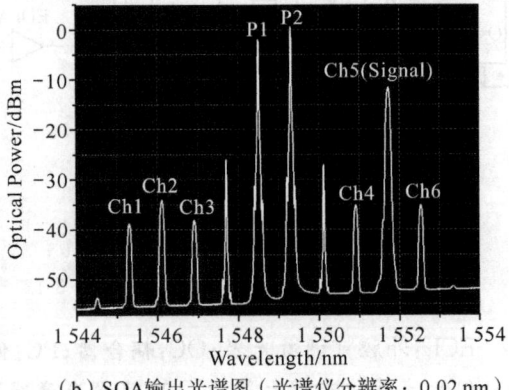

(b) SOA 输出光谱图(光谱仪分辨率:0.02 nm)

图 3-13 基于 SOA 中 FWM 的 WDM 组播光谱图

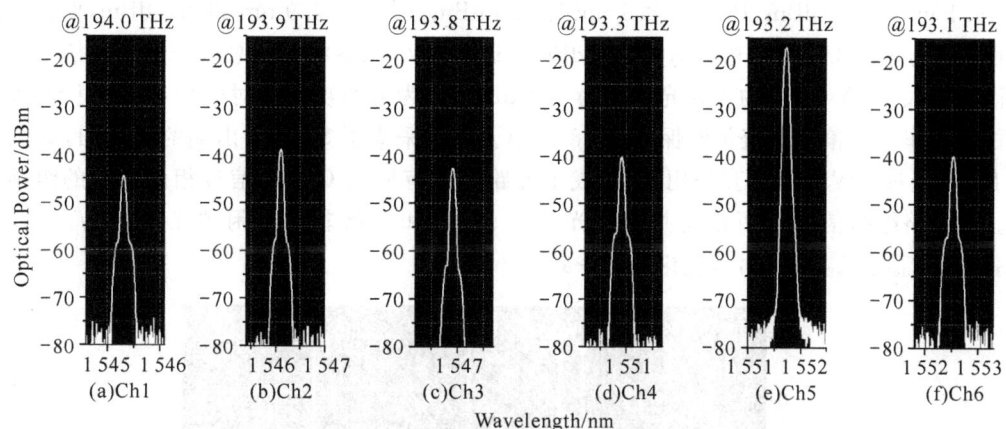

图 3-14 通过 BV-WSS 依次滤出的六路组播信号光谱图（光谱仪分辨率：0.02 nm）

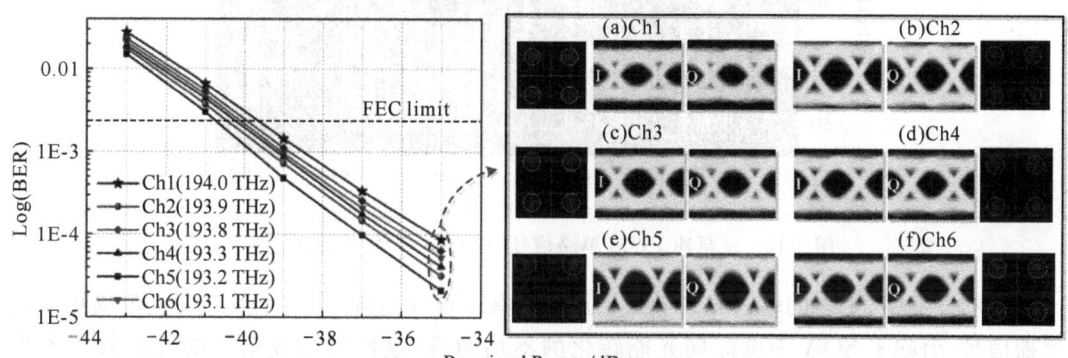

图 3-15 六路组播信号的 BER 与接收光功率的关系曲线插图为在接收光功率为 −35 dBm 处采集的六个信号各自的星座图和眼图

从图 3-14 中可以看出，接收端的 BV-WSS 可以很干净清晰地将六路组播信号依次滤出，而且滤出信号依然有较高的 OSNR，在进入相干接收机之前对所得信号进行功率补偿，作为前置放大器的 EDFA 被设置为恒定功率模式（Constant Power Mode）以保证输入相干接收机的功率保持一致，通过 VOA 调整进入 EDFA 的信号光功率，测试中采用的接收光功率为进入 EDFA 之前的功率值，经过相干接收和采样示波器后，对所有六路信号的 BER 值进行离线统计，并采集信号对应的星座图和 I 路 Q 路的眼图，最终得到六路组播信号在不同接收光功率下的 BER 性能，如图 3-15 所示。六路组播信号的 BER 值都可达到 FEC 阈值 $3.8\times10^{-3}$ 以下，原始信号 Ch5 获得了最优的 BER 性能，以其为参考基准，我们依次算出了其他五路信号在 FEC 阈值处的功率代价，总结在表 3-1 中。信号 Ch1 由于 −27.5 dB 的最低转换效率而付出了最大的功率代价 1.1 dB，通过调整 SOA 的偏置电流、泵浦光功率以及信号光与泵浦光的相对偏振态可以进一步提升组播信号的质量。从插图中集中的星座点和张开的眼图可以看出六路信号具有优良的性能，证明了基于双泵浦 FWM 单路 QPSK 信号 1-6 的 WDM 组播方案的有效性。

**2. 基于三泵浦 FWM 效应的单路 QPSK 信号 1-10 的 WDM 组播**

接下来，我们将泵浦光数量增加到三束，它们各自的波长和光功率依次为 $P_1$：

1 544.1 nm 和 3.0 dBm、$P_2$：1 548.1 nm 和 3.5 dBm、$P_3$：1 554.9 nm 和 3.5 dBm，而信号光 S 的波长为 1 543.1 nm，光功率为 1.5 dBm。通过 BV-WSS 将三路泵浦光和一路信号光进行耦合输入 SOA 中，总的入射光功率为 7.1 dBm，因为入射功率相对较大，为了使 SOA 可以稳定工作而将偏置电流仍然保持在 280 mA。我们采集了 SOA 输出端的光谱图，如图 3-16 所示，经过 FWM 的相互作用，新生成了九路保留有原始 QPSK 信号相位信息的组播信号。这九路组播信号由两路简并闲频光（$f_{113}$、$f_{224}$）和七路非简并闲频光（$f_{234}$、$f_{132}$、$f_{231}$、$f_{123}$、$f_{341}$、$f_{143}$、$f_{423}$）组成，与理论分析一致。

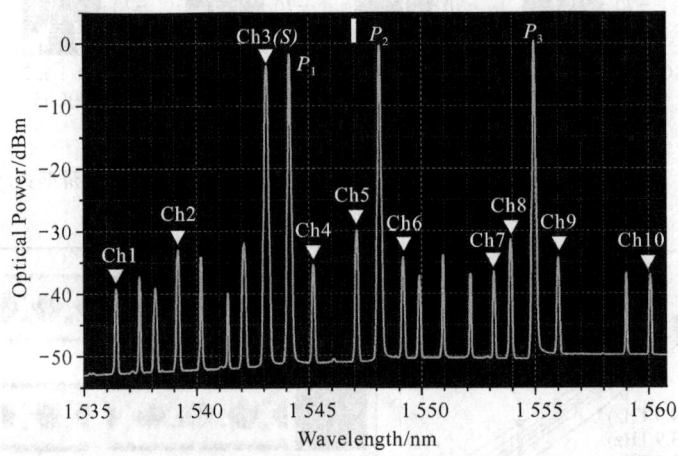

图 3-16　三泵浦 FWM 单路信号 1-10 的 WDM 组播光谱图

在本方案中，更多的输入光束导致了更为复杂 FWM 过程，产生了波长变换范围更大的组播信号，引起了 SOA 中电能向光能转化的不均匀性，这使得生成信号的转换效率不平等，使它们具有质量不一的 OSNR 特性。我们将十路组播信号（Ch1、Ch2、…、Ch10）所在波长、转换效率、OSNR 等参数详细列在表 3-2 中。从表 3-2 可以看出，Ch7 和 Ch10 由于降低的转换效率，所以仅有 13.5 dB 和 13.1 dB 的 OSNR 值。我们采用与 1-6 组播方案同样的方法测试了这十路组播信号的 BER 特性，如图 3-17 所示，以原始信号（Ch3）为基准，进而得出九路新生成组播信号在 FEC 阈值处的功率代价，如表 3-2 所示。

表 3-2　组播信号参数

| Channel | Frequency Label | Wavelength/nm | CE/dB | OSNR/dB | Power penalty/dB |
| --- | --- | --- | --- | --- | --- |
| Ch1 | $f_{234}$ | 1 536.4 | −35.3 | 14.2 | 1.1 |
| Ch2 | $f_{132}$ | 1 539.1 | −29.4 | 19.4 | 0.3 |
| Ch3 | $f_3$ | 1 543.1 | — | 47.5 | 0.0 |
| Ch4 | $f_{113}$ | 1 545.2 | −31.9 | 15.8 | 0.95 |
| Ch5 | $f_{231}$ | 1 547.1 | −26.3 | 21.2 | 0.28 |
| Ch6 | $f_{123}$ | 1 549.2 | −30.4 | 16.3 | 0.8 |
| Ch7 | $f_{223}$ | 1 553.2 | −33.5 | 13.5 | 1.45 |
| Ch8 | $f_{341}$ | 1 553.9 | −27.7 | 19.2 | 0.42 |
| Ch9 | $f_{143}$ | 1 555.0 | −30.5 | 16.0 | 0.9 |
| Ch10 | $f_{423}$ | 1 560.1 | −33.8 | 13.1 | 1.7 |

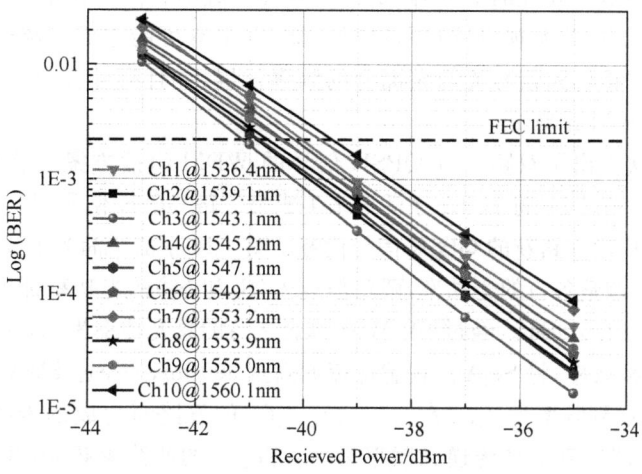

图 3-17　十路组播信号的 BER 与接收光功率的关系曲线

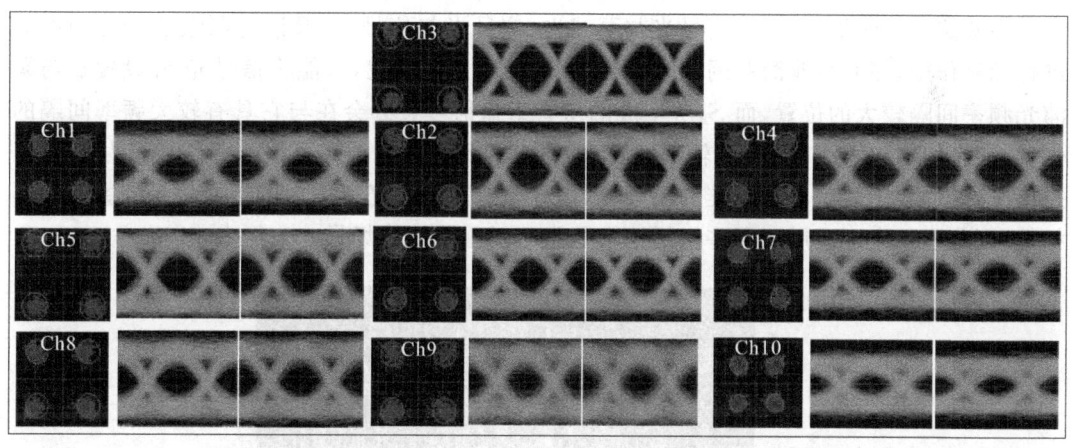

图 3-18　在接收光功率为 −35 dBm 处依次采集的十路组播信号各自的星座图和眼图

可以明显看出,信号的功率代价与 OSNR 成反比,而 OSNR 又与转换效率密切相关,而生成信号的波长变换范围(即频率失谐量)、泵浦光功率和偏置电流都是影响转换效率的主要因素。在所有组播信号中,在其他因素一致的情况下,信号 Ch1 具有最大的波长变换范围(17.0 nm),因此它需要付出 1.7 dB 的最大功率代价。信号性能可以通过增加泵浦光功率和偏置电流来进一步提升,因为它们将为 FWM 提供更多的光能和电能。但是需要注意的是商用 SOA 都有饱和输入光功率和最大偏置电流的限制,不可无限增加,而且随着光电能力的增加组播信号的性能会达到一个最优值,若继续增加则信号性能将会逐渐恶化,我们会在后面进行相应的研究。最后,我们在接收光功率为 −35 dBm 处采集了所有组播信号的星座图和对应 I 路 Q 路的眼图,可以看出,即便是 Ch10 也依然具有清晰的星座图和眼图,这证明十路优质的信号都可作为 WDM 组播信号。

**3. 基于双泵浦 FWM 效应的双路 QPSK 信号 1-3 和 1-6 的并行 WDM 组播**

上述两种组播方案以及目前所发表的光域组播方案都是针对单路信号实现的,随着弹性光网络的发展,对多路并行信号处理技术具有迫切的需求,如果可以实现多路信号并行组播,将会极大地提高信号处理的效率,降低信号处理的成本。但是在基于 FWM 的组播方案中,会产生很多闲频光,若实现多路信号同时组播,则很有可能造成多路光束之间的相互串扰,因此必须合理安排各路信号光与泵浦光的频率位置,并且有效控制各光束的功率,以免生成更加高阶的 FWM 闲频光。

于是,我们首次提出了双路并行 QPSK 信号的 WDM 组播方案。这里,将 1-10 组播方案中的泵浦光 $P_3$ 关掉,同时将 ECL2 激活用来生成第二路 QPSK 信号,其波长与原泵浦光 $P_3$ 一样,也就是说,我们用一路新的 QPSK 信号代替了图 3-16 中的泵浦光 $P_3$,其他光束保持原有波长不变,但要重新调整各自的光功率,两路信号光($S_A$ 和 $S_B$)的光功率都为 1.0 dBm,而两路泵浦光($P_1$ 和 $P_2$)为 4.5 dBm。经过 BV-WSS 耦合之后的总光功率为 5.3 dBm,为使两路信号都能得到较好的转换效率,将 SOA 的偏置电流调高至 300 mA。经过 FWM 之后,来自信号光 $S_A$ 的相位信息被复制到频率为 $f_{132}$、$f_{113}$、$f_{231}$、$f_{123}$、$f_{223}$ 的五路新生成的闲频光($A_1$ 至 $A_5$);而另一路信号光的全部信息则被传递到频率为 $f_{124}$ 和 $f_{142}$ 的两路闲频光($B_1$ 和 $B_2$),如图 3-19 所示。从图中可以看出,与前面的理论分析一致,两路信号在理想的频率位置上生成了各自的组播信号,实现了并行 WDM 组播方案。

在双路并行组播方案中,信号光与泵浦光、信号光与信号光、泵浦光与泵浦光之间都会进行相互作用,简并与非简并闲频光都会生成,为了避免串扰,只能将信号光 $S_B$ 设置在与泵浦光频率间隔较大的位置,而 $S_B$ 所生成的所有组播信号势必会在与它具有较大频率间隔的位置,在它们当中 $B_1$ 和 $B_2$ 具有较高的转换效率,因此我们仅选择了这两路信号作为 $S_B$ 的组播信号,而舍弃了其他质量不佳的闲频光,这导致两路信号光所生成的组播信号的数量并不相等,因此该方案更适用于那些组播请求数量不对称的网络场景。

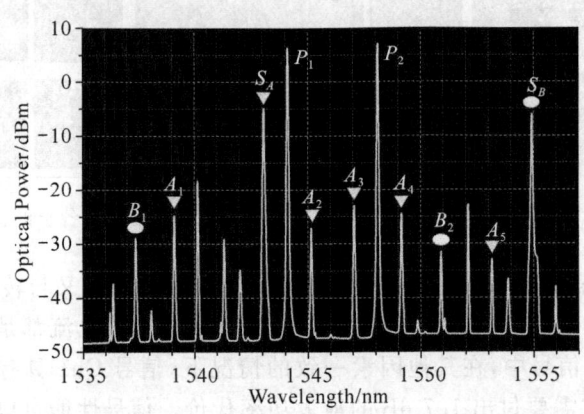

图 3-19 基于双泵浦 FWM 的双路信号并行 WDM 组播光谱图

测试得到的两路原始信号及其组播信号的性能参数归纳在表 3-3 中,接下来,我们分别测试了 $S_A$ 与 $S_B$ 的组播信号的 BER 性能,如图 3-20 所示,分别以各自原始信号为参考,得到所有各自组播信号在 FEC 阈值处的功率代价,如表 3-3 所示。与之前的测试规律一致,对 $S_A$ 信号,由于更大的波长变换范围(10.1 nm)使组播信号 $A_5$ 具有最低的转换效率和 OSNR,从而付出了 1.28 dB 的功率代价;同样对 $S_B$ 信号,组播信号 $B_2$ 则付出了 1.27 dB 的功率代价。在实验过程中,调整两路信号与泵浦光的相对偏振态对生成的组播信号的性能有较大影响,这与 FWM 本身的偏振敏感特性有关。同样,我们在接收功率为 -35 dBm 处采集了内路组播信号各自的星座图和眼图,从图3-21所示中可以看出,所有信号的性能都可接受、可用于实际的组播需求。

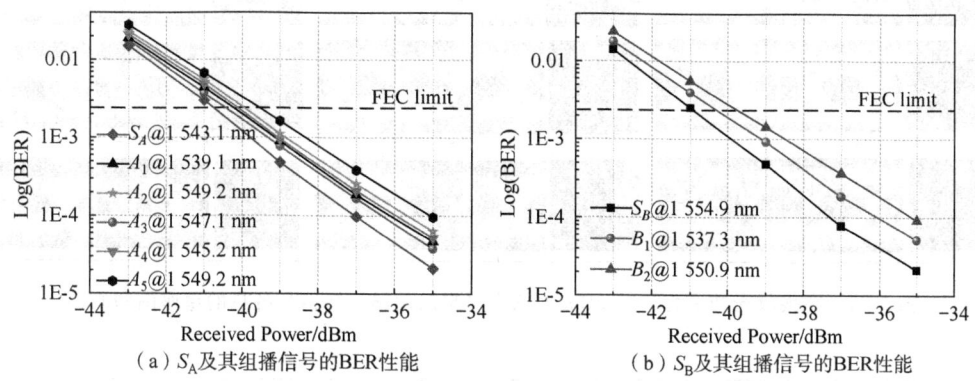

(a) $S_A$ 及其组播信号的BER性能　　(b) $S_B$ 及其组播信号的BER性能

图3-20　$S_A$ 与 $S_B$ 的组播信号的BER性能

表3-3　组播信号参数

| Channel | Frequency Label | Wavelength/nm | CE/dB | OSNR/dB | Power penalty/dB |
| --- | --- | --- | --- | --- | --- |
| $S_A$ | $f_3$ | 1 543.1 | — | 43.1 | 0.0 |
| $A_1$ | $f_{132}$ | 1 539.1 | −17.9 | 23.3 | 0.54 |
| $A_2$ | $f_{113}$ | 1 545.2 | −22.1 | 20.6 | 0.82 |
| $A_3$ | $f_{231}$ | 1 547.1 | −17.7 | 24.5 | 0.31 |
| $A_4$ | $f_{123}$ | 1 549.2 | −19.3 | 22.7 | 0.67 |
| $A_5$ | $f_{223}$ | 1 553.2 | −27.8 | 14.2 | 1.28 |
| $S_B$ | $f_4$ | 1 554.9 | — | 41.2 | 0.0 |
| $B_1$ | $f_{124}$ | 1 537.3 | −22.8 | 19.2 | 0.78 |
| $B_2$ | $f_{142}$ | 1 550.9 | −25.4 | 14.3 | 1.27 |

从表3-3可以看出,组播信号的功率代价与它们的OSNR成反比,而OSNR与CE有关,除了偏振态和光功率之外,对CE有最大影响的因素就是SOA的偏置电流了。因此,我们研究了SOA的偏置电流对组播信号CE和OSNR的影响,对 $S_A$ 信号,我们挑选了 $A_2$ 和 $A_4$ 两路组播信号作为研究对象,对 $S_B$ 信号,则是以 $B_1$ 和 $B_2$ 作为研究对象,在其他因素保持不变的条件下,SOA的偏置电流从240 mA逐渐增大到340 mA,依次测试四个组播信号对应的CE和OSNR值,如图3-22所示。可以看出,当偏置电流较低时,组播信号的CE和OSNR随偏置电流的增加而上升,这是因为更大的偏置电流将提供更高的载流子密度,从而为新生成的组播信号提供更多能量。当达到300 mA时,组播信号的性能达到最优值,如果偏置电流继续增加,CE和OSNR开始出现恶化的趋势,这是因为300 mA之后更高阶的FWM闲频光开始生成,这会消耗一部分用于生成组播信号的来自泵浦光和偏置电流的能量,从而降低组播信号的CE和OSNR值。

综上所述,我们依次完成了基于SOA中FWM效应的单路QPSK信号1-6、1-10、双路QPSK信号1-3和1-6的WDM组播实验,得到的所有组播信号的具有良好性能,可以满足

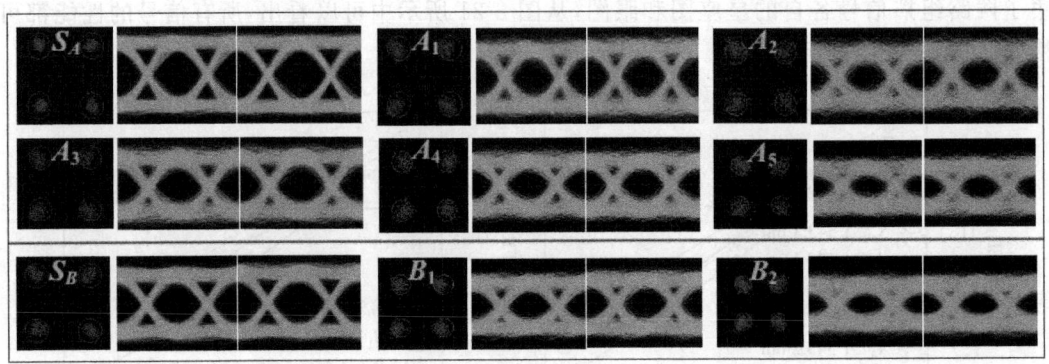

图 3-21 在接收光功率为 −35 dBm 处依次采集的两路组播信号各自的星座图和眼图

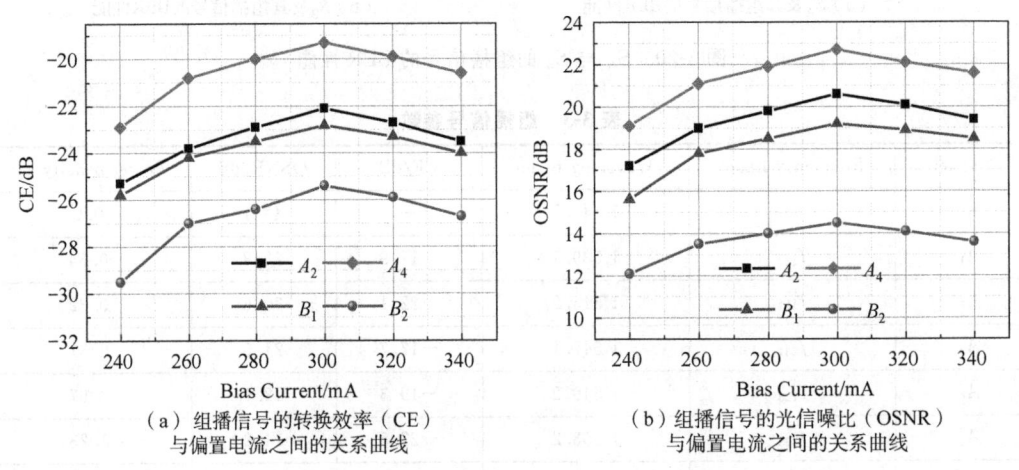

（a）组播信号的转换效率（CE）
与偏置电流之间的关系曲线

（b）组播信号的光信噪比（OSNR）
与偏置电流之间的关系曲线

图 3-22 四个组播信号对应的 CE 和 OSNR 值

实际的应用需求。这三个方案都充分利用了泵浦光的效率，我们通过采用尽可能少的泵浦光来生成尽可能多的组播信号，但这也造成了一个问题，为了将所有携带原始信号相位信息的光束利用起来，我们需要刻意地安排信号光与泵浦光的频率位置，这导致组播信号不均匀地分布在链路频谱上，尤其是 1-10 和双路组播方案，可以看到生成的组播信号散落在泵浦光和信号光之间，虽然依然满足弹性光网络的栅格标准，但是生成的组播信号所在波长并不能灵活调整，这样做的目的是想提高泵浦光的利用率，减少系统成本，但付出的代价是使系统的灵活性降低。

**4. 基于 ND-FWM 的单路 QPSK 信号 1-7 的 FWDM 组播**

针对之前所提方案中所存在的组播信号不整齐、波长调整不灵活的问题，我们提出了另一种专门针对弹性光网络的 FWDM(Flexible WDM)组播方案，如图 3-23 所示，从原理图中可以看出，该方案基于三个泵浦光，为了使生成的组播信号更加整齐规律，将不再追求泵浦光效率最大化，信号光在三束泵浦光的一侧，泵浦光 $P_1$ 与 $P_2$、$P_2$ 与 $P_3$ 分别以 $2\Delta f$ 和 $\Delta f$ 为频率间隔，经过 FWM 之后，将会生成多路闲频光，我们将舍去泵浦光左侧所有携带原始信号相位信息的光束，仅取泵浦光右侧的部分，如图 3-23 所示，在原始信号 $S$ 两侧将会对称地各生成三路组播信号，且以 $\Delta f$ 为频率间隔整齐排列。需要强调的是，这六路新生成的组播信号都是基于 ND-FWM 效应,而所有由 N-FWM 生成的部分都被舍弃。因此,通过调整泵浦光的频率间隔 Δf,便可相应地改变所有组播信号之间的频率间隔,从而更加适用于弹性光网络的发展需求。

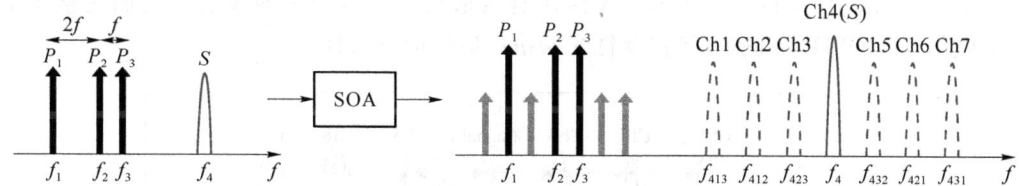

图 3-23 全光 FWDM 组播原理图

我们同样对该方案进行了实验验证,信号光波长为 1 558.12 nm,光功率为 2.3 dBm,三路泵浦光的波长分别是 1 550.92 nm、1 550.12 nm 和 1 548.52 nm,即 $\Delta f=100$ GHz,光功率都是 2.0 dBm。经过 SOA 中的 ND-FWM 过程,在原始信号周围生成了六路整齐对称的组播信号,加上原始信号,七路组播信号(Ch1 至 Ch7)具有相同的 100 GHz 的频率间隔,如图 3-24 所示。为了针对性地验证组播方案对弹性光网络的应用潜力,我们需要证明组播信号可以以 12.5 GHz 的步长进行组播间隔的变换,因此我们将 $P_1$ 和 $P_2$ 泵浦光间的频率间隔 Δf 以 6.25 GHz 的步长依次增加,而 $P_2$ 和 $P_3$ 间的频率间隔 2Δf 将以 12.5 GHz 的步长相应增加,根据 FWM 的原理式(3-1)可知,当原始信号 Ch4 的频率位置保持不变时,组播信号 Ch3 和 Ch5 将以 6.25 GHz 的步长变换中心频率位置,Ch2 和 Ch6 将以 12.5 GHz 的步长变换中心频率位置,而 Ch1 和 Ch7 将以 18.75 GHz 的步长进行变换,如图 3-24 所示。

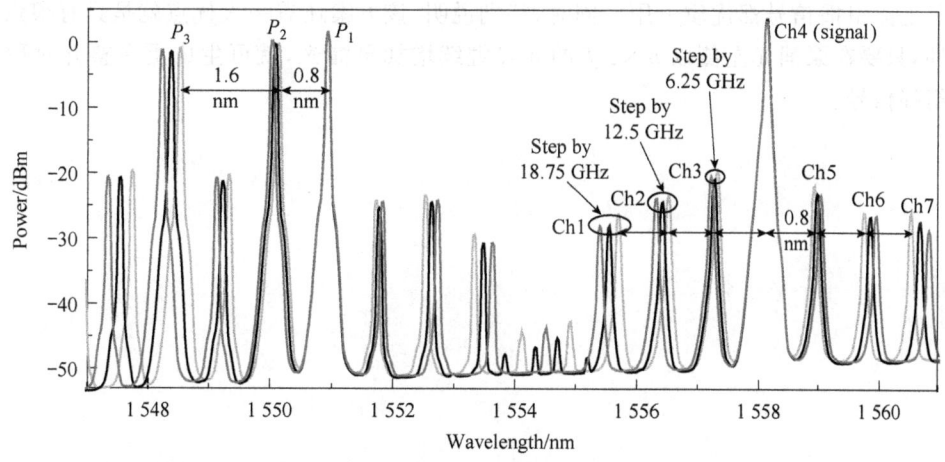

图 3-24 基于三泵浦 ND-FWM 的 1-7 全光 FWDM 组播光谱图

虽然并非所有的组播信号都以 12.5 GHz 的步长进行变换,但是实验中所得到的变换步长依然非常精细,对组播信号而言,这样的调节分辨率已经非常灵活了,足以满足绝大多数弹性光网的需求,据我们所知,这在已发表的方案中从未得到过验证。

但是,这个方案的技术难点不仅在于如何生成波长精细变换的组播信号,更重要的是能否使用 WSS 将如此精细变换的所有组播信号依次滤出,同时完成路由功能,将它们送到相应的目的结点。商用的 BV-WSS 的调节分辨率为 12.5 GHz 难以满足要求,此时就需要采用我们合作研制的分辨率为 6.25 GHz 的 TB-WSS 来完成滤波了,为此通过一套安捷伦光谱测试系统(Agilent N7745A & 8164B),我们专门测试了 TB-WSS 滤波器的光谱图,按照图 3-24 中组播信号的波长和带宽特性,TB-WSS 实现了完全匹配的滤波功能,如图 3-25 所示。从图中可以看出,TB-WSS 可以按照所有组播信号各自的变换步长将它们完整滤出,进一步验证了 FWDM 组播方案在弹性光网络中应用的可行性。

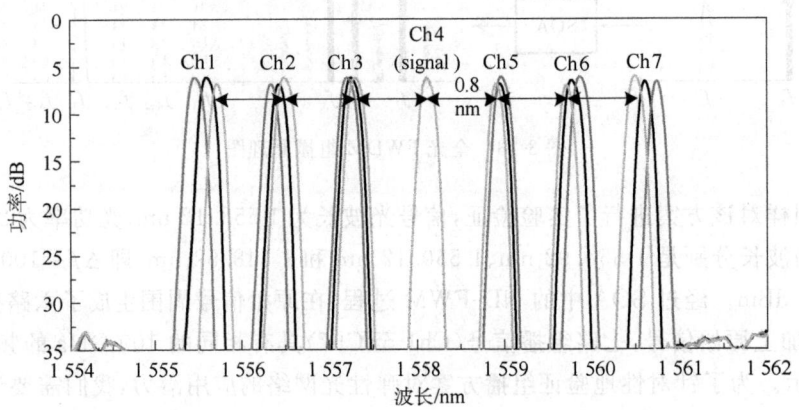

图 3-25　TB-WSS 按照组播信号变换步长进行滤波的光谱图

从图 3-24 中可以看出,由于所有组播信号都是 ND-FWM 生成的闲频光,因此它们都有很高的 OSNR,相比之前的三种方案,它们的信号质量将会更优,这里我们不再专门对其进行 BER 测试。可以预见的是,所有新生成的组播信号的功率代价不会超过 1.5 dBm,这保证了七路组播信号都优质可用。同时,特别说明,该方案还有一大优点就是具有很强的可扩展性,只要在泵浦光左侧以 $n \times \Delta f$ 的间隔继续增加泵浦光,就可生成更多整齐对称等间隔的组播信号。

# 第4章 复杂调制信号的格式变换方案

针对弹性光交换中调制格式自适应及带宽自适应的要求,本章提出了基于 S-HNLF-L 中 FWM 效应的并行四路 QPSK 信号到 BPSK 信号的格式变换方案,并通过理论分析和仿真验证了方案的可行性。同时,本章提出了基于级联 SOA FWM 实现 16QAM 到 QPSK 之间的格式变换方案,通过仿真优化了系统的参数,给出了 SOA1 及 SOA2 的最佳参数值,验证了方案的可行性。

## 4.1 调制格式转换的意义

相对于 WDM 系统的带宽资源不能动态复用,交换粒度过大而不够灵活,提出了弹性光网络的概念。"弹性"主要包含两层含义:第一层是相对于 WDM 的固定频谱分割机制,弹性光网络采用的频谱分割机制是灵活可变的;第二层是指弹性光网络中采用的波长选择开关能建立弹性的光通道,即对于同一条端到端的光通道,可根据实际需求提供不同带宽以达到高频谱效率。因此,针对弹性光网络的要求,弹性光交换机制必须满足数据速率与频谱灵活、频谱资源利用高、成本低、能耗低及链路损伤感知等特点。由于全光信号处理技术可以提高光层的智能化,因此有望有效地满足弹性光网络的要求。

目前,已有不少针对单路复杂调制信号的格式变换方案,如强度调制之间的格式变换、QPSK 到 BPSK 信号之间的格式变换等。随着弹性光网络中多载波业务的传输,并行多路复杂调制信号的格式变换方案已有部分研究报道,但是这些方案实现的是从 NRZ-QPSK 到 RZ-QPSK 信号的格式变换等,对于并行多路的 QPSK 到 BPSK 信号之间的格式变换方案还没报道。因此,本章提出了一种基于 S-HNLF-L FWM 的并行多路 QPSK 到 BPSK 信号的调制格式变换方案。

弹性光交换通过对物理损伤感知,对业务进行带宽调整。因此,需要对光信号进行格式变换,实现其带宽的调整。因此,本章提出了从 16QAM 到 QPSK 信号的格式变换方案。目前针对 16QAM 到 QPSK 信号的格式变换只报道了基于 HNLF FWM 效应的方案,但该论文并没有对系统原理及性能进行详细的理论分析。因此,本章提出了基于级联 SOA FWM 的 16QAM 到 QPSK 信号的格式变换方案,并通过理论分析和系统仿真分析了方案的可行性。

## 4.2 基于 S-HNLF-L 的并行多路复杂调制信号的格式转换方案

### 4.2.1 应用场景

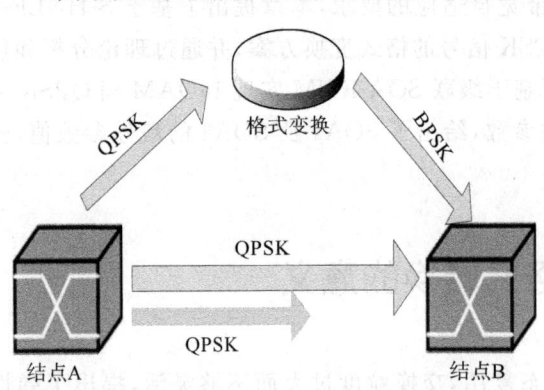

图 4-1 基于格式变换的弹性光交换结点的示意图

当结点之间链路较长,信号为高阶调制(如 QPSK、16QAM 等),物理损伤过大,因而不能满足传输质量要求时,需要降阶,即将高阶调制转换为低阶调制。另外,当链路发生故障,需要切换链路,而备用链路没有足够的带宽时,需要将低阶调制转换为高阶调制以解决带宽不足的问题。为此,本章提出了弹性光交换中并行多路复杂调制信号的格式转换方案。以两个结点为例,如图 4-1 所示,即在结点 A 和结点 B 之间进行传输,在结点 A 上加入一个格式变换模块,通过格式变换实现信号的无误传输。

### 4.2.2 基本原理与理论分析

图 4-2 为基于 S-HNLF-L 的 FWM 的并行四路 QPSK 信号到 BPSK 信号的格式变换方案原理图。在本方案中,S-HNLF-L 包含两段 HNLF、四个环形器、四个滤波器及几个耦合器。两路方向相反的 QPSK1 和 QPSK2 信号及 CW1 和 CW2 信号注入到位于 S-HNLF-L 的上臂 HNLF1 中,同时,另外两路传输方向相反的 QPSK3 和 QPSK4 信号及 CW1 和 CW2 信号注入到位于 S-HNLF-L 的下臂 HNLF2 中。其中,QPSK1 及 QPSK3 信号共用泵浦光 CW1,QPSK2 及 QPSK4 信号共用泵浦光 CW2,QPSK1 及 CW1 信号在 HNLF1 中发生 FWM 效应,同时相反方向的 QPSK2 及 CW2 信号在 HNLF1 中发生 FWM 效应,与此同理,QPSK3 和 QPSK4 信号与 CW1 和 CW2 在 HNLF2 中发生 FWM 效应。由于 FWM 效应,四路 QPSK 信号通过信息提取转换为 BPSK 信号,四路 BPSK 信号经过环形器及滤波器后到达 BPSK 接收机。以第一路 QPSK 信号为例,经过 HNLF 的 FWM 效应后,产生的谐波电场 $E_{112}$ 和 $E_{221}$ 可以由下式表示:

$$E_{112} = k_{112} E_{cw1}^2 E_{QPSK}^* e^{j[2\pi(2f_1-f_2)t+(2\varphi_1-\varphi_2)]}$$
$$= k_{112} P_{cw1} \sqrt{P_{QPSK}} e^{j[2\pi(2f_1-f_2)t-\varphi_2]} \quad (4-1)$$

$$E_{221} = k_{221} E_{QPSK}^2 E_{cw1}^* e^{j[2\pi(2f_2-f_1)t+(2\varphi_2-\varphi_1)]}$$
$$= k_{221} P_{QPSK} \sqrt{P_{cw1}} e^{j[2\pi(2f_2-f_1)t+2\varphi_2]} \quad (4-2)$$

式中,$f_i$ 和 $\varphi_i(i \in [1,2])$ 为输入信号的频率和相位,$E_{cw1}$,$E_{QPSK}$,$P_{cw1}$ 及 $P_{QPSK}$ 分别为 QPSK

信号和 CW1 信号的电场和功率,系数 $k$ 为 FWM 效应的转换效率。经过 FWM 效应后,产生的谐波频率分别为 $2f_1-f_2$ 和 $2f_2-f_1$,频率为 $f_{221}$ 的边带信号的相位为 $2\varphi_2$,且该信号经过一可调滤波器将该边带信号滤出,即该信号为转换后的 BPSK 信号。图 4-2(b)详细描述了并行四路输入信号与输出信号的波长位置关系,其信道间隔为 0.4 nm,即 50 GHz。其中,QPSK1 信号和 QPSK3 信号具有相同的泵浦信号 CW1,QPSK2 信号和 QPSK4 信号也具有相同的泵浦光信号 CW2。

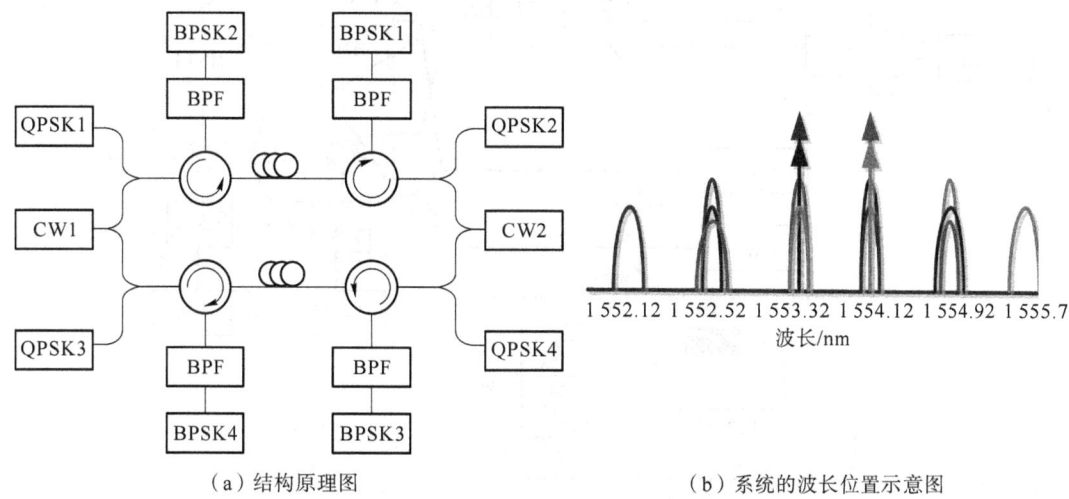

(a)结构原理图　　　　　　　(b)系统的波长位置示意图

图 4-2　并行四路格式变换方案原理图

## 4.2.3　方案仿真验证及结果分析

本方案采用 VPITransmissionMakerTM[8.6] 光系统的仿真平台。图 4-3 描述了并行四路 QPSK 信号的格式变换方案,该仿真系统主要包括产生的四路 QPSK 信号的发射系统、格式变换器及 BPSK 信号的接收装置。在本方案中,四路波长分别为 1 552.52 nm(信道 1)、1 552.92 nm(信道 2)、1 553.32 nm(信道 3) 和 1 553.72 nm(信道 4),平均功率均为 -8.15 dBm,每路 QPSK 信号都通过 40 Gbit/s 的非相关且放大的序列长度为 $2^{15}-1$ 的 PRBS 信号经过四个 DPMZM 调制器产生。四路 QPSK 信号经过复用后,经过放大器放大后通过 AWG 将其解复用为 4 路 QPSK 信号。四路并行的信号进入格式转换模块,即信道 1 的 QPSK 信号与 CW1 信号混合后经过环形器(CIR1)后注入 HNLF1 中,信道 2 的 QPSK 信号与 CW2 信号混合后经过 CIR2 后以相反的方向注入 HNLF1 中。在本方案中,环形器置于 HNLF(200 m,零色散波长 1 553.3 nm、色散系数 $S=0.017 \text{ ps} \cdot \text{nm}^{-2} \cdot \text{km}^{-1}$ 及非线性系数为 $10.5 \text{W}^{-1} \cdot \text{km}^{-1}$)的两侧,用于将光纤中的两路反向 QPSK 信号分开。与此同时,QPSK3 信号与 CW1 及 QPSK4 信号与 CW2 信号以相反的方向同时注入 HNLF2 中。由于 HNLF 的 FWM 效应,并行四路 QPSK 信号经过 HNFL1 及 HNLF2 后转换为 BPSK 信号,四路转换后的 BPSK 信号分别由 BPSK 接收装置接收。

图 4-4 所示为并行四路 QPSK 信号经过 HNLF1 和 HNLF2 的 FWM 效应后转换为 BPSK 信号的频谱图,尽管信道 1 和信道 4 的 BPSK 信号的波长与 CW1、CW2、QPSK2 及

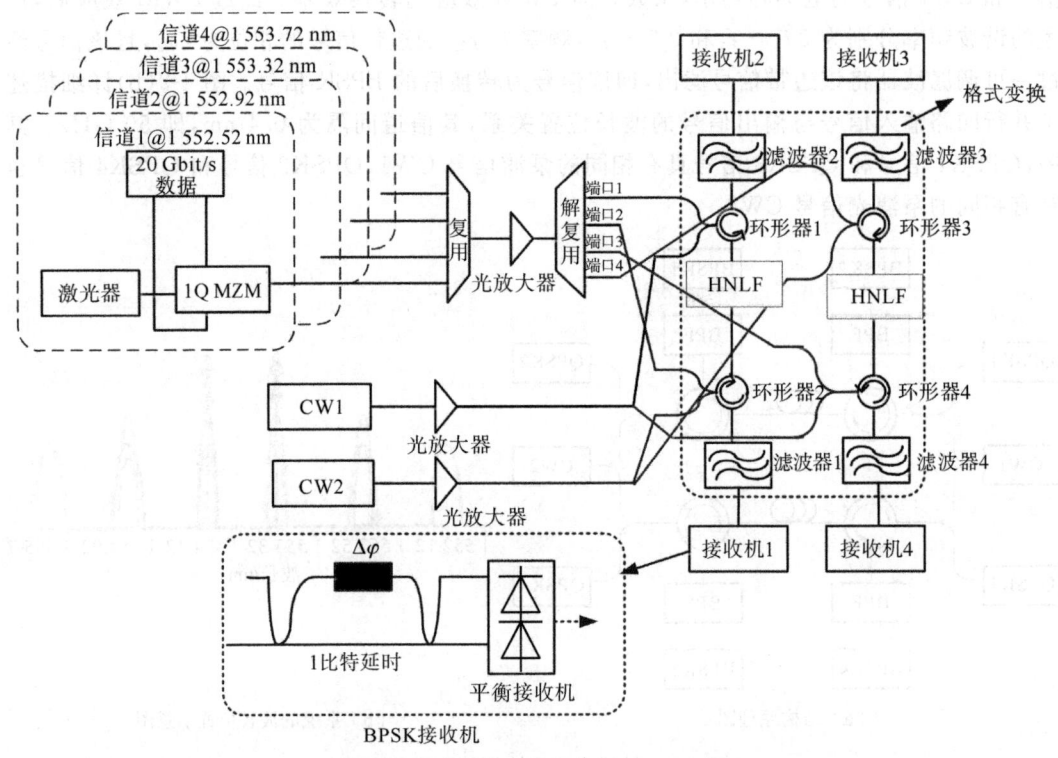

图 4-3  并行四路 QPSK 信号到 BPSK 信号的格式变换方案

QPSK3 的波长一致,但是,本方案为并行四路的光信号在不同光纤中发生效应,所以并不会产生较大干扰,可以忽略信号性能受到的影响。

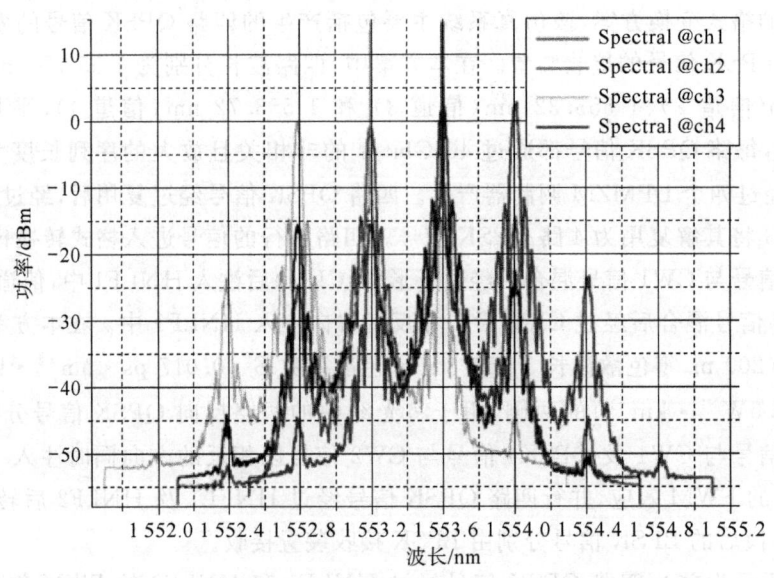

图 4-4  经过 HNLF 后并行四路 QPSK 信号与转换后的 BPSK 信号的频谱示意图

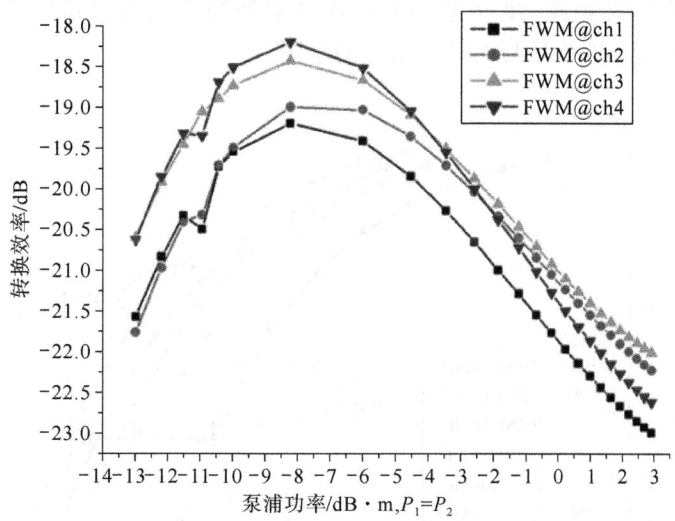

图 4-5 四个信道在不同泵浦功率下转换效率的变化情况

本方案主要是基于 HNLF FWM 效应,因此转换效率是影响系统性能的主要参数,在本章将转换效率定义为转换后的 BPSK 信号与输入的 QPSK 信号的功率之比。信号的泵浦功率是影响 FWM 转换效率的主要参数之一,因此,本小节仿真分析了不同泵浦功率下的转换效率,如图 4-5 所示。在本方案中,设置泵浦 1 的功率等于泵浦 2 的功率,由仿真结果可知,当泵浦功率为 $-8$ dBm 时,四路信号的转换效率达到最大值,由于 HNLF 本身的性能,使得信道 2 和信道 4 的转换功率较信道 1 和信道 3 大。

图 4-6 所示为并行四路格式转换系统的 BER 与输入 OSNR 之间的变化关系,由仿真结果可知,当 OSNR 值大于 20 dB 时,可以保证转换后的四路 BPSK 信号无误传输。

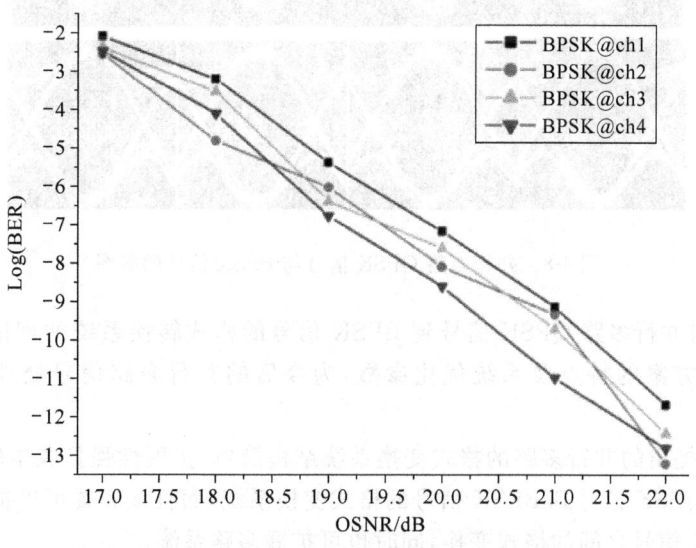

图 4-6 接收信号的 BER 与输入 OSNR 之间的关系

QPSK 信号与转换后的 BPSK 信号的 BER 如图 4-7 所示。由仿真结果可知,BPSK 信号比 QPSK 信号的接收灵敏度高 3.1 dB 左右,本方案可以实现并行四路 QPSK 信号到

BPSK 信号之间的格式变换,并可为 ROADM 结点调制格式的自适应性提供参考方案。图 4-8 为并行四路 QPSK 信号与 BPSK 信号的眼图。

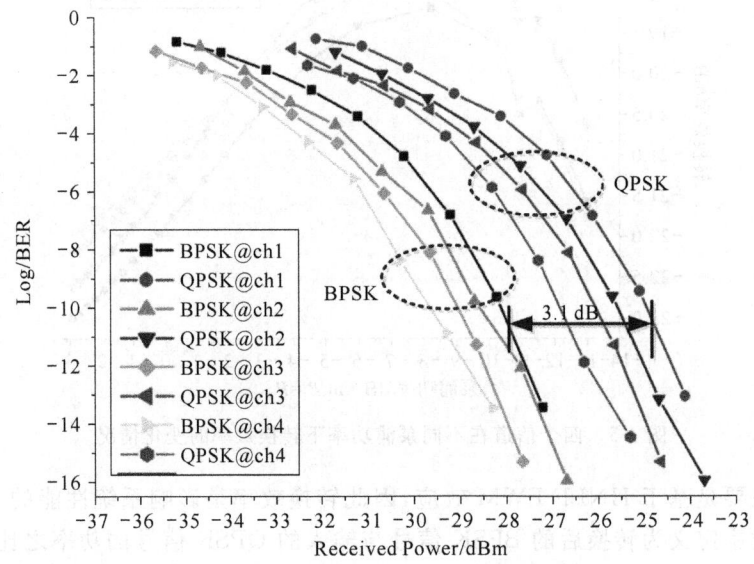

图 4-7　QPSK 信号与转换后的 BPSK 信号的 BER 性能

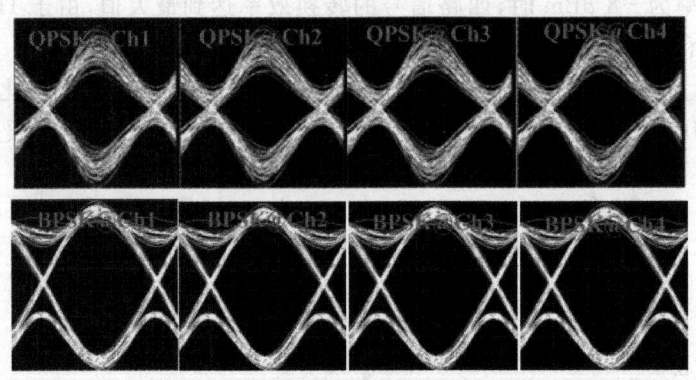

图 4-8　并行四路 QPSK 信号与 BPSK 信号的眼图

通过前面对并行多路 QPSK 信号到 BPSK 信号的格式转换系统的理论分析与仿真验证,本方案给出方案的特点及系统优化参数,为今后的并行多路信号处理系统提供参考意见。

(1) 本方案提出的并行多路的格式变换系统结构简单、扩展性强且成本较低。本小节提出了并行四路 QPSK 信号到 BPSK 信号的格式变换系统,而且该装置可以扩展为 MPSK 信号到(M/2)PSK 信号之间的格式变换,同时也可扩展多路系统。

(2) 在其他参数固定的情况下,分析了该系统最大的转换效率,泵浦功率 $P_2$ 应该约等于 $P_1$。此外,转换效率随着泵浦功率的增大而增大,因此,其泵浦功率的值应该大于 $-8$ dBm。

## 4.3 基于级联 SOA FWM 的 16QAM 到 QPSK 调制格式变换

### 4.3.1 基本原理

在弹性光交换中,通过格式变换的方式可以实现带宽的灵活分配,降低在交换过程中的阻塞率。图 4-9(a)所示的是针对弹性光交换中,16QAM 与 QPSK 信号之间通过格式变换方案,实现交换结点的带宽自适应分配及链路受到物理损伤后自适应调整。图 4-9(b)所示的是两路 QPSK 信号通过信息提取产生一路 16QAM 信号的原理图,即以第一路 QPSK 信号的信息作为四个象限 16QAM 的星座点,以第二路 QPSK 信号的四个点分别作为四个象限中的原点,从而可以产生一路 16QAM 信号。因此,基于 SOA FWM 效应的光相位擦除技术可以实现从 16QAM 信号到 QPSK 信号的格式变换,即可以从 16QAM 信号通过信息提取出一路 QPSK 信号。基于级联 SOA 的 FWM 效应光相位擦除方法实现 16QAM 到 QPSK 的格式变换方案原理如图 4-9(c)所示。本方案主要由两个 SOA、放大器及几个光滤波器组成,即输入的 16QAM 信号与一路 CW 光注入 SOA1 中,SOA 的 FWM 效应产生一路伴随光和一路转换光,其中转换光的相位与原始 16QAM 信号的相位共轭,另一路伴随光的相位是原始 16QAM 信号相位的两倍。然后,产生的相位共轭的 16QAM 信号与原始 16QAM 信号及 CW 光同时注入 SOA2 中,由于 SOA2 FWM 效应,从而实现了从 16QAM 到 QPSK 的格式变换。图 4-9(d)所示为 16QAM 到 QPSK 格式变换过程中的相位变化情况。

在本方案中,一路频率为 $f_1$ 的连续光 CW1 和频率为 $f_2$ 的 16QAM 信号合并后注入 SOA1 中,由于 SOA1 中的 FWM 效应,会在 16QAM 信号的两侧产生两个频率为 $f_{112}$ 和 $f_{221}$ 的边带信号,这两路边带信号的电场 $E_{112}$ 和 $E_{221}$ 可以由式(4-3)和式(4-4)表示为

$$E_{112} = k_{112} E_{CW1}^2 E_{16QAM}^* e^{j[2\pi(2f_1-f_2)t+(2\varphi_1-\varphi_2)]}$$
$$= k_{112} P_{CW1} \sqrt{P_{16QAM}} e^{j[2\pi(2f_1-f_2)t-\varphi_2]} \quad (4-3)$$

$$E_{221} = k_{221} E_{16QAM}^2 E_{CW1}^* e^{j[2\pi(2f_2-f_1)t+(2\varphi_2-\varphi_1)]}$$
$$= k_{221} P_{CW1} \sqrt{P_{16QAM}} e^{j[2\pi(2f_2-f_1)t+2\varphi_2]} \quad (4-4)$$

式中,$f_i$ 和 $\varphi_i (i \in [1,2])$ 分别为输入信号的频率和相位;$E_{cw1}$、$E_{16QAM}$、$P_{cw1}$ 和 $P_{16QAM}$ 分别为输入信号的电场和幅度;$k$ 为 FWM 的转换效率。因此,通过式(4-4)可以得到,产生的边带信号的频率为 $2f_1-f_2$ 和 $2f_2-f_1$,频率为 $f_{221}$ 的伴随光的相位是 $2\varphi_2$,且该伴随光通过可调滤波器滤出,经过放大后再注入 SOA2 中。如图 4-9(b)所示,由第一阶 SOA FWM 产生的伴随光、频率为 $f_3$ 的 CW 光以及频率为 $f_2$ 的 16QAM 信号注入 SOA2 中,其中,CW 光和伴随光作为双泵浦,16QAM 作为信号光。在 SOA2 中,简并 FWM 与 ND-FWM 效应都会发生,同时产生新的边带。在本方案中,由 ND-FWM 效应产生的频率为 $f_{(112,2,3),(2,112,3)}$ 的位于 16QAM 信号右侧的边带信号的电场强度可以表示为

$$E_{(112,2,3),(2,112,3)} = (E_3 E_{112}^*)E_2 + (E_2 E_{112}^*)E_3$$
$$= [r(\omega_3-\omega_{112})+r(\omega_2-\omega_{112})]P_{cw1}P_{16QAM}\sqrt{P_{cw2}} e^{j[2\pi(2f_1-f_2-f_3+f_2)t+4\varphi_2]} \quad (4-5)$$

式中,$E_3$ 和 $P_{CW3}$ 分别为 CW3 信号的电场和幅度;系数 $[r(\omega_3-\omega_{112})+r(\omega_2-\omega_{112})]$ 为 FWM 效应的转化效率。因此,从表达式可以看出,产生信号的频率为 $(2f_1-f_2)-f_3+f_2$;幅度和

相位分别为 $4\varphi_2$ 和 $[r(\omega_3-\omega_{112})+r(\omega_2-\omega_{112})]P_{CW1}P_{16QAM}\sqrt{P_{CW2}}$。然而，$\varphi_2$ 为初始 16QAM 信号的幅度，因此，经过 ND-FWM 后的边带的相位为 $\left(0,\dfrac{\pi}{2},\pi,\dfrac{3\pi}{2}\right)$，经过可调滤波器后，即可得到其转换后的 QPSK 信号，即频率为 $f_{(112,2,3),(2,112,3)}$ 且位于 16QAM 信号右侧的边带信号为 QPSK 信号，其表达式为

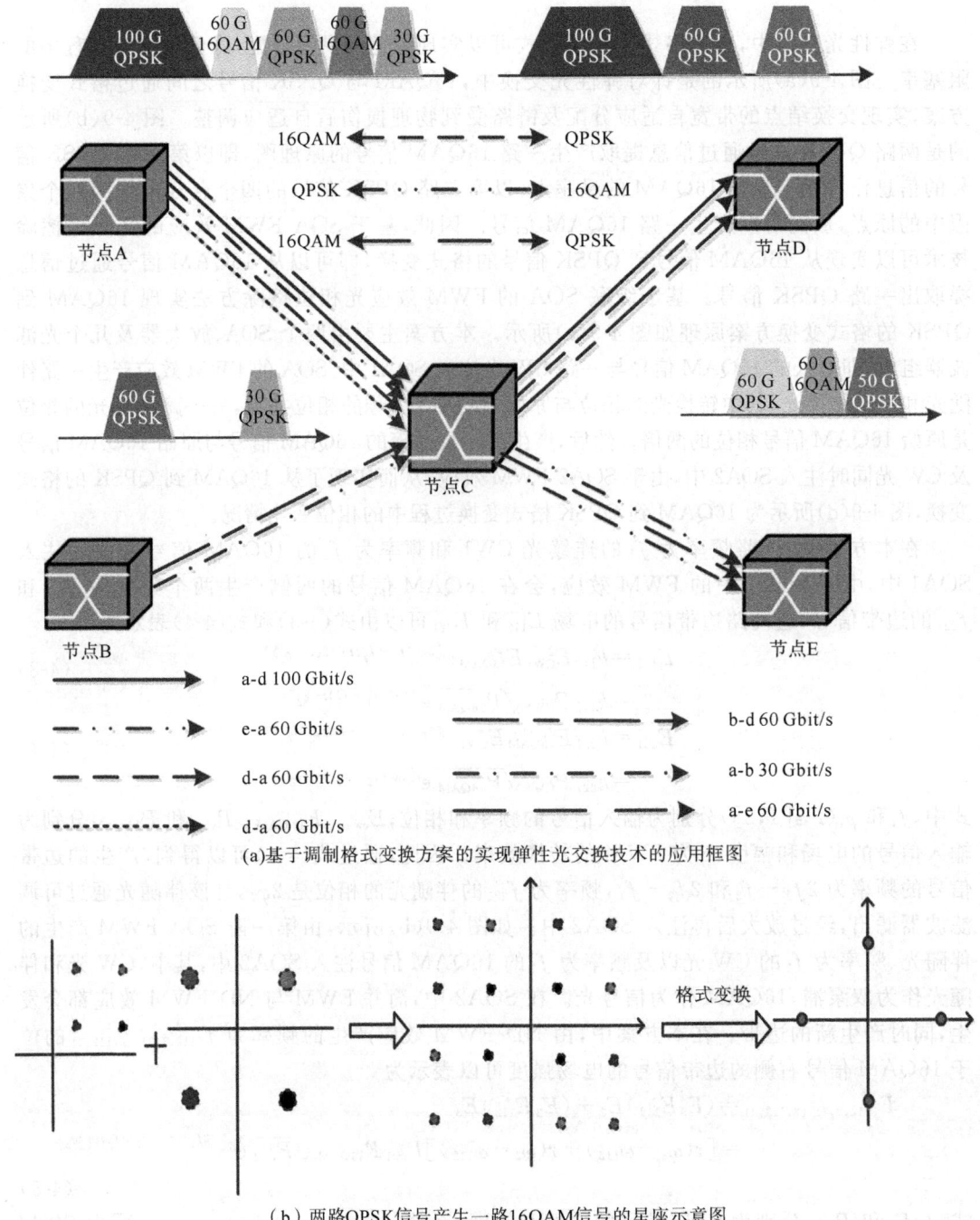

(a) 基于调制格式变换方案的实现弹性光交换技术的应用框图

(b) 两路QPSK信号产生一路16QAM信号的星座示意图

图 4-9 调制格式变换图

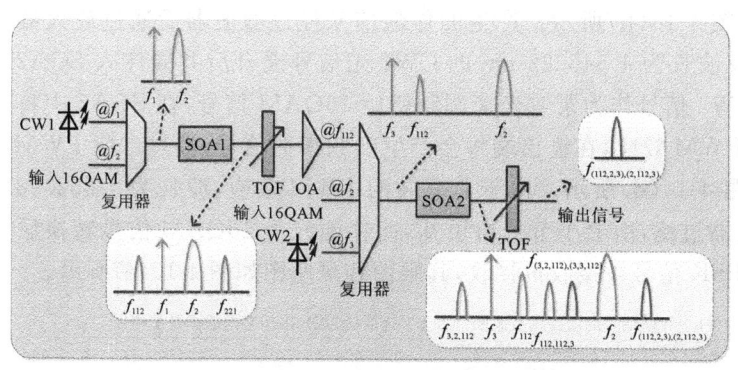
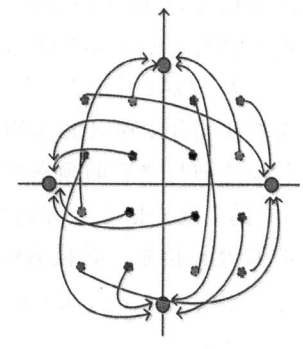

（c）基于级联SOA的FWM实现16QAM信号到QPSK信号格式变换的原理框图

（d）16QAM信号与QPSK信号之间星座图的变化情况

图 4-9 调制格式变换图（续）

$$E_{\text{QPSK}} = \sqrt{P_{\text{QPSK}}}\, e^{j\left(\omega_{\text{QPSK}} t + (n-1)\frac{\pi}{2}\right)} \quad (n=1,2,3,4) \tag{4-6}$$

式中，$\sqrt{P_{\text{QPSK}}}$ 为 QPSK 信号的幅度，$\omega_{\text{QPSK}} = 2\pi[(2f_1-f_2)-f_3+f_2]t$ 为转换的 QPSK 信号的角频率，16QAM 信号与转化的 QPSK 信号的相位映射情况如表 4-1 所示。

表 4-1  16QAM 信号与 QPSK 信号之间的相位映射情况

| Input(16QAM) | | | | | Converted(QPSK) | | | Input(16QAM) | | | | | Converted(QPSK) | | |
| --- | --- | --- | --- | --- | --- | --- | --- | --- | --- | --- | --- | --- | --- | --- | --- |
| a1 | a2 | a3 | a4 | phase | b1 | b2 | phase | a1 | a2 | a3 | a4 | phase | b1 | b2 | phase |
| 0 | 0 | 0 | 0 | $2\pi/8$ | 0 | 1 | 0 | 1 | 1 | 0 | 0 | $10\pi/8$ | 0 | 1 | 0 |
| 0 | 0 | 0 | 1 | $3\pi/8$ | 1 | 0 | $3\pi/2$ | 1 | 1 | 0 | 1 | $11\pi/8$ | 1 | 0 | $3\pi/2$ |
| 0 | 0 | 1 | 0 | $\pi/8$ | 0 | 1 | $\pi/2$ | 1 | 1 | 1 | 0 | $9\pi/8$ | 0 | 1 | $\pi/2$ |
| 0 | 0 | 1 | 1 | $2\pi/8$ | 1 | 1 | $\pi$ | 1 | 1 | 1 | 1 | $10\pi/8$ | 1 | 1 | $\pi$ |
| 0 | 1 | 0 | 0 | $6\pi/8$ | 0 | 0 | 0 | 1 | 0 | 0 | 0 | $14\pi/8$ | 0 | 0 | 0 |
| 0 | 1 | 0 | 1 | $7\pi/8$ | 1 | 0 | $3\pi/2$ | 1 | 0 | 0 | 1 | $15\pi/8$ | 1 | 0 | $3\pi/2$ |
| 0 | 1 | 1 | 0 | $5\pi/8$ | 0 | 1 | $\pi/2$ | 1 | 0 | 1 | 0 | $13\pi/8$ | 0 | 1 | $\pi/2$ |
| 0 | 1 | 1 | 1 | $6\pi/8$ | 1 | 1 | $\pi$ | 1 | 0 | 1 | 1 | $14\pi/8$ | 1 | 1 | $\pi$ |

## 4.3.2 系统仿真与讨论

图 4-10 为 16QAM 到 QPSK 格式变换的系统仿真图，系统参数如表 4-2 所示。该系统主要包括以下几部分：16QAM 信号的发生器、两个 SOA、光放大器、滤波器及 QPSK 信号的接收装置。经过 IQ 调制器产生两路 QPSK 信号，而 QPSK2 信号经过衰减器后，其幅度是 QPSK1 信号幅度的一半，系统采用 DPMZM 调制器，并由 10 Gbit/s 四路 $2^{11}-1$ 的 PRBS 信号驱动。16QAM 信号的眼图和星座图如图 4-10(a)所示，且 16QAM 信号的工作波长为 $\lambda_{16QAM} = 1\,552.5$ nm。16QAM 信号与波长为 $\lambda_{CW1} = 1\,550.1$ nm 的 CW 光混合后共同注入 SOA1 中，第一阶 FWM 过程在 SOA1 中发生，并产生新的边带信号，其经过 SOA1 发生 FWM 效应之前与之后的频谱图如图 4-10(c)所示，而且产生波长为 1 548.7 nm 的伴

随光信号,其眼图与星座图如图 4-10(b)所示。产生的伴随信号经过滤波器后通过放大器放大并与初始 16QAM 信号及波长为 1 548.22 nm 的 CW2 光信号混合后共同注入 SOA2 中。在 SOA2 中,伴随光与 CW2 信号作为泵浦光来调制初始 16QAM 信号,在 SOA2 中将会产生简并 FWM 和非简并 FWM 效应,在输出端将会产生新频率的信号,经过二阶 FWM 效应之前与之后的频谱图如图 4-10(d)所示。由于非简并的 FWM 效应,波长为 1 552.98 nm 的伴随光信号经带通滤波器过滤,由上小节分析可知,此伴随光为 16QAM 信号转换后的 QPSK 信号。转换后的 QPSK 信号被接收机接收,其眼图和星座图如图 4-10(e)所示。

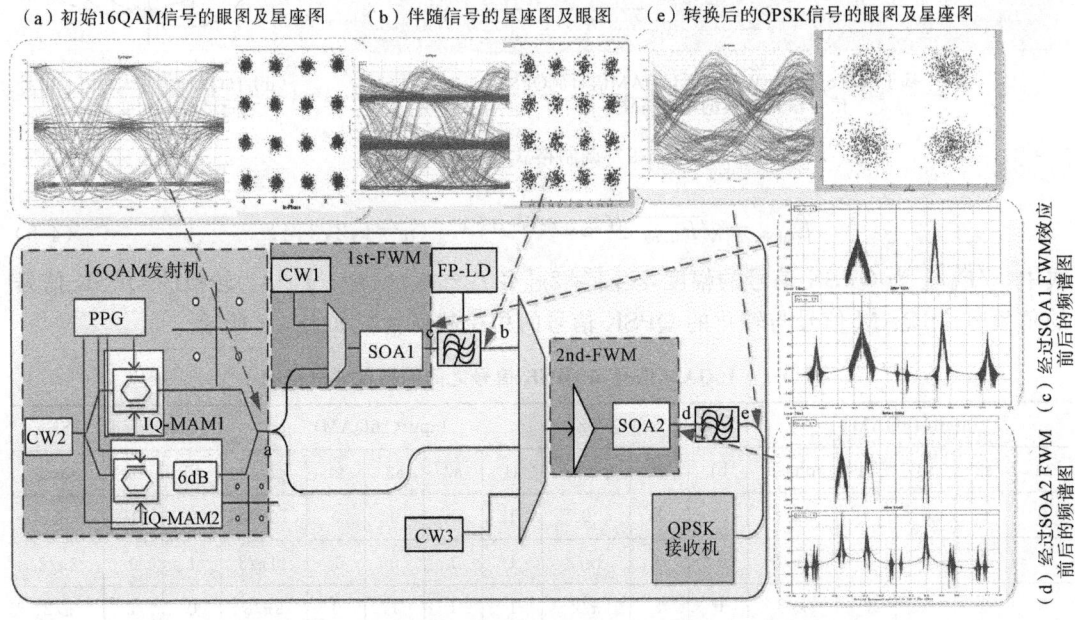

图 4-10 基于 SOA 的 FWM 实现 16QAM 到 QPSK 信号格式变换的系统仿真图

表 4-2 仿真系统的参数列表

| 物理参数 | 值 |
| --- | --- |
| SOA 的有源区长度 | 1.0 mm |
| SOA 有源区面积 | $0.3 \times e^{-12}$ m$^2$ |
| SOA 的限制因子 | 0.15 |
| SOA 的透明载流子浓度 | $1.4 \times e^{-24}$ m$^{-3}$ |
| SOA 的材料增益 | $2.78 \times e^{-20}$ m$^2$ |
| SOA 的初始载流子浓度 | $3.0 \times e^{24}$ m$^{-3}$ |
| 消光比 | 25 dB |
| 激光器线宽 | 1 MHz |

SOA 的增益特性可以由材料增益系数($N$)决定,其系数与材料的载流子浓度 $N$ 表示,其表达式可以表示为 $g(N) = dg/dN(N - N_{tr})$,其中 $N_{tr}$ 为在载流子密度为透明传输时的值,$dg/dN$ 为 SOA 的差分增益。随着信号的增益,SOA 内的噪声系数和 ASE 会受到抑制。图 4-11 所示为 SOA 的增益与透明载流子密度之间的关系。从仿真结果可知,由于降低

SOA 载流子透明点,可以增大 SOA 的信号增益,因此,SOA 的载流子密度越小,其性能越好,SOA1 和 SOA2 的透明载流子密度较低时,有较好的性能。在本方案中,SOA1 和 SOA2 的透明载流子密度点为 1.4。

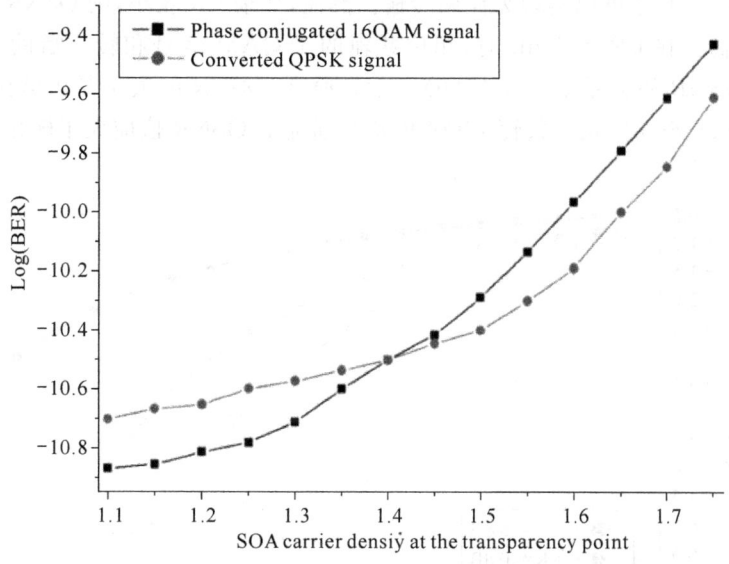

图 4-11 接收信号的 BER 与 SOA 载流子密度之间的关系图

图 4-12 所示为系统的一阶 FWM 和二阶 FWM 过程 QPSK 信号的 BER 与 SOA 的注入电流的关系图。从仿真结果可知,一阶 FWM 过程和二阶 FWM 过程随着偏置电流的增加,格式变换后的 QPSK 信号的性能发生变化,并达到一个最优值,这是由于载流子及光子密度会受到偏置电流的影响。但是当偏置电流增大时,SOA 内的噪声就会随之增大,从而导致其 BER 的性能降低。文献指出,当偏置电流超过一定阈值时,SOA 内的噪声将随之增大,降低其性能。如图 4-12 所示,在本方案中,为了保证系统的性能,SOA1 和 SOA2 的最佳偏置电流分别为 0.22 A 和 0.24 A。

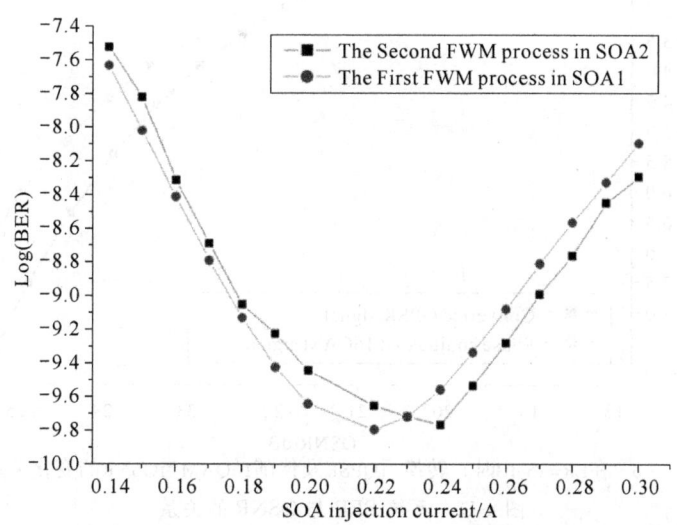

图 4-12 格式变换后 QPSK 的 BER 与 SOA 的注入电流的关系图

图 4-13(a)描述了接收 BER 与转化后的 QPSK 信号随着输入 OSNR 的变化在不同 ER 下的 BER 的变化情况。在本方案的仿真系统中,加入高斯白噪声作为输入光信号的噪声用以控制 OSNR 的值。由仿真结果可知,如果输入 16QAM 信号的 ER 为 25 dB 时,其 OSNR 值必须大于 25.5 dB 才可以实现无误码传输。然而,如果 ER 较小,则 OSNR 必须较大才能保证无误码传输。在 ER=25 dB 时,相位共轭的 16QAM 信号和转换后的 QPSK 信号的 BER 性能与 OSNR 的关系如图 4-13(b)所示。通常,OSNR 的大小是由欧氏距离决定的。因此,在 ER 为 25 dB 时,相位共轭 16QAM 信号所需的 OSNR 值应大于转化后 QPSK 信号的 OSNR 值。

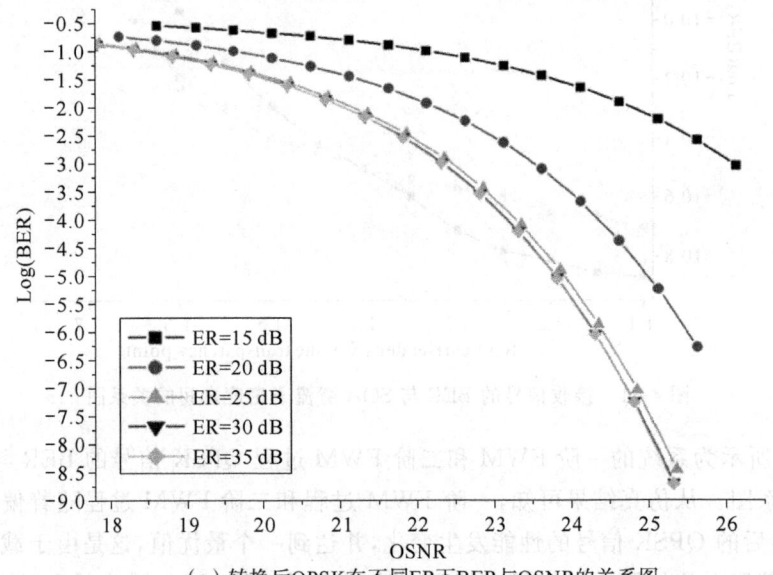

(a) 转换后QPSK在不同ER下BER与OSNR的关系图

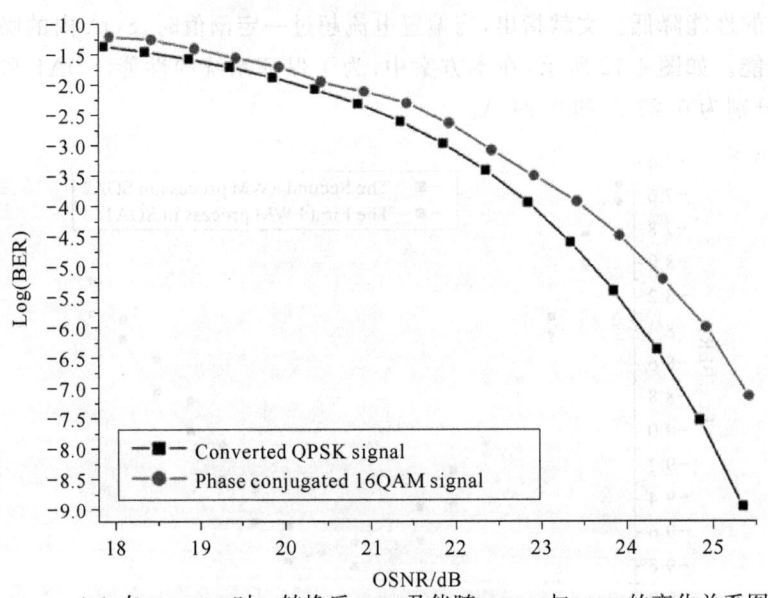

(b) 在ER=25 dB时,转换后QPSK及伴随16QAM与OSNR的变化关系图

图 4-13 系统 BER 与 OSNR 的关系

在 SOA 中,线宽增强因子是影响 FWM 效应的关键参数之一,从而影响了系统性能,因此,本方案对 SOA 线宽增强因子 $\alpha$ 与 FWM 转换效率及 BER 之间的关系进行了仿真。图 4-14(a)和(b)分别对伴随信号 16QAM 信号和转换后的 QPSK 信号的 BER 性能进行了分析。这里,SOA FWM 的转换效率定义为相位共轭 16QAM 或者 QPSK 信号的功率与初始 16QAM 信号的功率之比,即

$$\eta = \frac{|P_2(L)|^2}{|P_1(0)|^2}$$

式中,$P_2(L)$ 为共轭 16QAM 或者 QPSK 信号的功率;$P_1(0)$ 为初始信号的功率。

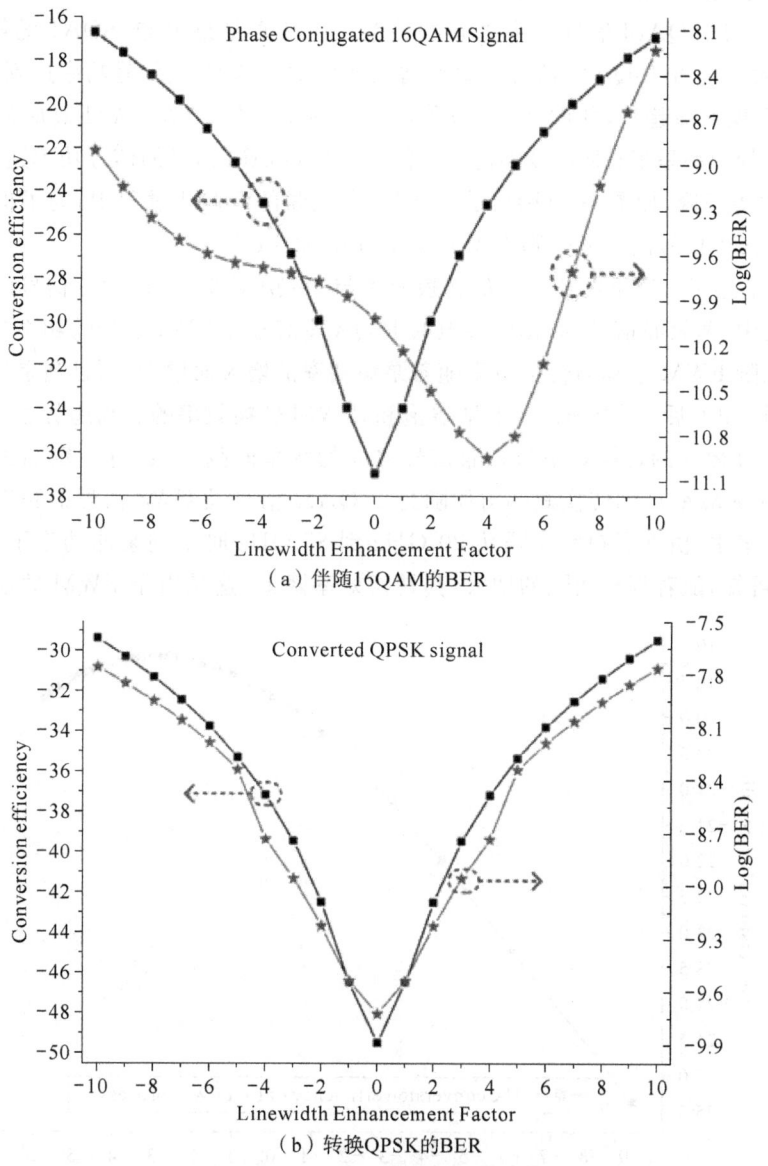

(a) 伴随16QAM的BER

(b) 转换QPSK的BER

图 4-14  BER 性能及转换效率随线宽增强因子的变化情况

仿真结果表明,转换效率与线宽增强因子的绝对值有关。对于 SOA1 和 SOA2 来说,当线宽增强因子的绝对值变小,趋于 0 时,其转换效率降低;当线宽增强因子的绝对值变大

时,其转换效率增大。然而对于相位共轭的 16QAM 信号和转换后的 QPSK 信号的 BER 性能与线宽增强因子有关。当 $\alpha=4$ 和 0 时,16QAM 和 QPSK 信号的 BER 性能要优于其他值。因此,相位共轭 16QAM 信号和 QPSK 信号为了能获得最佳性能,本方案中,SOA1 和 SOA2 的线宽增强因子的值分别为 6 和 5。

由上面的分析可知,转换效率是衡量转化系统的一个重要参数指标。图 4-15 所示的是转换效率与初始 16QAM 信号输入光功率之间的关系。其中,图 4-15(a)示意在 CW1 信号的功率为 6.9 dBm 时,SOA1 的一阶 FWM 效应的转换效率与 16QAM 信号功率的关系;图 4-15(b)示意在两泵浦信号的功率分别为 9 dBm 和 9.3 dBm 时,SOA2 的二阶 FWM 效应的转换效率与 16QAM 信号功率之间的关系。由仿真结果可知,SOA1 的第一阶 FWM 效应的转换效率随着 16QAM 信号功率的增加而增加。然而,当信号功率达到 3.5 dBm 时,其转换效率出现下降趋势,如图 4-15(a)所示。在 SOA2 中,二阶 FWM 效应的转换效率与 SOA1 中的转换效率呈现相同的变换趋势。但是,当 16QAM 信号的信号功率达到 5 dBm 时,其转换效率开始下降,如图 4-15(b)所示。因此,在级联的 FWM 过程中,为了保证系统的性能,输入 16QAM 信号的功率分别设置为 3.5 dBm 和 5 dBm。

图 4-16 描述了二阶 FWM 效应的转换效率与 16QAM 信号与 CW3 信号之间的变化关系,在本方案中,两泵浦信号,即相位共轭的 16QAM 信号与 CW3 信号的功率相等。从仿真结果可知,二阶 FWM 过程的转换效率随着泵浦功率的增大而增大,而且当泵浦功率增大到一定程度(即 0 dB)后,由于 SOA2 的增益饱和,FWM 转换效率的提高趋势也趋于饱和。

ND-FWM 效应的转换效率与泵浦信号之间的频率间隔 $\Delta f$ 也有一定的关系。图 4-17 描述了二阶 FWM 效应的转换效率与伴随光 16QAM 信号及 CW3 信号的频率间隔之间的关系,在本方案中,仿真了频率间隔从 20 GHz 到 85 GHz 时不同泵浦功率下的转换效率。由仿真结果可知,随着频率间隔的增大,其转换效率降低,这是由于 FWM 效应在频率间隔

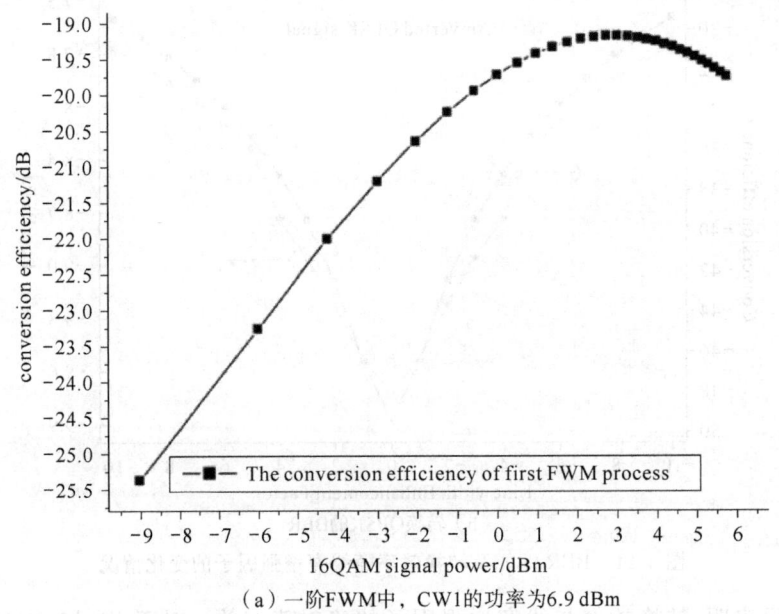

(a) 一阶 FWM 中,CW1 的功率为 6.9 dBm

图 4-15 级联 FWM 效应的转换效率与 16QAM 注入光功率之间的关系

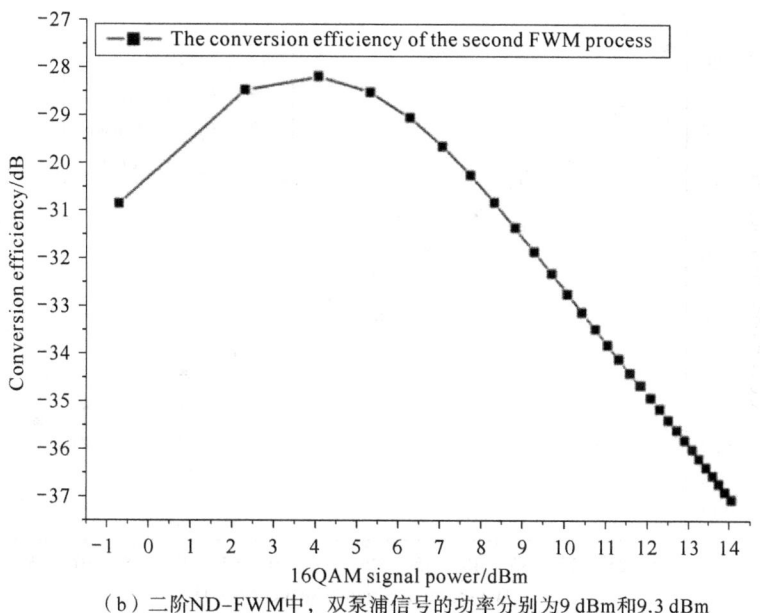

（b）二阶 ND-FWM 中，双泵浦信号的功率分别为9 dBm和9.3 dBm

图 4-15　级联 FWM 效应的转换效率与 16QAM 注入光功率之间的关系（续）

较小时，FWM 效应较明显。当 $P_1=P_2=9$ dBm，$\Delta f=30$ GHz 时，其转换效率为 23 dB，而当 $\Delta f=60$ GHz 时，其转换效率为 27.5 dB。

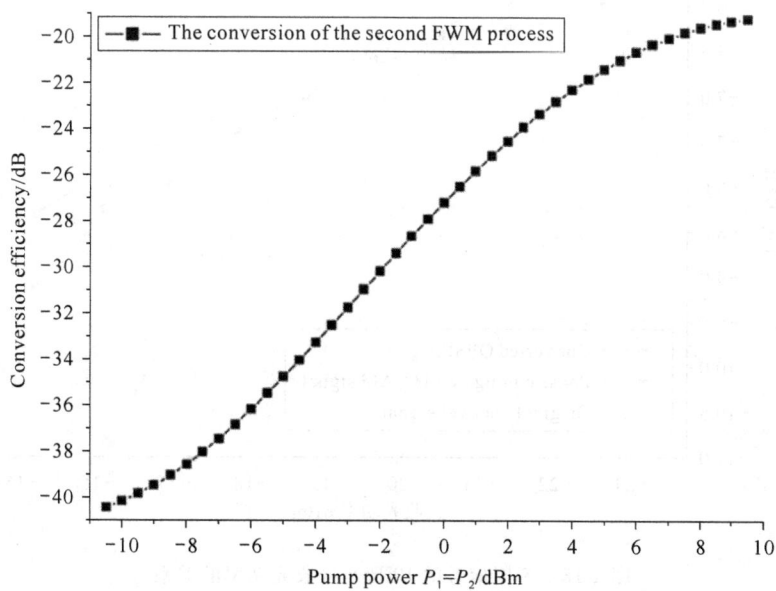

图 4-16　二阶 FWM 效应转换效率与两路泵浦信号功率之间的变化关系

初始 16QAM 信号、伴随光 16QAM 信号及转换后的 QPSK 信号在不同传输距离下的 BER 性能如图 4-18 所示。从仿真结果可见，由于 SOA1 中 FWM 引入噪声的影响，伴随信号 16QAM 与初始 16QAM 信号之间的功率损耗为 1.5 dB，而对于 SOA2 的 FWM 效应，转换后的 QPSK 信号与 16QAM 信号之间的功率损耗为 1 dB。

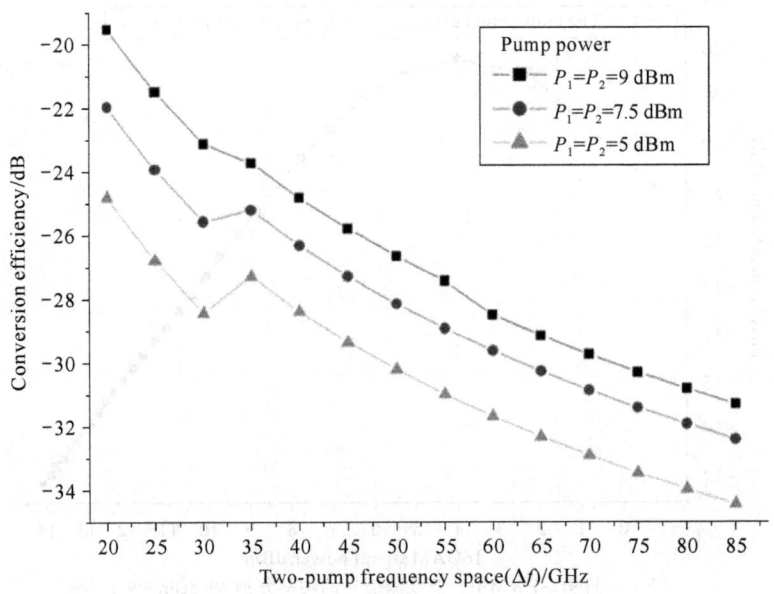

图 4-17　FWM 转换效率与双泵浦频率间隔 $\Delta f$ 的关系

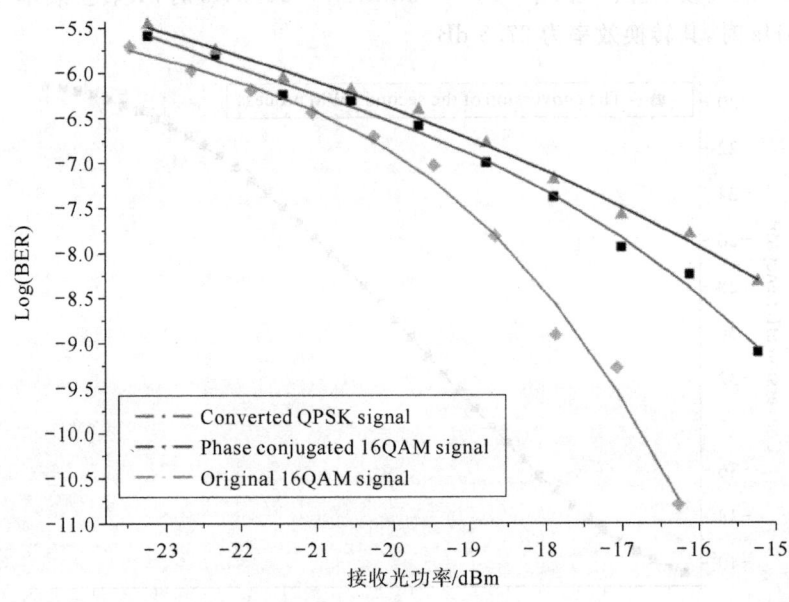

图 4-18　不同信号的 BER 与接收光功率的关系

图 4-19 所示的是初始 16QAM、伴随 16QAM 及转换后的 QPSK 信号的 BER 与传输距离的关系。随着距离增加,其光纤的色散及损耗也增大,系统中的 BER 性能降低。由于 SOA 内噪声的影响,伴随光 16QAM 信号和 QPSK 信号的性能劣化程度比 16QAM 信号性能劣化程度要大。但是,由于 QPSK 信号的符号距离要比 16QAM 信号大,因此,QPSK 信号的性能要比 16QAM 信号的性能好。

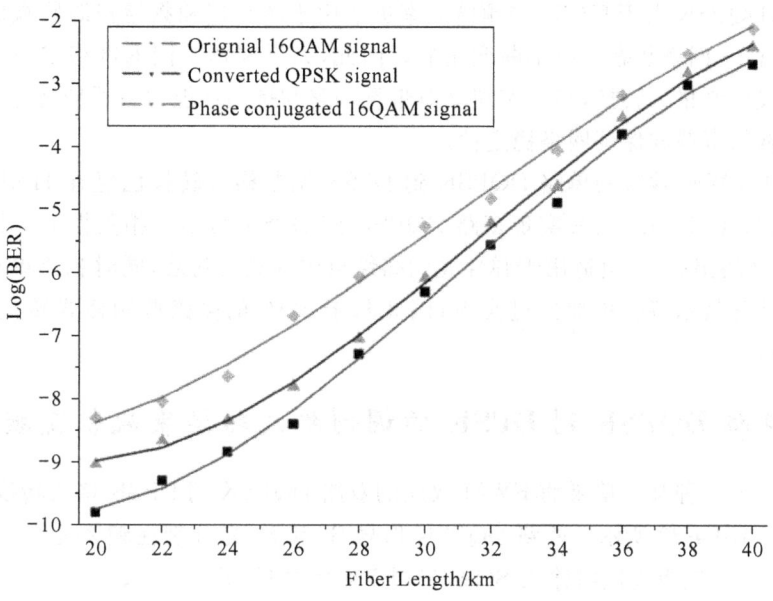

图 4-19　不同信号的 BER 与光纤传输距离的关系

## 4.4　双路 DQPSK 到 DPSK 的光域调制格式转换和波长变换方案

本节提出一种可同时实现调制格式转换兼波长变换的多功能双路并行光信号处理方案，双路 2×25 Gbit/s 的 DQPSK 信号通过 SOA 中的 FWM 效应转换成两路 2×12.5 Gbit/s 的 DPSK 信号，并且生成另外两路与原始信号完全相同的 DQPSK 信号，即同时完成了双路 DQPSK 到 DPSK 的调制格式转换和波长变换。另外，我们利用 WSS 的双向传输特性设计了一种可同时进行波分复用和解复用的环形结构，与 SOA 结合组成了一种多功能弹性光交换单元，该单元不但可以实现本节新提出的调制格式转换和波长变换功能，同时还可完成之前提出的 WDM 组播和上路/下路(Add/Drop)等功能。

### 4.4.1　光域调制格式转换对弹性光网络的意义

在光信号处理技术中，调制格式转换是其中最为重要和前沿的研究内容之一，不同类型的网络需求可能会选择不同的信号格式。但是早期的研究内容主要局限在强度调制格式 OOK 的不同码型之间的转换上，比如，在 OOK 调制中，NRZ 码由于其光谱效率高的优势常应用于以 DWDM 技术为主的城域网中；而 RZ 码由于其较好的抗非线性容限，常应用于以 OTDM 技术为主的骨干网。因此，在不同网络的交叉结点处需要直接在光域进行码型转换，多种 NRZ 到 RZ、RZ 到 NRZ 的码型转换方案在 HNLF、SOA 和 PPLN 中得到验证。

而在弹性光网络中，多种调制格式并存，根据不同的频谱效率、传输距离、QoS 等级等因素将采用更多的调制格式类型，而不仅局限于 OOK。其中 DQPSK 和 DPSK 便是其中最为广泛使用的两种格式，DPSK 由于其优越的抗噪性能更加适用于超长距离和低误码要求的网络场景,DQPSK 由于其较高的频谱效率更适用于超高速和频谱资源紧缺的网络场景。而在实际运营中,网络状态是在不断变化的。因此,如果根据不同的网络状态,在弹性光交换结点中完成调制格式转换,则可实现动态带宽调整和抗损伤能力自适应变化等功能,进而有效地规划网络资源和保证网络稳定性。

目前基于 FWM 效应的单路 DQPSK 到 DPSK 调制格式转换已经在 HNLF 中得到了证明,但是当时还未见在 SOA 实现多路 DQPSK 到 DPSK 转换的相关报道。相比 HNLF,SOA 具有更好的集成性,更适用于弹性光网络结点中的集成封装,同时相比单路信号,多路并行光信号处理技术将会更加先进高效,因此基于 SOA 的多路调制格式转换技术具有显著的研究价值。

### 4.4.2 双路 DQPSK 到 DPSK 的调制格式转换兼波长变换原理

我们提出了一种基于单泵浦 FWM 效应的双路 DQPSK 到 DPSK 格式转换兼波长变换方案,其原理如图 4-20 所示。两路 DQPSK 信号 $S_1$ 和 $S_2$ 光分别在频率 $\omega_1$ 和 $\omega_3$ 处,而唯一的泵浦光在 $\omega_2$ 处,三束光同时输入 SOA,经过 FWM 之后,将在 $\omega_{223}$、$\omega_{112}$、$\omega_{221}$、$\omega_{332}$ 处生成四路信号光,根据 FWM 理论可得它们的电场式为

$$E_{223}=k_{223}A_2^2A_3\exp[j(2\omega_2-\omega_3)t+(2\theta_2-\theta_3)] \quad (4-7)$$

$$E_{112}=k_{112}A_1^2A_2\exp[j(2\omega_1-\omega_2)t+(2\theta_1-\theta_2)] \quad (4-8)$$

$$E_{221}=k_{221}A_2^2A_1\exp[j(2\omega_2-\omega_1)t+(2\theta_2-\theta_1)] \quad (4-9)$$

$$E_{332}=k_{332}A_3^2A_2\exp[j(2\omega_3-\omega_2)t+(2\theta_3-\theta_2)] \quad (4-10)$$

式中,$\omega_i$、$A_i$ 和 $\theta_i$($i\in[1,2,3]$)分别是三束入射光的角频率、幅度和相位信息;$k$ 是一个与 FWM 的转换效率成正比的系数。

由电场式和图 4-20(a)可以看出,原始信号 $S_1$ 的相位信息将被完全复制到频率为 $\omega_{221}$ 的闲频光上,而另一路原始信号 $S_2$ 的相位信息则被传递到频率为 $\omega_{223}$ 的闲频光上,即相当于实现了两路 DQPSK 信号的波长变换功能。但是,对于另外两路在 $\omega_{112}$ 和 $\omega_{332}$ 的闲频光,相比它们各自的原始信号,它们的相位调制深度加倍了,即 $\theta_{112}=2\theta_1-\theta_2$ 和 $\theta_{332}=2\theta_3-\theta_2$,这导致原来的 DQPSK 的四种相位信息转换成两种相位信息,即生成了两路新的 DPSK 信号,从而实现了双路 DQPSK 到 DPSK 的格式转换,具体的相位逻辑映射关系归纳于表 4-3 中。

我们可以将 DQPSK 到 DPSK 的格式转换方案大致分为两类,这与 DQPSK 信号的生成方式有关,常用的 DQPSK 产生方式主要有两种:一是基于 MZM 和 PM 调制器的级联生成式;二是基于 I/Q 调制器的平行生成式,如图 4-20(b)和(c)所示。不同的生成方式会将不同的比特信息映射到不同的相位上,从而使格式变换生成的 DPSK 信号具有不同的特点。从图 4-20(b)中可以看出,由级联方式转换而来的 DPSK 的比特信息与原始 DQPSK 信号中的 Q 路信息相同,而 I 路信息则被完全擦除,每一个相位点对应的比特映射逻辑关系总结在表 4-3 中。与级联方式不同,平行方式生成的原始 DQPSK 信号四个相位满足格雷码(Gray code)的规则,由此转换而来的 DPSK 信号实质上是原始 DQPSK 信号的 I 路与 Q 路异或(XOR)逻辑运算的结果,从表 4-3 中可知,当 I 路、Q 路比特信息同为 0 或 1 时,DPSK 信号对应的比特信息为 0,当 I 路、Q 路为 1、0 相异时,DPSK 信号对

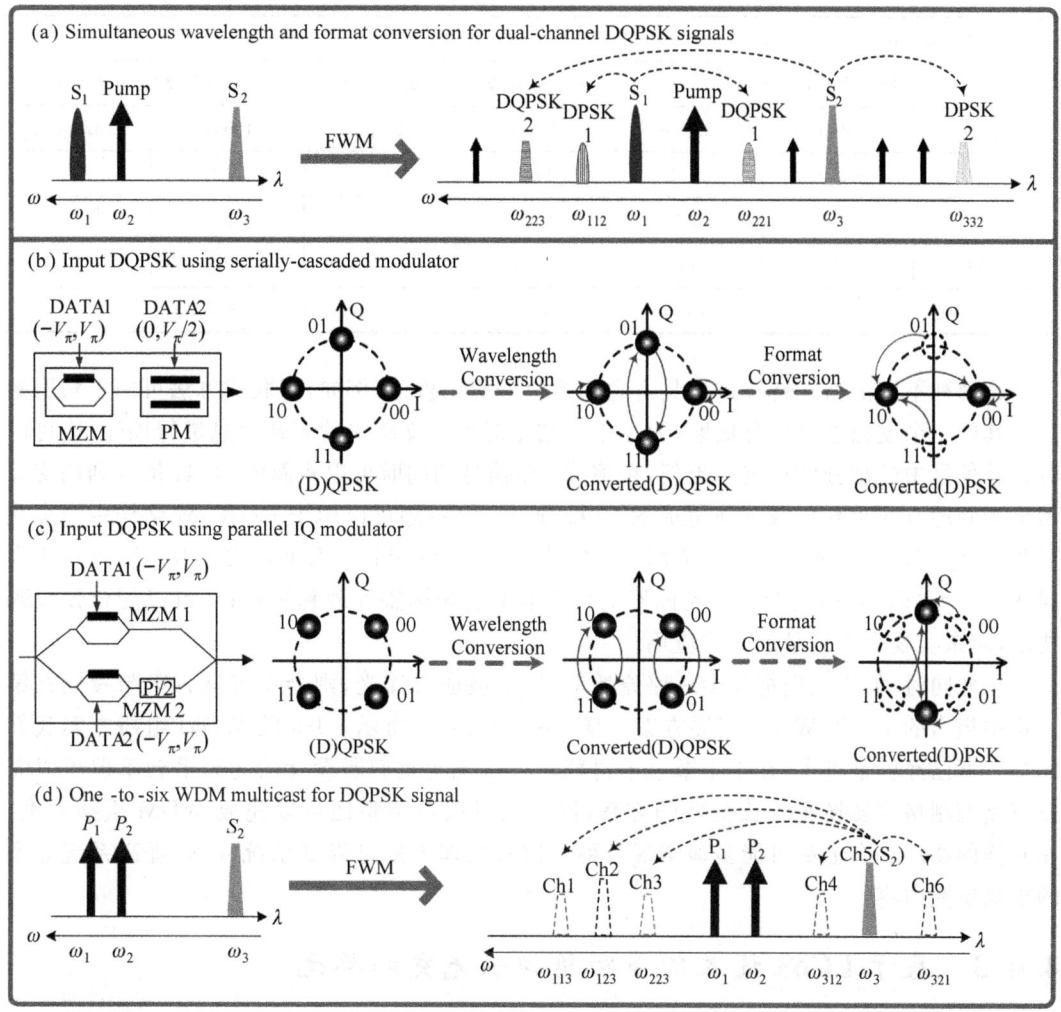

图 4-20 方案原理图

应的比特信息为 1。另外,虽然这两种生成方式经过单泵浦 FWM 效应新生成的两路 DQPSK 信号相对相位发生了转移,但是所对应的比特信息与原始信号完全相同,说明实现了波长变换的功能。所有基于该单泵浦 FWM 效应的相位逻辑映射关系都总结在表 4-3 中。

表 4-3 基于 FWM 效应的相位逻辑映射关系列表

1. DQPSK generated by serially-cascaded modulator

| Input DQPSK@$\omega_1$ (or $\omega_3$) | | | Output DQPSK@$\omega_{221}$ (or $\omega_{223}$) | | Output DPSK@$\omega_{112}$ (or $\omega_{332}$) | |
|---|---|---|---|---|---|---|
| In-phase | Quadrature | Phase | Phase | Logic | Phase | Logic |
| 0(0) | 0(0) | 0 | 0 | 00 | 0 | 0 |
| 0(0) | $\pi/2$(1) | $\pi/2$ | $3\pi/2$ | 01 | $\pi$ | 1 |
| $\pi$(1) | 0(0) | $\pi$ | $\pi$ | 10 | 0 | 0 |
| $\pi$(1) | $\pi/2$(1) | $3\pi/2$ | $\pi/2$ | 11 | $\pi$ | 1 |

2. DQPSK generated by parallel-cascaded modulator

| Input DQPSK@$\omega_1$(or $\omega_3$) | | Output DQPSK@$\omega_{221}$(or $\omega_{223}$) | | | Output DPSK@$\omega_{112}$(or $\omega_{332}$) | |
|---|---|---|---|---|---|---|
| In-phase | Quadrature | Phase | Phase | Logic | Phase | Logic |
| 0(0) | $\pi/2$(0) | $\pi/4$ | $7\pi/4$ | 00 | $\pi/2$ | 0 |
| $\pi$(1) | $\pi/2$(0) | $3\pi/4$ | $5\pi/4$ | 10 | $3\pi/2$ | 1 |
| $\pi$(1) | $3\pi/2$(1) | $5\pi/4$ | $3\pi/4$ | 11 | $\pi/2$ | 0 |
| 0(0) | $3\pi/2$(1) | $7\pi/4$ | $\pi/4$ | 01 | $3\pi/2$ | 1 |

这两种不同的格式转换方法具有它们各自的应用价值,例如,级联式方法可用于对原始信号其中一个支路进行信息提取,而在中间结点对另一支路中的多余信息进行擦除;也可以对原始信号中的部分信息进行更新,在擦除 I 路信息的同时可以将新的 OOK 信号利用交叉相位调制的方式重新加载到新生成的 DQPSK 信号中;还可以用于 ROADM 结构中的全光下路(drop)功能,通过另一个相位调制来完成全光上路(add)。而平行式的方法则可用于实现 XOR 门逻辑运算;或者用于光标签交换网络中的光标签处理和重构;还可以配合预编码技术,用来实现全光信号加密等应用。

与此同时,如果我们把其中一路原始信号 $S_1$ 换成泵浦光,则会发现该方案与我们在第三章中提出的 1-6 的 WDM 组播方案一样,如图 4-20(d)所示。1-6 的 WDM 组播方案我们在第三章已经验证过了,在本小节就不再赘述。这说明我们所设计的物理平台不但可以完成双路调制格式转换兼波长变换的方案,同时通过简单调整还可以完成 WDM 组播方案。在同样的物理平台上尽可能多地实现各种光信号处理方案是降低系统成本、提高系统效率的重点研究内容。

### 4.4.3 基于 LCoS 技术的多功能弹性光交换单元

为了在网络结点中同时实现前面所提到的多种光信号处理功能,我们提出了一种基于双向 LCoS 和环形 SOA 结构的多功能弹性光交换单元,如图 4-21 所示。该单元的主要部分是 WSS 内部的 LCoS 板,基于 LCoS 的 WSS 具有双向传输的能力,在前面的所有实验中我们都是采用两个 WSS 分别进行波分复用和解复用的,为了降低系统成本,这里利用 LCoS 的双向传输特性,仅采用一个 WSS 便同时完成了波分复用和解复用的功能。

泵浦光和两路信号光分别从端口 B、C、D 输入 WSS,经过光学成像镜、光栅和 LCoS 之后,三束光完成波分复用,从端口 A 输出,由一个环形器送入 SOA,经过 FWM 效应生成多个闲频光,通过 EDFA 放大后从环形器的另一个端口再次输入端口 A,利用可编程软件控制系统,将新生成的 DQPSK1、DPSK1、DQPSK2、DPSK2 四路信号分别从端口 E、F、G、H 输出,原始信号则通过双向传输再次从端口 C 和 D 输出,出口处利用一个环形器便可和原输入信号进行隔离。整个过程 WSS 不但对 SOA 的输入信号进行了波分复用,同时对 SOA 的输出信号完成了解复用。通过 SOA 的环形结构,我们仅用一个 WSS 便实现了以往两个 WSS 的等效功能。该单元不但对格式变换有效,对 WDM 组播依然有效。

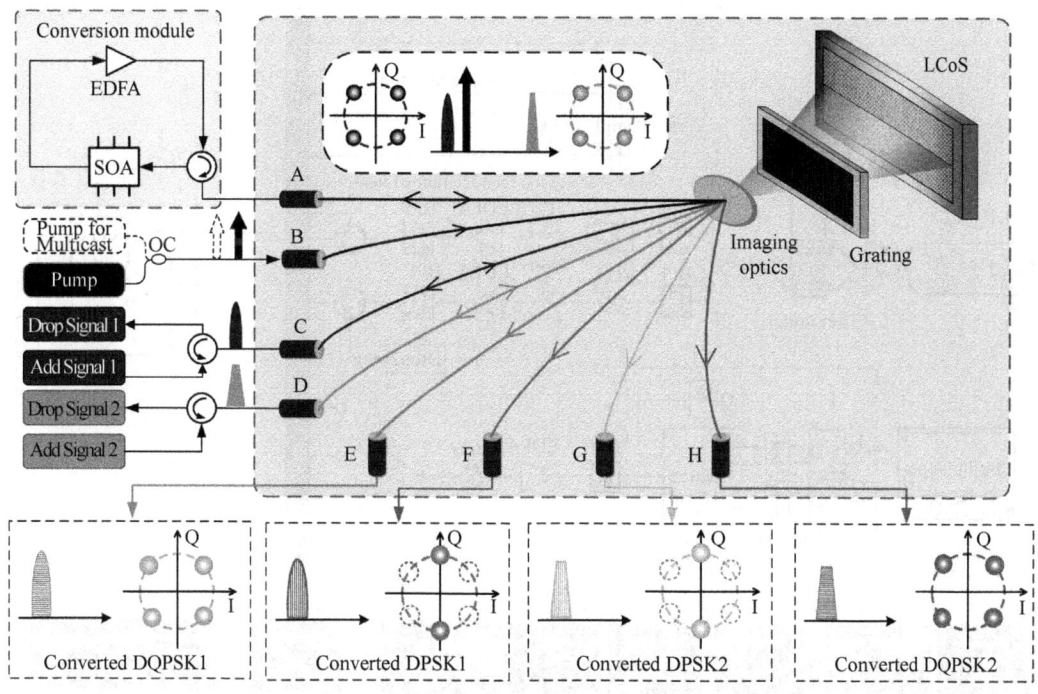

图 4-21 基于双向传输 LCOS 和 SOA 环形结构的多功能弹性光交换单元

## 4.4.4 实验设置和结果分析

基于上述多功能光交换单元,我们搭建了用于实现双路 DQPSK 到 DSPK 格式转变的实验平台,如图 4-22 所示。对于双路 DQPSK 信号 S1 和 S2,我们选择的是基于 I/Q 调制器的平行生成方式,两路信号速率都为 25 Gbit/s,波长分别为 1 548.52 nm 和 1 551.72 nm,功率分别是 3.5 dBm 和 4.2 dBm。泵浦光波长为 1 549.32 nm,功率是 6.5 dBm,SOA 的偏置电流为 300 mA,LCoS 由 Finisar 公司生产的 BV-WSS 提供。为了进行对比,也提供了进入 LCoS 之前的原始信号的星座图和眼图。采用的其他设备及相干检测系统与第三章是一样的,本节不再赘述。

首先,原始信号和泵浦光通过 LCoS 实现波分复用,我们采集了输入 SOA 之前的光谱图,如图 4-23(a)所示,经过 FWM 之后,两路格式转换信号(DPSK1 和 DPSK2)和两路波长变换信号(DQPSK1 和 DQPSK2)同时生成,如图 4-23(b)所示。从图中可以看出,新生成的四路信号与前面的理论分析一致,并且具有较高的 OSNR,证明了方案设计的有效性。SOA 输出的多路信号通过环形结构再次送入 LCoS,通过软件编程控制,将新生成的四路信号分别从另外四个端口依次滤出,从图 4-24 中采集的光谱图可以看出,四路信号已被成功解复用,被清晰地滤了出来,这证明了双向 LCoS 的有效性。

最后,我们将所有信号包括输出的原始信号依次进行相干检测,并通过离线统计的方式进行了 BER 测试,如图 4-25 所示。需要注意的是,性能最优的并非两路原始信号,而是 DPSK1。与原始信号相比,虽然 DPSK1 的 OSNR 较低,但是由于 DPSK 信号本身具有极强的抗损伤能力,因此它的 BER 性能更好,但 DPSK2 由于转换效率导致 OSNR 过低,所以性

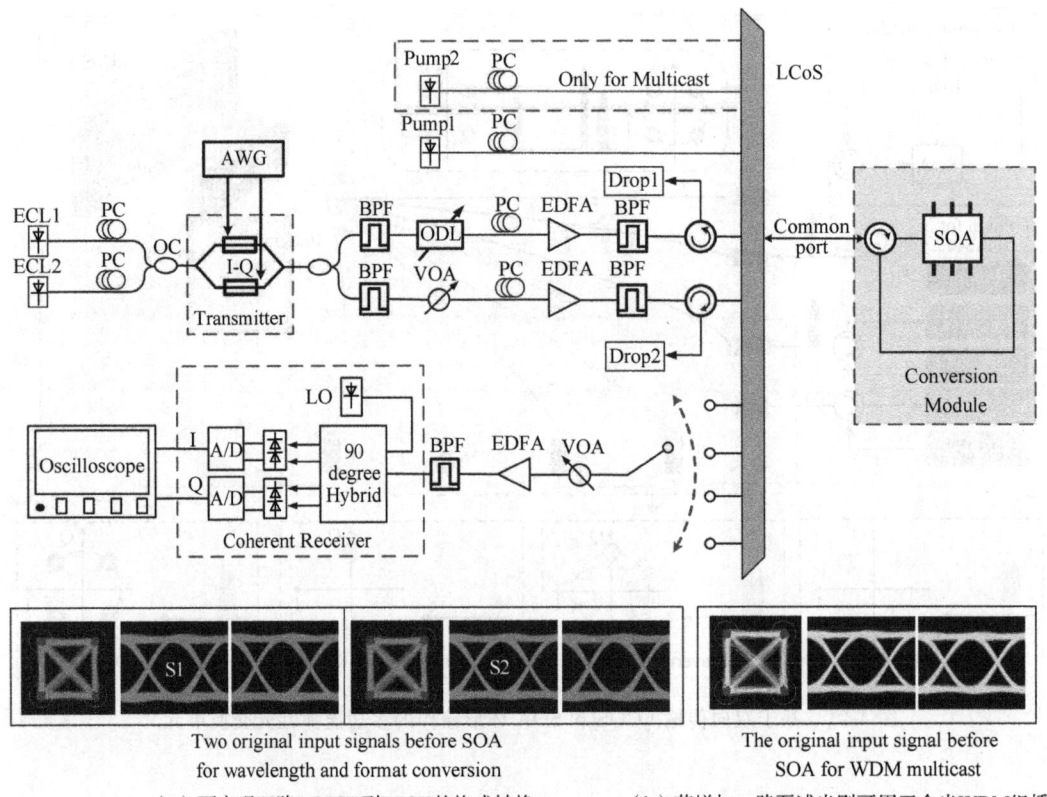

(a) 可实现双路DQPSK到DPSK的格式转换　　(b) 若增加一路泵浦光则可用于全光WDM组播

图 4-22　基于多功能光交换单元的实验设置

能差于原始信号。以各自的原始信号为参考，依次算出四路新生成信号在 FEC 阈值处的功率代价，所有信号的性能参数和功率代价都总结在表 4-4 中。可以看出，由于较低的转换效率导致 DPSK2 具有最低的 OSNR，但是得益于其自身较强的抗噪性，使其功率代价仅为 0.4 dB；四路信号的功率代价都小于 1.0 dB。图 4-25 所示的是在接收光功率为 $-35$ dBm 时采集的所有信号的星座图和眼图，较小的功率代价和优质的眼图，都说明了转换信号的性能可用于实际通信，进而证明了同时进行格式转换和波长变换的可行性与应用价值。

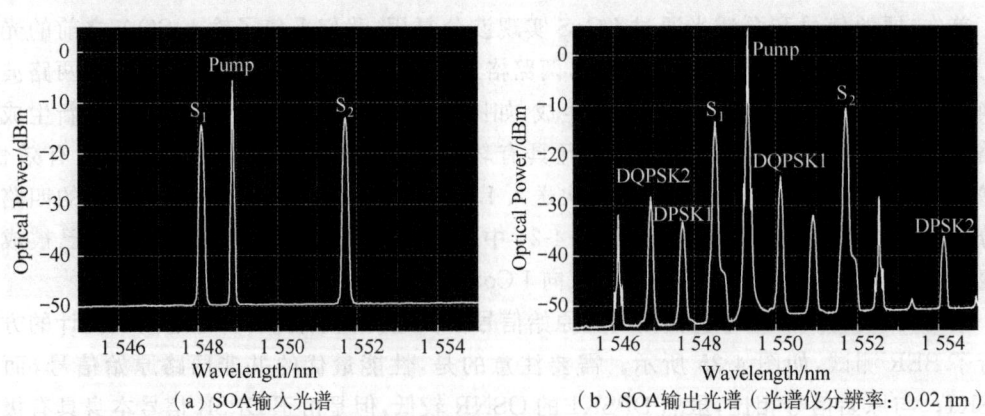

(a) SOA输入光谱　　(b) SOA输出光谱（光谱仪分辨率：0.02 nm）

图 4-23　基于 SOA 中 FWM 的双路 DQPSK 到 DPSK 格式转换光谱图

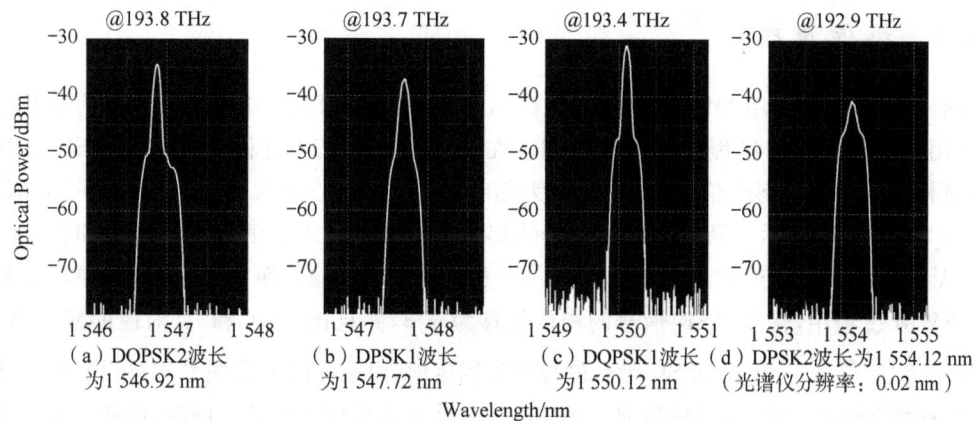

图 4-24 通过双向 LCoS 依次滤出的四路信号光谱图

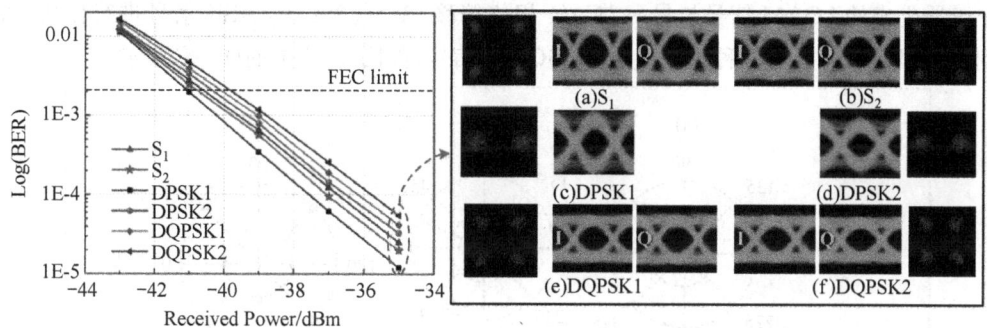

图 4-25 两路原始信号和四路新生成信号的 BER 与接收光功率的关系曲线

其中:插图为在接收光功率为 −35 dBm 处采集的六个信号各自的星座图和眼图。

表 4-4 经过 FWM 后所有信号光的性能参数列表

| Signals | Wavelength/nm | Frequency/THz | CE/dB | OSNR/dB | Power penalty/dB |
| --- | --- | --- | --- | --- | --- |
| $S_1$ | 1 548.52 | 193.6 | — | 40.5 | 0.0 |
| DPSK1 | 1 547.72 | 193.7 | −19.4 | 21.5 | −0.5 |
| DQPSK1 | 1 550.12 | 193.4 | −11.2 | 27.6 | 0.5 |
| $S_2$ | 1 551.72 | 193.2 | — | 41.0 | 0.0 |
| DPSK2 | 1 554.12 | 192.9 | −20.3 | 14.8 | 0.4 |
| DQPSK2 | 1 546.92 | 193.8 | −17.7 | 25.7 | 0.9 |

## 4.5 基于 SOA 中 D-FWM 的 8QAM/16QAM 码型转换方案

本小节实现一种基于 SOA 中 D-FWM 效应利用 QPSK 与 ASK 信号生成 8QAM 和 16QAM 信号的码型转换方案。

### 4.5.1 操作原理

图 4-26 给出了利用 QPSK 与相位偏移 ASK 信号生成 8QAM 和 16QAM 信号的原理图,采用二次 D-FWM 过程实现整个机制。在第一次 D-FWM 过程中,一路 QPSK 信号光和一路相位偏移的 ASK 信号光分别作为信号光和泵浦光输入 SOA,发生 D-FWM,如图 4-26 中(a)、(b)所示。新生成的信号光的幅度和相位与输入的信号光的幅度和相位满足 $A_{c1} \propto A_p^2 A_s^*$,$\varphi_{c1}=2\varphi_p-\varphi_S(A_i,i\in[p,s,c_1]$,p 和 s 分别代表输入泵浦光和信号光)。在第一次 D-FWM 过程中,输入 ASK 信号的相位偏移为 $\pi/8$,并且比特"0"和"1"对应的幅值 $A_0$ 和 $A_1$ 满足 $A_1=\sqrt{2}A_0$。由于 QPSK 信号的幅度为固定值,由前面的强度关系式可以得到生成的信号具有两个幅度半径,并且满足 $R_{outer}=2R_{inner}$,R 代表内外圈半径值。同时,由相位关系式可以得到内外两个幅度之间的相位差为 $\pi/4$,从而得到 8QAM 信号。在第二次 D-FWM 过程中,第一阶段生成的 8QAM 信号与另一路 $\pi/4$ 相位偏移,$A_1=\sqrt{3}A_0$ 的 ASK 信号进行作用,可以得到 4 个幅度半径以及两种相位组合的 16QAM 信号,如图 4-26 中的(d~f)所示。

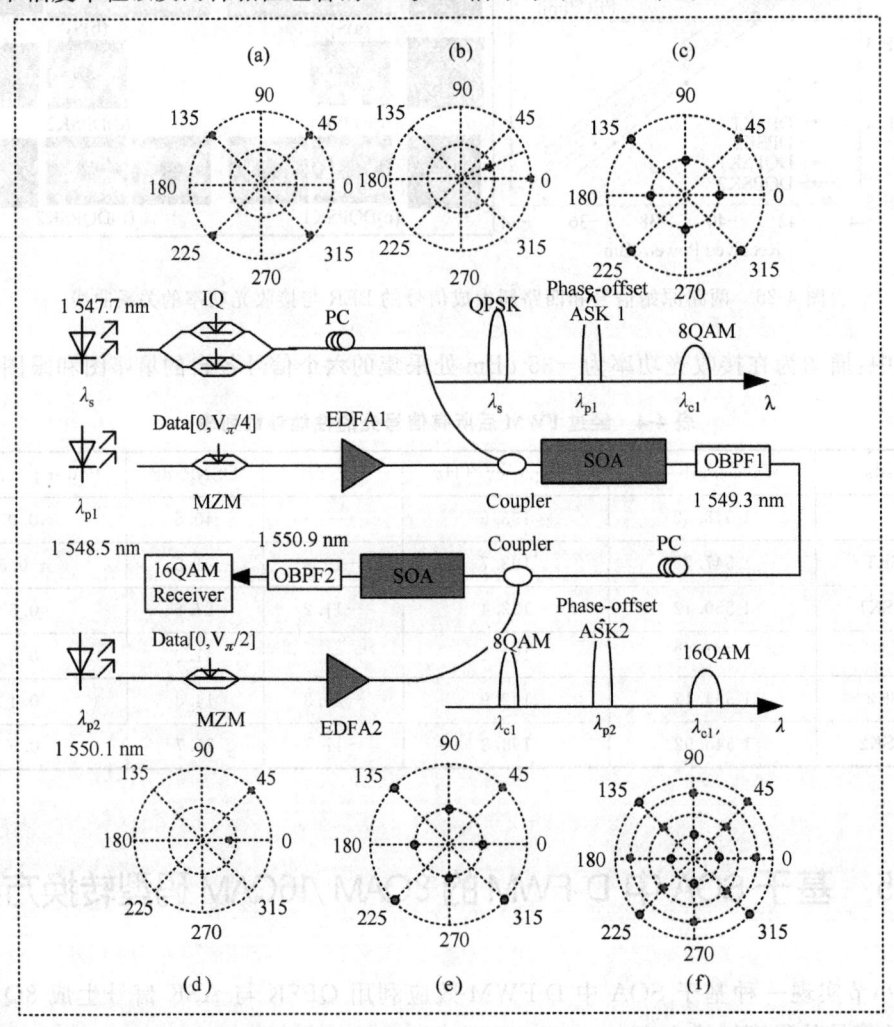

图 4-26 利用 QPSK 和 ASK 信号生成 8QAM 与 16QAM 信号的原理图和仿真系统结构

## 4.5.2 仿真设置与结果

仿真设置如图 4-26 中间部分所示,采用 VPI 8.6 与 Matlab 实现整个仿真系统的搭建。10 Gbit/s QPSK 信号位于 1 547.7 nm 处,通过 IQ 调制器产生,位于 1 548.5 nm 处的 π/8 相位偏移的 ASK 信号通过单臂驱动的马赫增德尔调制器产生,在仿真中,加载在单臂 MZM 的电信号电压为 $[0,V_\pi/4]$,偏置电压为 $5V_\pi/6$,从而生成所需要的相位偏移和振幅的 ASK 信号。第二次 D-FWM 过程中所需要的 ASK 信号,同样通过单臂 MZM 调制器产生,加载的电信号电压为 $[0,V_\pi/2]$,偏置电压为 $7V_\pi/12$,仿真中采用相干接收进行信号分析。

各路输入和输出信号的星座图如图 4-27 所示,从图中可以看出,相比于输入的信号的星座点,新产生的 8QAM 信号和 16QAM 信号都引入了一定的噪声,并且 16QAM 要比 8QAM 信号噪声更为明显。在评估 BER 时,采用级联强度与相位调制器的生成方法生成的 8QAM 和 16QAM 信号的性能作为对比参照量[3-17],结果如图 4-28 所示。从图 4-28 中可以看出,对于 8QAM 信号,在 BER 为 $10^{-3}$ 时,信号 OSNR 损伤为 0.3 dB,BER 为 $10^{-5}$ 时,OSNR 损伤为 0.8 dB。对于 16QAM 信号,BER 为 $10^{-3}$ 时,信号损伤为 0.9 dB,BER 为 $10^{-5}$ 时,损伤为 1.8 dB。

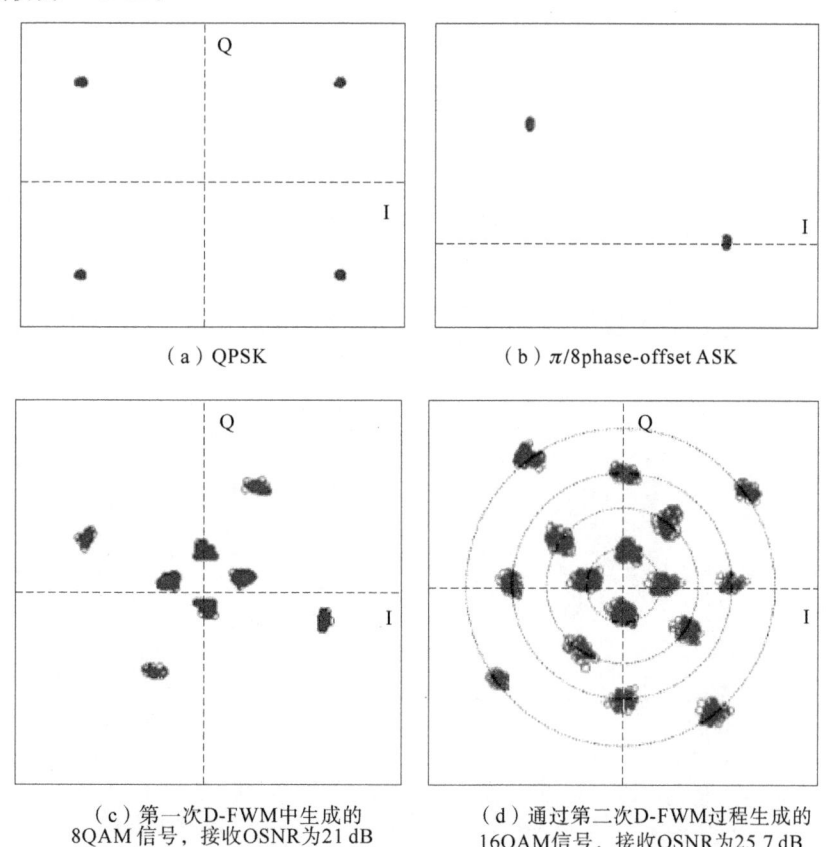

(a) QPSK

(b) π/8 phase-offset ASK

(c) 第一次 D-FWM 中生成的 8QAM 信号,接收 OSNR 为 21 dB

(d) 通过第二次 D-FWM 过程生成的 16QAM 信号,接收 OSNR 为 25.7 dB

图 4-27 各信号的星座图

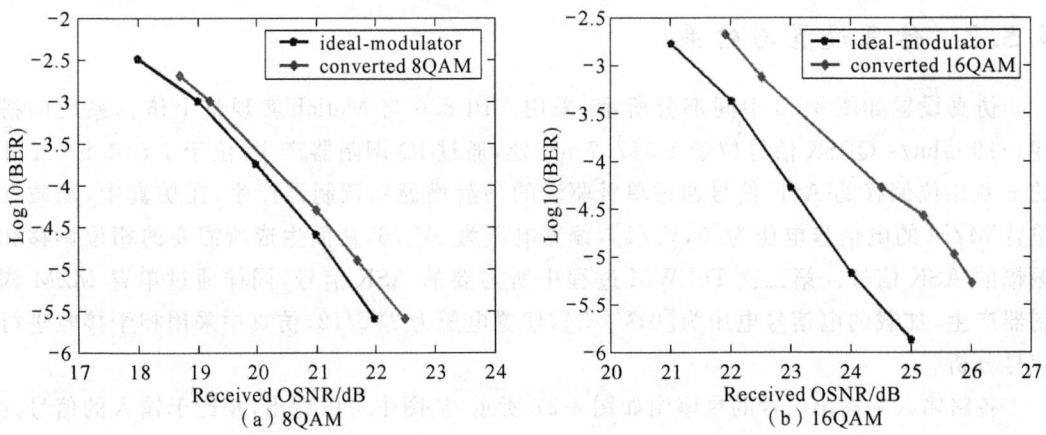

图 4-28 利用 QPSK 和 ASK 信号生成

# 第 5 章 全光逻辑门运算

## 5.1 三路 DPSK 信号的光域逻辑门和 WDM 组播方案

本节将提出一种可同时实现光域逻辑门和 WDM 组播的多功能三路并行光信号处理方案,本方案无须多余的 CW 泵浦光,三路 12.5 Gbit/s 的 DPSK 信号彼此互为泵浦光,基于量子点结构的 QD-SOA 中的 FWM 效应实现了三路 DPSK 信号的光域 XOR 门运算,并且对三路信号各自新生出两路组播信号,即同时实现了三路信号的光域逻辑门和 WDM 组播功能。

### 5.1.1 基于 QD-SOA 的光域逻辑门对弹性光网络的意义

光学逻辑门是光信号处理的另一项关键技术。逻辑门在光学计算和弹性光网络结点都有重要的用途,基于基本的逻辑门可以实现帧头识别、奇偶校验、半加器、全加器、全光三极管、比特误码监控、移位寄存器、全光解复用、全光开关等功能。近些年来,逻辑门技术得到了广泛研究,目前可以利用 PPLN 和 HNLF 实现多种光域逻辑门,基于 SOA 中的 XGM 和 XPM 等可以完成与(AND)门、或(OR)门、或非(NOR)等逻辑过程,基于 SOA 中 FWM 的 XOR 门也已得到验证,但是以上所有方案都需要额外的泵浦光,而且只生成了单路的逻辑门信号,功能较为单一,应用场景相对有限。

在弹性光网络链路中,多路信号往往并行传输,如图 5-1 所示,在链路 AB 中有三路信

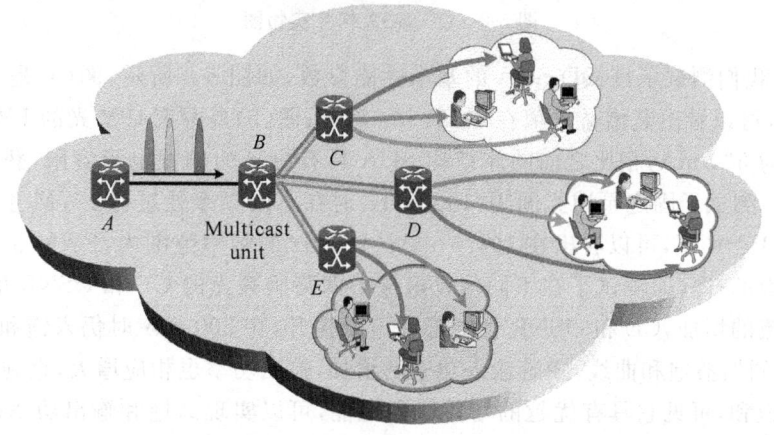

图 5-1 逻辑门信号和原始信号同时进行组播的网络场景

号同时传输,在结点 B 处对三路信号同时进行逻辑门处理,生成多路相同的逻辑门信号,将它们送到不同的目的结点。与此同时,原始信号依然保留,并且可以同时生成多路组播信号,将它们送到不同的目的结点以满足不同的用户需求。这样做的好处是,不但可以对生成的逻辑信号进行组播,同时可以对原始信号进行组播,这样一来就可以满足多种应用需求和网络场景。例如,可以对多路信号进行加密,可以实现全加器的功能,在无须逻辑门时还可以对原始信号进行组播。但是,这对我们前面所证明的多种方案提出了挑战,因为之前我们验证的最多是双路信号的并行处理,在传统的 SOA 中可以满足要求的,但是当我们将要处理的信号通道数提高到三路或三路以上时,传统的 SOA 由于载流子恢复速率的限制使得它很难同时处理这么多路的高速信号,因此当要处理的信号的速率或通道数上升时,我们需要采用载流子恢复速率更快的 QD-SOA 作为处理媒质。

在超晶格、量子阱、量子线和量子点等几种低维量子结构中,量子点对载流子的限制是最彻底的。控制量子点的几何形状和尺寸可以改变电子态结构,更好地实现电学和光学性质的"裁剪",这进一步改善了量子点器件的性能。QD-SOA 相比传统的体材料 SOA、超晶格 SOA 具有更快的增益恢复速度、更高的饱和输出光功率、更大的增益带宽、更弱的码型效应和更显著的三阶非线性效应等特点。

目前的 QD-SOA 尚未广泛商用,无法从传统渠道购买,因此在我们的方案中采用的是合作机构日本 NICT 研究所制备的 QD-SOA,图 5-2 展示了它的实物照片。制作 QD-SOA 的关键之处在于量子点的密度,常用的增加量子点密度的方法是堆叠量子点层,但张力的积累会限制量子点堆叠的层数,利用张力补偿的方法可以有效地解决这个问题,图 5-2 中的 QD-SOA 便是采用张力补偿的方法制作的 QD-SOA 样片。

(a) 平视图　　　　　　　　　(b) 俯视图

图 5-2　QD-SOA 样片实物图

接下来,我们测试了该 QD-SOA 的基本性能参数,如图 5-3 所示,图(a)是 QD-SOA 的 ASE 光谱图,可以看出其增益峰值在 1 532 nm 附近;图(b)是两束 CW 光的 FWM 光谱图,其偏置电流为 500 mA,相比之前的体结构 SOA 具有更高的偏置电流容限,获得更好的转换效率;图(c)测试了固定泵浦光间隔(100 GHz)时在不同频率处进行 FWM 生成两路闲频光的 CE 和 OSNR 值,可以看出在 191.5～196.0 THz 的频率范围内,FWM 的性能还是比较稳定和平坦的;图(d)测试了在不同偏置电流下两路闲频光的 CE 和 OSNR 值,可以看出随着偏置电流的增加,CE 和 OSNR 性能都在不断提升,在 500 mA 时仍未饱和;图(e)测试了 QD-SOA 的增益饱和曲线,随着输入功率的增加,输出功率也相应增大,直到 5 dBm 时仍未达到增益饱和,可见它具有优越的增益饱和性能,可以实现高饱和输出功率;最后,图(f)测试了它的小信号增益曲线,可以看出在输入功率为 $-28$ dBm,偏置电流为 500 mA 时,在整个 C 波段范围内的小信号增益在 25 dB 以上。通过以上测试可以发现,该 QD-SOA 具有较大的饱和输出功率和波长稳定性,较大的转换效率保证了其进行 FWM 的优越性能,此 QD-SOA 可用于进行多路并行 FWM 的相关实验。随着 QD-SOA 生产工艺的进步和发展,商用 QD-SOA 将会成为弹性光网络中进行多路超高速光信号处理的合理选择之一。

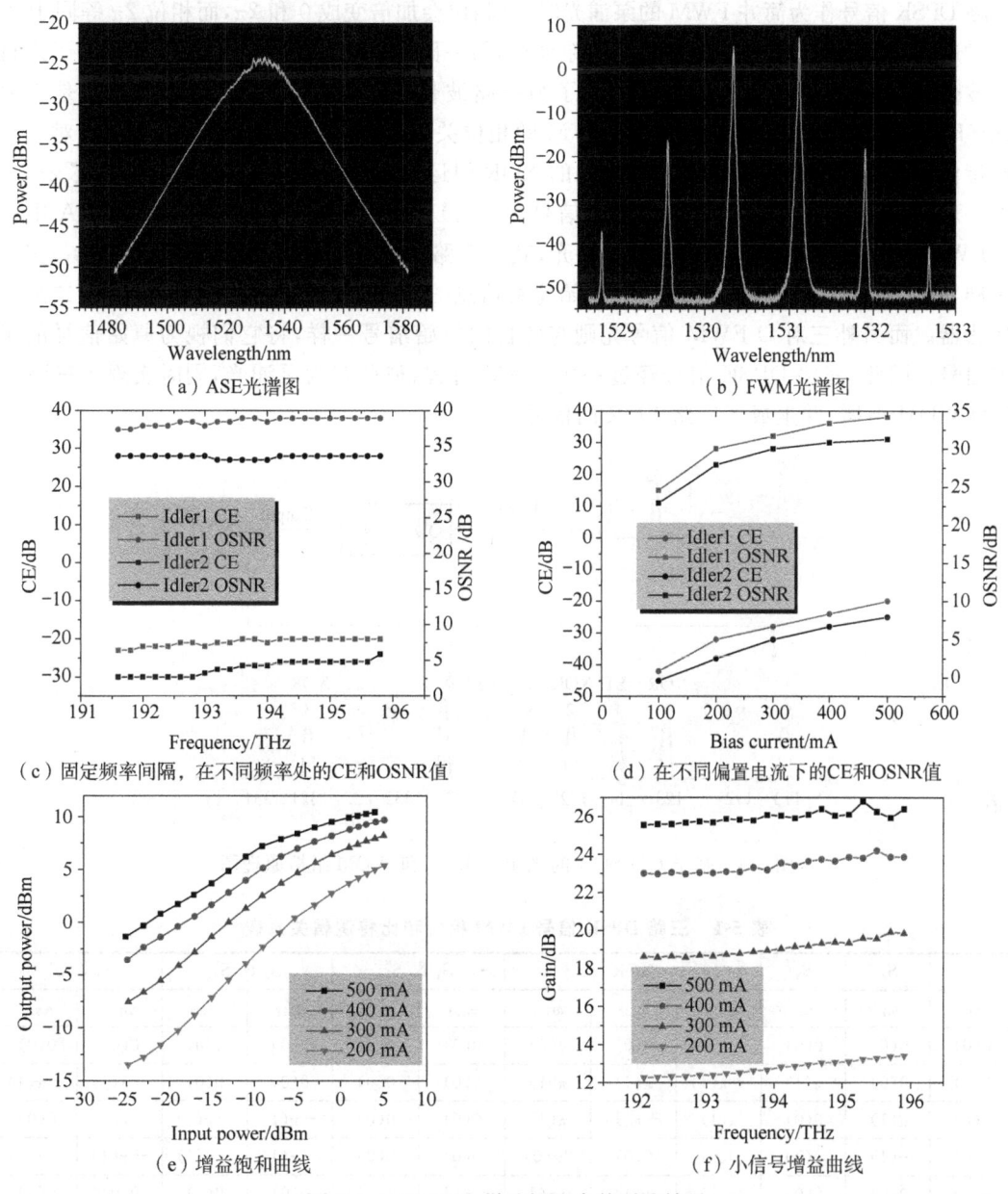

图 5-3　QD-SOA 样片性能参数测试结果

## 5.1.2　三路 DPSK 信号光域 XOR 门和 WDM 组播的工作原理

无论是体结构的 SOA 还是 QD-SOA 对于输入光功率都是有上限的,因此随着输入信号光和 CW 泵浦光通道数量的增加,平均每一路信号光功率就会相应减少,这会降低输入信号的信噪比和初始性能。在保证平均每路信号光功率的前提下，为了尽可能多地输入信号光就需要尽可能少地输入 CW 泵浦光，因此，我们提出了一种无须 CW 泵浦光(Pump free)的多路并行 FWM 方案，实现该方案的一种方法就是所有的信号光都采用 DPSK 格式，如图 5-4 所示。之所以采用 DPSK 信号，是因为所有的 DPSK 信号仅有两个相位 0 和 π，当其中一路 DPSK 信号作为简并 FWM 的泵浦光时，其相位会加倍变成 0 和 2π，而相位 2π 等同于 0，此时这路 DPSK 信号就等效为一束 CW 泵浦光，另一路和它进行 D-FWM 的信号相当于进行了波长变换，将自身的原始信息复制到了另一路波长上。当发生非简并 FWM 时，是三路 DPSK 信号相互作用，同样根据 ND-FWM 的相位关系原理，新生成的闲频光的相位对应的比特信息相当于原始三路信号比特信息的 XOR 门运算，对应的逻辑关系全部列在了表 5-1 中。从表 5-1 中可以看出，三路 DPSK 信号 $S1(\omega_1)$，$S2(\omega_2)$ 和 $S3(\omega_3)$ 经过 QD-SOA 中的 D-FWM 和 ND-FWM，新生成九路闲频光，其中三路 ND-FWM 信号光($\omega_{123}$、$\omega_{132}$、$\omega_{231}$)完全一样，它们的结果是三路 DPSK 信号原始比特信息的 XOR 门运算结果，相当于一个二进制加法器。而另外三对 D-FWM 信号光则与各自的原始信号一样，将它们视为原始信号的组播信号。因此，三路 DPSK 信号经过一次 FWM 过程，彼此互为泵浦光，同时实现了三路 1-3 的 WDM 组播，并生成了三路 XOR 门信号。

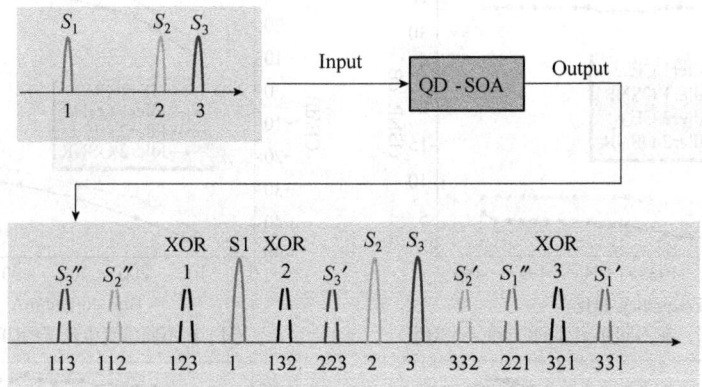

图 5-4 基于 QD-SOA 的光域 XOR 门和 WDM 组播原理图

表 5-1 三路 DPSK 信号 FWM 相位和比特逻辑关系表

| $S_1$ | $S_2$ | $S_3$ | XOR | | | $S_1'$ & $S_1''$ | | $S_2'$ & $S_2''$ | | $S_3'$ & $S_3''$ | |
|---|---|---|---|---|---|---|---|---|---|---|---|
| $\omega_1$ | $\omega_2$ | $\omega_3$ | $\omega_{123}$ | $\omega_{132}$ | $\omega_{321}$ | $\omega_{221}$ | $\omega_{331}$ | $\omega_{112}$ | $\omega_{332}$ | $\omega_{113}$ | $\omega_{223}$ |
| 0(0) | 0(0) | 0(0) | 0(0) | 0(0) | 0(0) | 0(0) | 0(0) | 0(0) | 0(0) | 0(0) | 0(0) |
| 0(0) | 0(0) | π(1) | −π(1) | π(1) | π(1) | 0(0) | 0(0) | 0(0) | 0(0) | −π(1) | −π(1) |
| 0(0) | π(1) | 0(0) | π(1) | −π(1) | π(1) | 0(0) | 0(0) | −π(1) | −π(1) | 0(0) | 0(0) |
| 0(0) | π(1) | π(1) | 0(0) | 0(0) | 2π(0) | 0(0) | 0(0) | −π(1) | −π(1) | −π(1) | −π(1) |
| π(1) | 0(0) | 0(0) | π(1) | π(1) | −π(1) | −π(1) | −π(1) | 0(0) | 0(0) | 0(0) | 0(0) |
| π(1) | 0(0) | π(1) | 0(0) | 2π(0) | 0(0) | −π(1) | −π(1) | 0(0) | 0(0) | −π(1) | −π(1) |
| π(1) | π(1) | 0(0) | 2π(0) | 0(0) | 0(0) | −π(1) | −π(1) | −π(1) | −π(1) | 0(0) | 0(0) |
| π(1) | π(1) | π(1) | π(1) | π(1) | π(1) | −π(1) | −π(1) | −π(1) | −π(1) | −π(1) | −π(1) |

Frequency relationship in FWM：$\omega_{abc} = \omega_a + \omega_b - \omega_c$

Phase relationship in FWM：$\theta_{abc} = \theta_a + \theta_b - \theta_c$

## 5.1.3 实验设置和结果分析

为了验证方案的有效性我们搭建了如图 5-5 所示的实验平台,通过脉冲模式发生器(PPG)进行差分编码,三束来自不同光源处在不同波长的光(1 548.7 nm,1 549.5 nm,1 551.9 nm)输入同一个相位调制器(PM),生成三路速率为 12.5 Gbit/s 完全相同的 DPSK 信号,接着用阵列波导光栅(AWG)将三路信号光分别滤出,并通过光延时线(ODL)对三路信号去相关性,然后通过两个耦合器将总功率为 5 dBm 的三路信号光进行合波,注入偏置电流为 500 mA 的 QD-SOA 中,经过 FWM 后,通过光带通滤波器(OBPF)将各个信号依次滤出,通过差分检测的方法对所有信号完成光电变换,将接收的电信号分别通过示波器采集眼图,通过误码仪(BERT)进行 BER 统计。

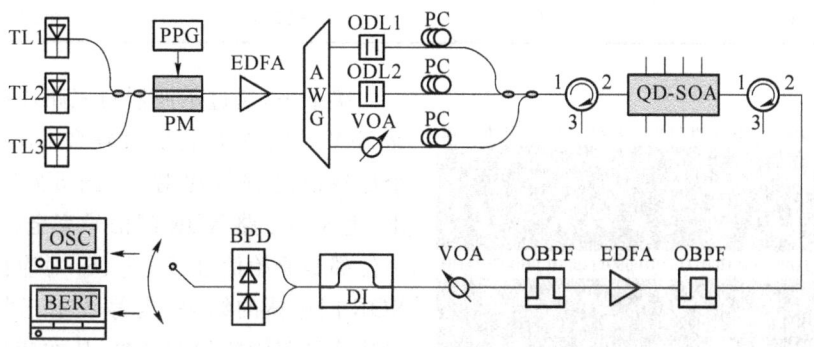

图 5-5 基于 QD-SOA 的三路 DPSK 信号光域 XOR 门和 WDM 组播实验设置

首先,我们采集了经过 QD-SOA 中 FWM 之后的光谱图,如图 5-6 所示,三路原始信号共生成了九路闲频光,与理论分析结果一致,得益于 QD-SOA 的优越性能,FWM 实现了很高的转换效率,可以看出生成的所有闲频光都具有较高的 OSNR,我们将经 FWM 后所有光束的波长、转换效率和 OSNR 等性能参数总结于表 5-2 中。可以看出 $S_1'$ 由于较大的变换范围产生了较差的转换效率,但是依然得到了 20.5 dB 的 OSNR,这对 DPSK 信号而言依然可以保证其可接受的性能。

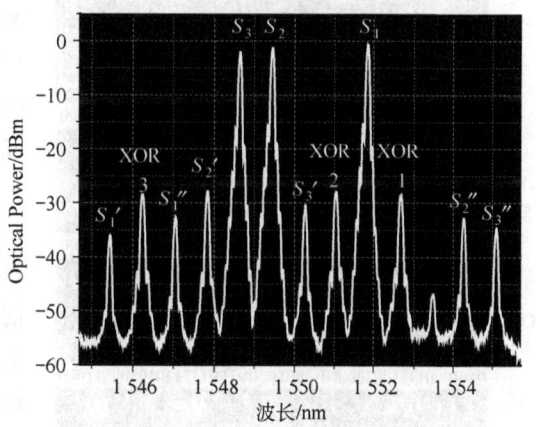

图 5-6 经过 QD-SOA 中 FWM 后的光谱图

表 5-2 经过 FWM 后所有信号光性能参数列表

| Signal | Wavelength/nm | CE/dB | OSNR/dB |
| --- | --- | --- | --- |
| $S_1$ | 1 551.9 | — | 54.6 |
| $S_2$ | 1 549.5 | — | 54.1 |
| $S_3$ | 1 548.7 | — | 52.8 |

续表

| Signal | Wavelength/nm | CE/dB | OSNR/dB |
| --- | --- | --- | --- |
| $S_1'$ | 1 545.5 | −35.8 | 20.5 |
| $S_1''$ | 1 547.1 | −32.3 | 24.3 |
| $S_2'$ | 1 547.9 | −26.7 | 29.1 |
| $S_2''$ | 1 554.3 | −31.4 | 23.2 |
| $S_3'$ | 1 550.3 | −28.8 | 27.0 |
| $S_3''$ | 1 555.1 | −34.0 | 21.7 |
| XOR1 | 1 552.7 | −27.5 | 27.5 |
| XOR2 | 1 551.1 | −25.9 | 29.2 |
| XOR3 | 1 546.3 | −27.8 | 27.7 |

接下来,通过示波器对三路原始信号和三路 XOR 门信号进行实时码型采集,共采集 50 个比特信息进行比对,从图 5-7 所示可以看出,生成的三路 XOR 门信号完全相同,并且每一位都是原始信号 $S_1$、$S_2$、$S_3$ 对应比特信息的 XOR 门运算的结果,也等效于三路原始信号比特信息逻辑相加的结果,从而成功证明了光域 XOR 门方案。需要注意的是,在进行光域逻辑门的方案中,进入 QD-SOA 之前需要将每一路信号对齐,通过调节延时线保持三路 DPSK 信号中的每一比特信息一一对应,才能成功实现逻辑运算,否则将无法得到与理论相一致的结果。

最后,我们通过 BERT 对背靠背的原始信号、经过 FWM 的原始信号以及生成的 XOR 门信号进行了 BER 性能测试,如图 5-8(a)所示,所有信号都实现了无误码($<10^{-9}$)的性能,并且与背靠背的原始信号相比功率代价都小于 1.0 dB,插图是通过示波器采集到的眼图,清晰的眼图轨迹和较好的眼张开度证明了信号具有良好的质量。同时测试了另外六路闲频光,依次按照理论分析的结果对他们进行 BER 统计,从统计结果可以看出所有信号的

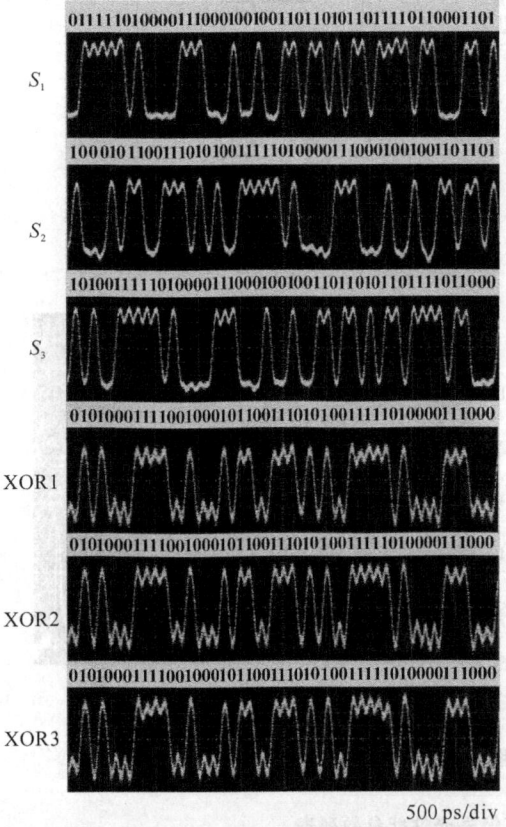

图 5-7 三路原始信号和三路 XOR 门信号实时采集的整齐对应的码型图(50 bit)

BER 也都小于 $10^{-9}$,这证明了它们的确是各自原始信号的组播信号,在 −29.5 dBm 处采集了它们的眼图,优质的眼图同样证明了六路组播信号良好可用。

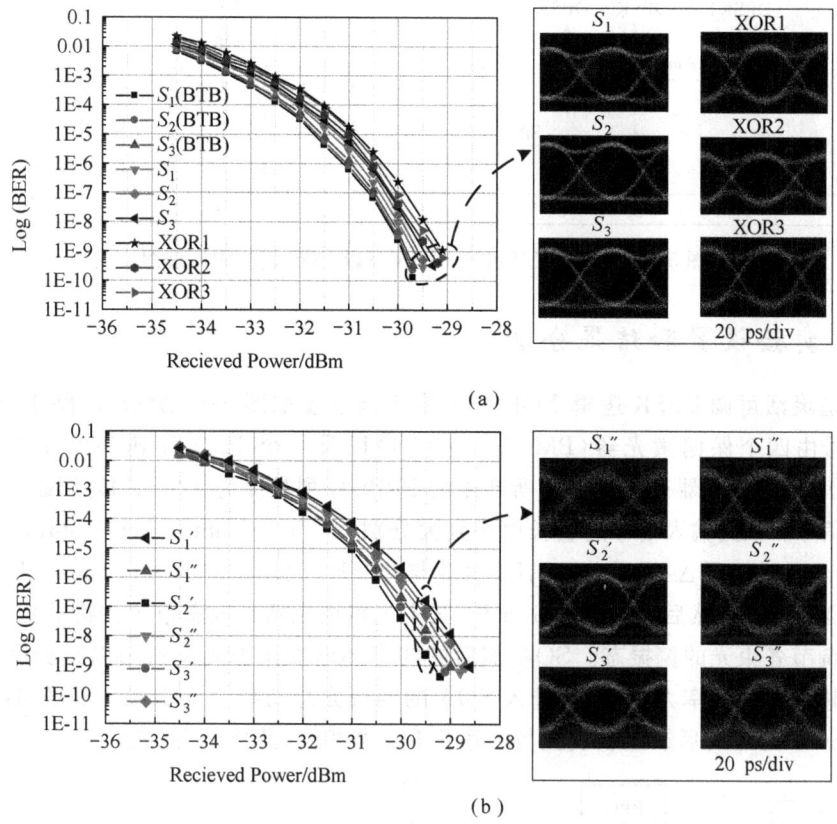

图 5-8 经过 QD-SOA 中 FWM 后所有信号的在不同接收光功率下的 BER 曲线及对应信号的眼图

## 5.2 基于 SOA 的四通道灵活可调 DPSK 逻辑 XOR 门方案

为了进一步证明和验证 5.1 小节中方案的可扩展性，本小节基于普通体结构 SOA 提出并实验验证了适用于弹性光网络的灵活可调的四路 DPSK 信号的全光逻辑多通道 XOR 门方案，实现了针对四路 10 Gbit/s DPSK 信号中任意三路信号逻辑 XOR 门的 1-2 的输出[4-2]。

### 5.2.1 操作原理

四通道灵活可调 DPSK 逻辑 XOR 门方案原理如图 5-9 所示，此方案基于四束光之间的四波混频效应实现，非线性介质为普通体结构 SOA 样片（CIP：SOA-XN-OEC-1550）。四路输入光分别为 $f_1$ DPSK1，$f_2$ DPSK2，$f_3$ DPSK3 以及 $f_S$ DPSK4，四束光在 SOA 中发生简并以及非简并 FWM 过程，生成如图 5-9 所示的新频率的闲频光，由 5.1 节原理可知，$f_{123} \sim f_{231}$，$f_{S13} \sim f_{S31}$，$f_{S12} \sim f_{S21}$，$f_{S23} \sim f_{S32}$ 分别是（DPSK1，DPSK2，DPSK3），（DPSK1，DPSK3，DPSK4），（DPSK1，DPSK2，DPSK4）和（DPSK2，DPSK3，DPSK4）的逻辑 XOR 门，从而实现了四路 DPSK 信号输入时针对任意三路信号的逻辑 XOR 门 1-2 的输出。

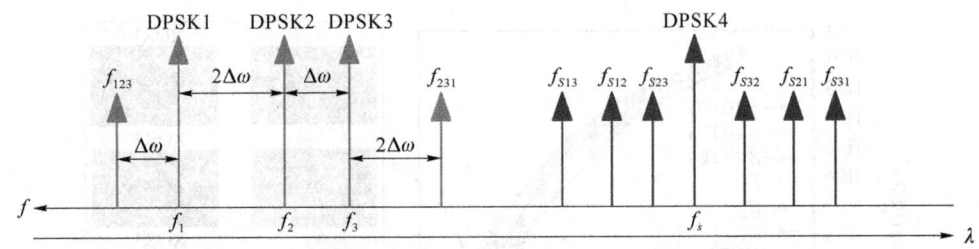

图 5-9 四通道灵活可调 DPSK 逻辑 XOR 门方案原理图

## 5.2.2 实验设置和结果分析

四通道灵活可调 DPSK 逻辑 XOR 门方案实验设置如图 5-10 所示,四路 10 Gbit/s 的 DPSK 信号由四个保偏激光器(PM-TL1～TL4)以及一个 12.5 G 速率的 PPG(Anritsu MP1761B)和 IQ 调制器产生。PPG 所产生的 PRBS 序列长度为 $2^{15}-1$,IQ 调制器其中一个臂不加载信号。四路输入信号的波长由小到大分别为 1 541.7 nm,1 543.4 nm,1 544.2 nm, 1 550.6 nm,通道间隔 $\Delta\omega$ 为 0.8 nm,DPSK3 与 DPSK4 之间的间隔为 6.4 nm。四路信号产生后用 EDFA 放大,然后通过 AWG 分开,其中三路用光延时线做数个比特的延时,偏振控制器用于调节各束光的偏振态。SOA 前后的两个环形器作为隔离器用以减少反射造成的串扰。各输入光的功率大小相同,进入 SOA 的四束光总功率为 5 dBm。SOA 偏置电流为 500 mA,SOA 之后的后续接收装置与本章第 5.1 节相同,此处不再赘述。

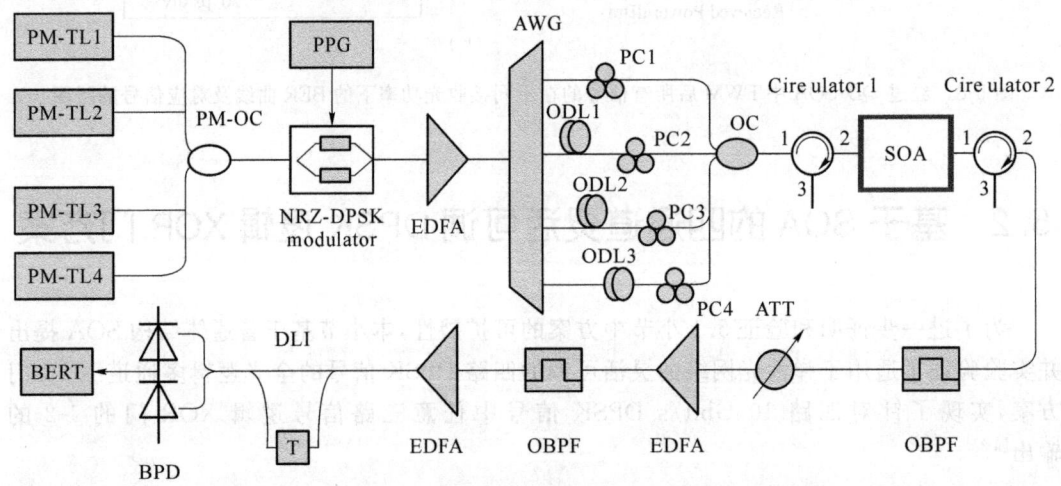

图 5-10 四通道灵活可调 DPSK 逻辑 XOR 门方案实验装置图

PM-TL—保偏激光器;PM-OC—保偏耦合器;EDFA—掺铒光纤放大器;AWG—阵列波导光栅;ODL—光纤延时线;PC—偏振控制器;OBPF—光滤波器;ATT—衰减器;DLI—延时线干涉仪;BPD—平衡探测器;Circulator—环形器

SOA 输出端光谱图如图 5-11 所示,从图中可以看出,各个频率分量均成功生成。图 5-12 和图 5-13 分别给出了输入四路 DPSK 信号以及新生成的 XOR 频率分量的眼图。从图 5-13 中可以看到眼睛清晰的轨迹和较好的张开度,证明了新生成的各路逻辑 XOR 信号具有良好的质量。为了进一步验证各路新生成信道与输入信号的逻辑关系,图 5-14 给出了各输入和输出信号的实时波形图,从图中可以看出各路输出信号与输入信号对应满足逻辑 XOR 关系。

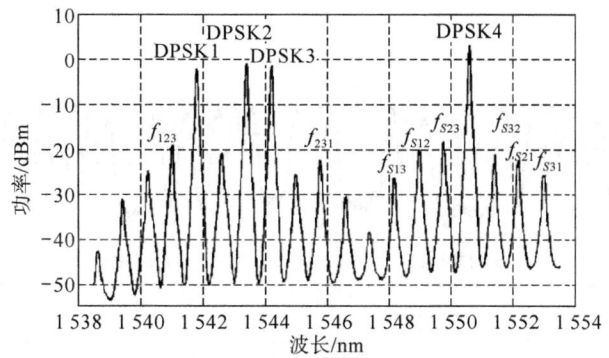

图 5-11　SOA 输出端光谱图

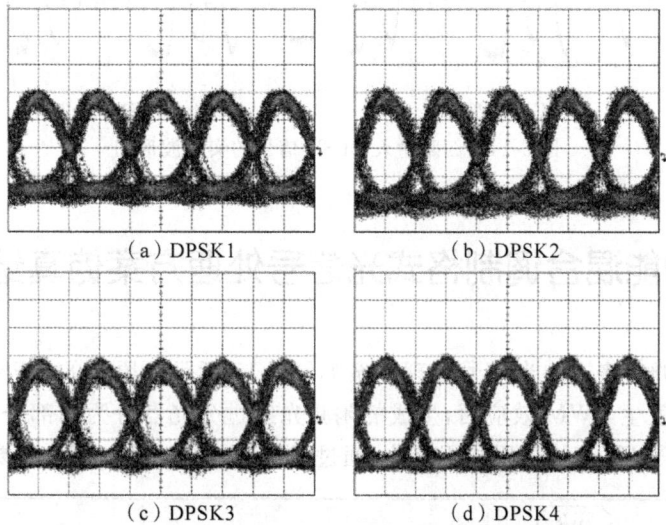

图 5-12　四路输入 DPSK 信号的眼图

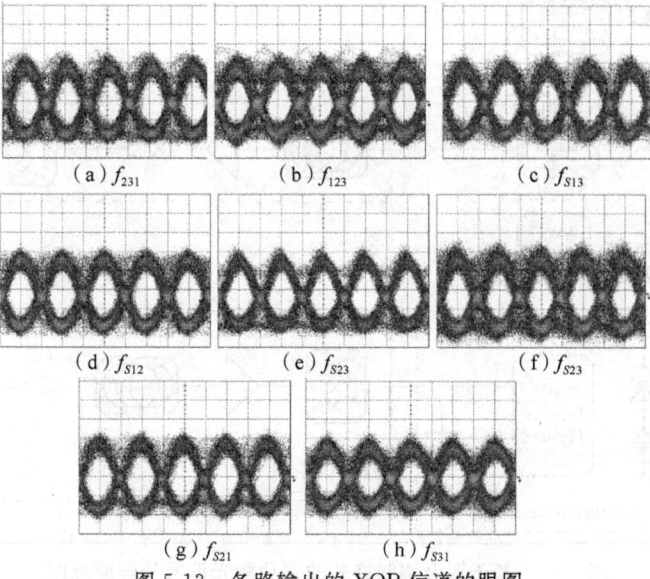

图 5-13　各路输出的 XOR 信道的眼图

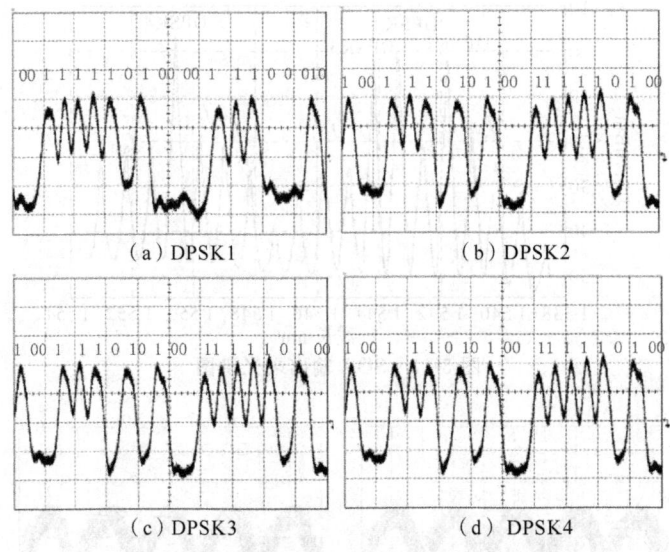

(a) DPSK1　　　　　　　　(b) DPSK2

(c) DPSK3　　　　　　　　(d) DPSK4

图 5-14　四路输入 DPSK 信号的实时波形图

## 5.3　多功能混合调制格式光信号处理方案仿真结果及分析

多功能混合调制格式的光信号处理方案如图 5-15 所示。原始的 QPSK、BPSK 与 CW 耦合进 HNLF1，发生 FWM 效应后，生成的闲频光经过分光器分为两部分：第一部分信号，采用 BPF 滤出信号后，直接采用相干接收，通过示波器分析。这一部分主要用于验证组播、

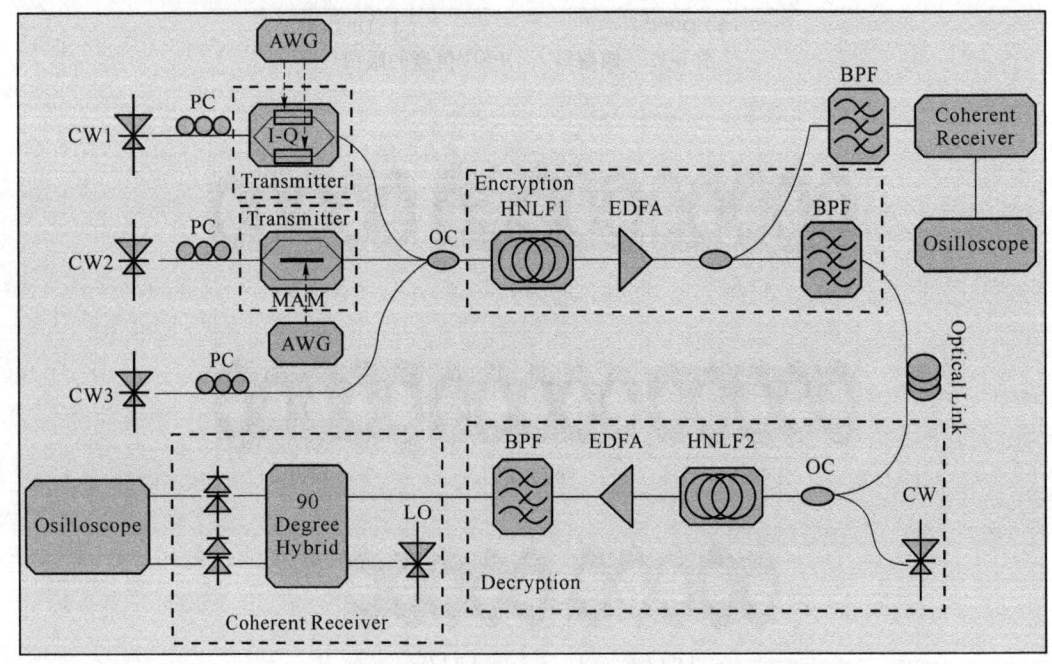

图 5-15　基于混合调制格式的多功能光信号处理原理图

波长变换、格式变换和 HFM-XOR 的功能。另一部分经过滤波器得到两路加密信号,该部分主要验证双通道光加密/解密方案的可行性。随后,加密信号经过光纤传输到目的地。在目的地,加密信号与和本地产生的 CW 光一起耦合进入 HNLF2。本地产生的 CW 光的波长为 1 551.72 nm,功率为 8.5 dBm。在 HNLF2 中,同理发生 FWM 效应,产生闲频光信号,经过 EDFA 放大。BPF 滤出解密信号,采用相干接收分析解密信号,然后进行结果分析。

我们得到了在 HNLF1 输出端的光谱图,如图 5-16 所示。从光谱图中可以看出,我们生成了原理中讨论的光信号。比如,组播信号 $S_2'$ 和 $S_2''$,波长变换信号 $S_1'$,格式变换信号 $S_5$ 等。图 5-17 为在 HNLF2 输出端的光谱图,我们能观察到解密信号 $S_1''$ 和 $S_2'''$。按照仿真的逻辑,我们接下来分两部分加以讨论。

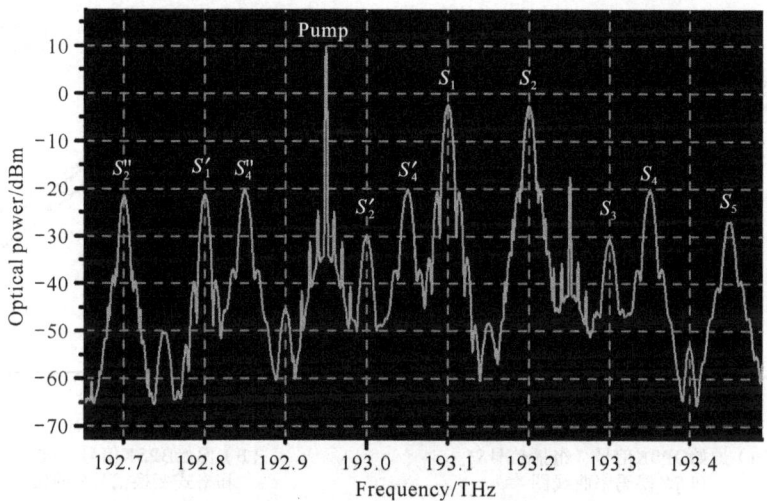

图 5-16 HNLF1 输出端的光谱图

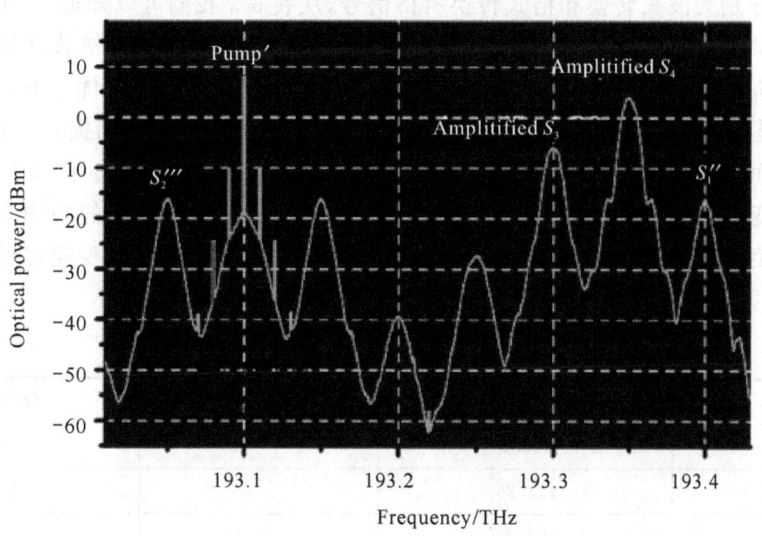

图 5-17 HNLF2 输出端的光谱图

### 5.3.1 WDM 组播、波长转换和调制格式转换仿真结果分析

我们通过分析光谱图 5-16,得到了表 5-3 所示的测量数据。我们测量信号的 OSNR 和信号的 CE。从表 5-3 中,我们观察到经过 HNLF1 所产生的闲频光信号的转换效率不小于 $-26$ dB,OSNR 不小于 18 dB。$S_2'$ 和 $S_2''$ 为 WDM 组播信号,我们测量了对应的误码率曲线,如图 5-18(a)所示。我们同样在背对背情况下测量原始的 BPSK($S_2$)的误码率曲线。与原始的 BPSK 信号相比,我们发现 WDM 组播信号在 BER 为 $10^{-3}$ 的情况下,其 OSNR 代价最大为 0.8 dB。图 5-19 的(a)和(b)为 WDM 组播信号 $S_2'$ 和 $S_2''$ 的星座图,我们可以观察到转换的 WDM 组播信号具有清晰的眼图。所以,我们得到性能良好的 QPSK 调制格式 1-3 的 WDM 组播信号,验证了 WDM 组播信号方案的可行性。

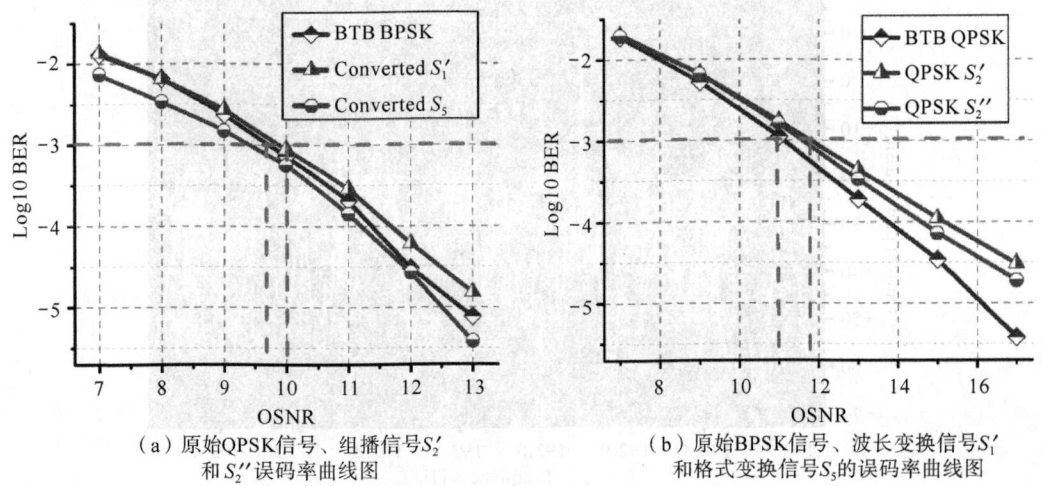

(a) 原始 QPSK 信号、组播信号 $S_2'$ 和 $S_2''$ 误码率曲线图

(b) 原始 BPSK 信号、波长变换信号 $S_1'$ 和格式变换信号 $S_5$ 的误码率曲线图

图 5-18 误码率曲线图

$S_1'$ 和 $S_5$ 分别为波长转换和格式转换所得信号,从表 5-3 我们可以知道,$S_1'$ 和 $S_5$ 都具有相对较高的 OSNR,转换效率在 $-21$ dB$\sim -26$ dB 之间。图 5-18(b)为格式转换信号 $S_1'$ 和波长转换信号 $S_5$ 的误码率曲线图。我们可以观察到信号 $S_5$ 的性能要略微优于 BTB 的 BPSK 信号。其原因是 $S_5$ 为 QPSK 信号格式变换转化而来,$S_5$ 信号的灵敏度得到提升。对于波长转换信号 $S_1'$,我们可以看出在误码率为 $10^{-3}$ 的时候,其 OSNR 代价为 0.3 dB。图 5-19 的(c)和(d)分别为波长变换信号 $S_1'$ 的眼图和格式变换信号 $S_5$ 眼图。清晰的张开的眼图表明转换信号 $S_1'$ 和 $S_5$ 具有良好信号质量。经过以上分析,我们发现波长变换和格式变换已经得到仿真验证。接下来,我们将继续分析光加密/解密方案的可行性。

表 5-3 信号参数特性

| Signals | Wave/THz | CE/dB | OSNR/dB |
|---|---|---|---|
| $S_1$ | 193.1 | — | 46.93 |
| $S_2$ | 193.25 | — | 46.87 |
| $S_4$ | 193.35 | $-19.42$ | 27.45 |
| $S_4'$ | 193.05 | $-19.65$ | 27.22 |

续表

| Signals | Wave/THz | CE/dB | OSNR/dB |
|---|---|---|---|
| $S_4''$ | 192.85 | −19.36 | 27.51 |
| $S_2'$ | 193.0 | −27.19 | 19.68 |
| $S_2''$ | 192.7 | −22.14 | 24.73 |
| $S_1'$ | 192.8 | −21.44 | 25.43 |
| $S_3$ | 193.3 | −28.59 | 18.28 |
| $S_5$ | 194.5 | −25.46 | 21.41 |

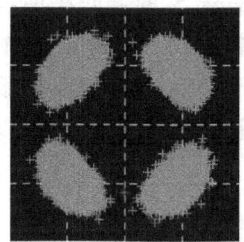 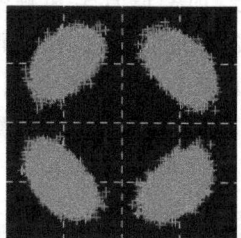  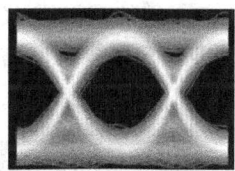

(a) 组播信号$S_2'$星座图　　(b) 组播信号$S_2''$星座图　　(c) 波长变换信号$S_1'$眼图　　(d) 格式变换信号$S_5$眼图

图 5-19　星座图和眼图

## 5.3.2　基于混合调制逻辑门双通道光加密方案仿真结果分析

为了便于我们的仿真分析，我们把两次 FWM 所得光谱图画在一起，并截取与光加密/解密相关部分，如图 5-20 所示。经过第一次 FWM 效应，原始的 BPSK 和 QPSK 信号被加密 HFM-XOR 信号$S_3$和$S_4$，如图 5-20 中蓝色曲线中标记的。经过第二次 FWM 效应，我们得到解密信号 $S1'''$和 $S2'''$。我们可以观察到信号 $S1'''$和 $S2'''$ 的光谱形状大致与原始信号$S_1$和$S_2$相符。由于$S_3$和$S_4$经过放大处理，我们这里不继续测量的解密信号的 OSNR 和|CE|。

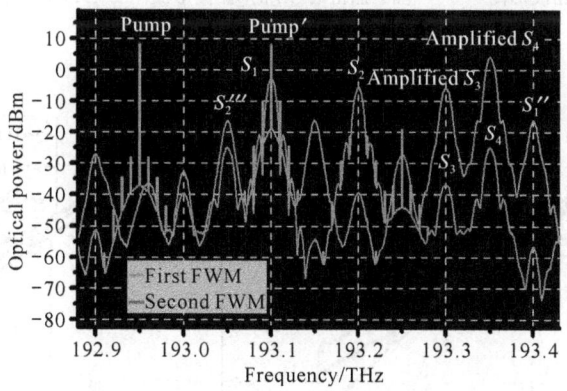

图 5-20　HNLF1 和 HNLF2 输出端光谱图

为了便于结果讨论，我们画出了原始信号、加密信号和解密信号之间比特序列，如图 5-21 所示。图 5-21(a)、(d)、(g)分别为原 BPSK、原 QPSK 信号 $I$ 路、原始 QPSK 信号 $Q$ 路波形图。图 5-21(b)、(e)、(h)分别为加密的信号$S_3$、加密信号$S_4$的 $I$ 路、加密信号$S_4$的 $Q$ 路波形图。图 5-21(c)、(f)、(i)分别为解密信号 $S_1''$、解密信号 $S_2'''$ 的 $I$ 路、解密信号 $S_2'''$ 的 $Q$ 路波形图。我们主要对比原信号与解密信号比特序列。对比图 5-21 中的(a)、(d)、(g)和 3-23 中的(c)、(f)、(i),我们解密得到原 BPSK 和 QPSK 信号。图 5-22 测量了误码率曲线图。图 5-22(a)为原 QPSK 信号、加密信号 $S_4$ 和解密信号 $S_2'''$ 的误码率曲线图。从中可以看出,加密信号 $S_4$ 相比于原始 QPSK 信号,它的信号质量略微下降,解密信号 $S_2'''$ 相比于加密信号 $S_4$ 再次下降。由于 FWM 中存在其他非线性效应和噪声影响,该下降趋势是正常的。我们可以观察到解密信号 $S_2'''$ 在误码率为 $10^{-3}$ 时,它的 OSNR 代价小于 1dB。图 5-23(a)和(b)分别为加密信号 $S_4$ 星座图和解密信号 $S_2'''$ 星座图。从中可以发现,相比于加密信号 $S_4$ 的星座图,解密信号 $S_2'''$ 星座图更发散了,与误码率曲线的规律一致。但是,整体来说,星座图比较集中,信号性能好。图 5-22(b)为原 BPSK 信号、加密信号 $S_3$ 和解密信号 $S_1''$ 的误码率曲线图,同样,加密信号 $S_3$ 和解密信号 $S_1''$ 都呈现逐级下降的特点。在误码率为 $10^{-3}$ 处的时候,解密信号 $S_1''$ 的 OSNR 代价为 0.7 dB。图 5-23(c)和(d)为加密信号 $S_3$ 的眼图和解密信号 $S_1''$ 眼图,我们观察到解密信号 $S_1''$ 的眼图张开度略小于加密信号 $S_3$ 的眼图张开度,我们还是可以观察到清晰的"眼睛"。由此说明了双通道光加密方案的可行性。

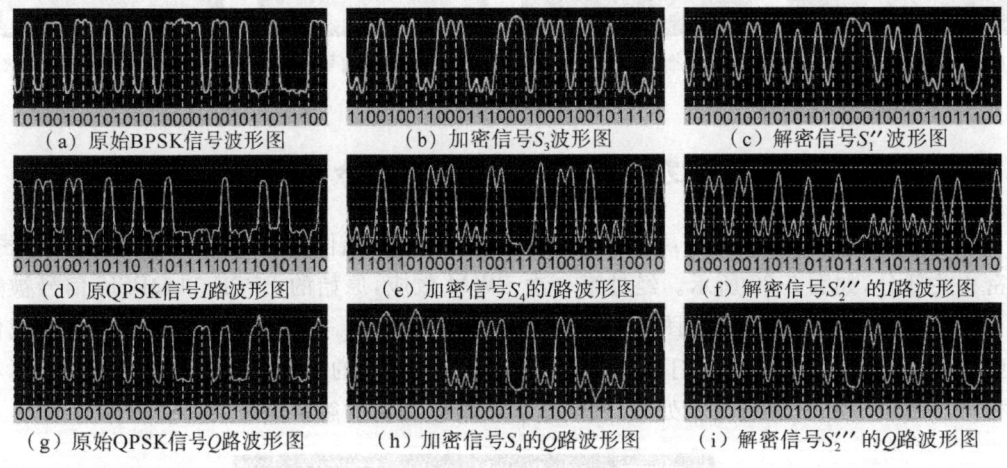

图 5-21 信号波形图

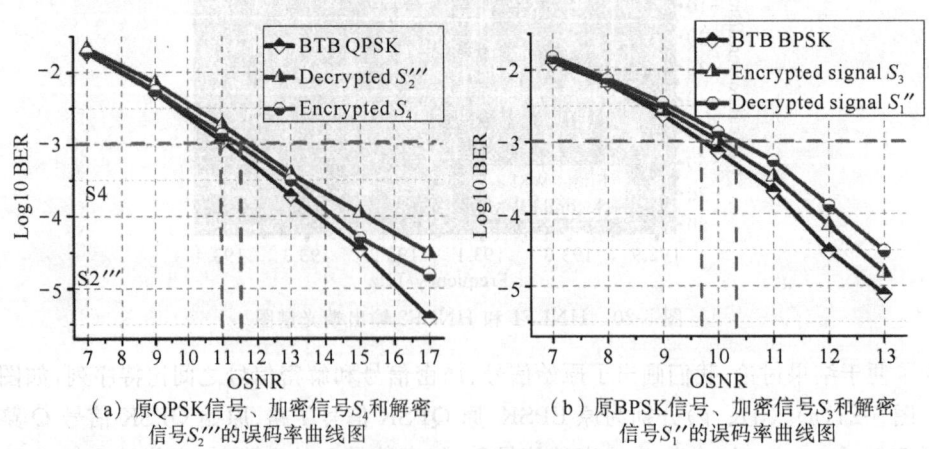

图 5-22 误码率曲线图

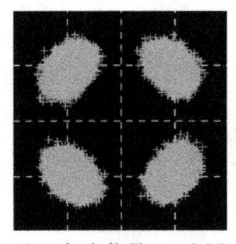 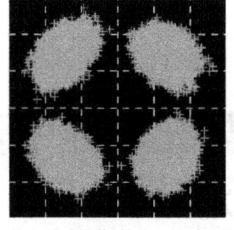  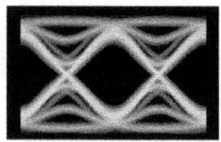

(a) 加密信号$S_4$星座图　　(b) 解密信号$S_2'''$星座图　　(c) 加密信号$S_3$的眼图　　(d) 解密信号$S_1''$的眼图

图 5-23　星座图和眼图

我们认为多功能的混合调制光信号处理方案是值得研究的,我们提出的多功能光信号处理方案也是可以实现的。从光谱图 5-20 可以看出,闲频光信号之间有合适的通道间隔,符合 ITU′s 标准。并且,上述的波形图、误码率曲线、OSNR、CE、星座图和眼图分析,都说明了该方案实现的可能性。然而,高非线性光纤中存在非线性效应,比如自相位调制(SPM)、受激布里渊散射(SBS)、交叉相位调制(XPM)等,会引入非线性相位噪声导致信号质量下降,加密和解密信号的 OSNR 代价就说明了该问题。此外,为了获得较高的 FWM 效率,我们要求输入信号具有较大的输入功率,需要精确控制信号的偏振方向。同时,由于通道数的增多,波长管理会变得更为复杂。因此,在实践中,我们需要精确控制信号光和 CW 光的偏振方向,选择非线性系数和转换效率高的非线性材料,精确的波长管理。这样,我们的多功能光信号处理方案便可实现。

# 第 6 章  光接入与光互连中灵活
# 可重构的光信号处理

本章首先针对 WDM 光接入网传统电域组播方案复杂、组播带宽小、资源利用率低等问题,提出了一种基于 SOA 中 FWM 效应的可重构下行多波长光域组播方案。实验结果表明,该方案无须改变 WDM 光接入网结构而将一个组播模块安装在 OLT 或者 RN 就可以提供方便可靠的组播服务;可以实现下行 10 Gbit/s DPSK 信号 1:6 可重构的多波长组播,各路组播信号的 BER 性能优于 FEC 阈值(BER=$3.8\times10^{-3}$)。不同组播数量的、更高数据速率和不同调制格式信号的多波长组播也能通过所提的方案实现。

此外,针对现有光互连结点带宽无弹性、系统不可重构,因而自适应性和灵活性差的问题,提出了两种城域光互连中软定义可重构的光信号处理方案:一是利用国内合作单位自主研制的基于 LCoS 的 TB-WSS,提出了一种软定义可重构的滤波方案;二是提出了一种城域光互连中软定义可重构的多波长组播方案,解决数据源与首跳网络结点间以及光互连结点波长冲突和组播需求的问题,实现可重构的多波长组播功能。以上方案都通过实验验证,可应用在软定义光互连架构中,实现软定义可重构的光交换、滤波、多波长组播等功能,使光互连网络具有更强的自适应性和灵活性。

## 6.1  WDM 光接入网的多波长组播方案

本节设计了一种基于 SOA 中 FWM 效应的组播模块,并根据这个模块提出了一种可重构的 WDM 光接入网多波长组播方案。该方案适合处理 WDM 光接入网中大带宽、实时性强的组播业务,具有快速的服务配置和较高的资源利用率,并且在因激光器或调制器失效而造成的网络灾难或者大数据迁移情况下可以起到物理硬件备份的作用。这种多波长组播方案不需要改变现有 WDM 光接入网的结构就可以提供方便可靠的组播服务和应急保护,可以将组播模块安装在 OLT 端或者 RN 端以适应 PON 或者 AON 的结构。基于所提方案,实验验证了在 20.2 km SMF 馈线距离的 WDM 光接入网中,将组播模块分别置于 OLT 端和 RN 端时,可以实现 10 Gbit/s DPSK 信号可重构的 1:6 多波长组播。更多可重构、更高数据速率的多波长组播以及其他调制格式信号的多波长组播也能通过所提的方案实现。

### 6.1.1  WDM 光接入网下行多波长组播的意义

近年来,随着多媒体视讯、视频会议、网络电视等业务的发展,点到多点或多点到多点的组播通信得到了广泛研究。多媒体视讯组播等应用需求将会更多地出现在以后的接入网中。

WDM光接入网中的组播主要是指OLT可以选择性地向部分ONU传送相同的数据流。

目前WDM光接入网中的组播方法主要有：增加额外的光源进行组播、副载波调制组播业务、将组播业务和单播业务进行偏振复用(PM)、将单播信号和组播信号采用正交的调制方式进行复用等。这些方法都需要把组播数据额外地调制在一个或几个波长信道后再进行组播，属于电域的组播，而且实现复杂、成本要求高，需要在组网的时候就要考虑到依赖于特定的工作方式，可能会影响未来WDM光接入网的升级工作。同时由于大带宽业务传输的要求，需要探索支持WDM光接入更高速、高效的组播技术。光域上的多波长组播技术，在光域上把信息从一个波长直接复制到其他若干波长上，可以支持WDM光接入网高速、实时和高效的组播服务。所以，研究WDM光接入网下行多波长组播对于克服现有WDM光接入网组播方案实现复杂及成本高等缺点、提高接入网组播服务效率具有重要意义。

## 6.1.2 方案设计

图6-1(a)所示为典型点到多点的WDM光接入网结构，图6-1(b)所示为传统的WDM组播方式，图中黑色圆点为相同的数据源，即在不改变网络结构和添加其他措施的情况下，要实现OLT到ONU端的组播，需要在OLT端将组播信息调制到特定的波长信道后传送到相应的ONU，需要多个相同的数据源，功耗大、运营成本高。而对于一些大带宽、突发性和实时要求强的组播业务，如远程医疗，高清直播、视频会议等，可以在WDM光接入网中进行多波长组播，把某一数据源的信息从一个波长通道光域上直接复制到其他若干波长上，这样有助于减少OLT端的重复调制工作，减少OLT端功耗，实现资源利用率高和快速服务的组播功能。如图6-1(c)和(d)所示，对于WDM光接入网，本书设计了从OLT端复制光信号的多波长组播方案和从RN端复制光信号的多波长组播方案，两种方案都只需要在光域上把需要进行组播的信息从一个下行波长信道直接复制到其他若干波长信道上，有助于快速分发内容和提高网络资源利用率。

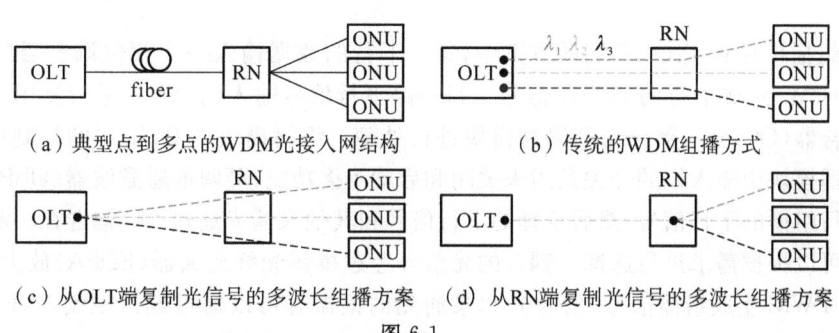

图6-1

本节方案使用DPSK信号作为接入网下行信号的调制格式。相比传统的OOK调制，DPSK信号具有更强的抗非线性效应能力、更高的频谱效率、更强的抗色度色散、偏振模色散能力、更低的光功率需求等优点，所以将DPSK信号作为下行调制格式进行功能处理研究是很有意义和必要的。

本书所设计的基于SOA中FWM效应的组播模块结构如图6-2(b)所示。图6-2(c)(d)分别为将组播模块置于OLT端、RN端的WDM光接入网结构框图，分别可以应用在PON、AON结构。

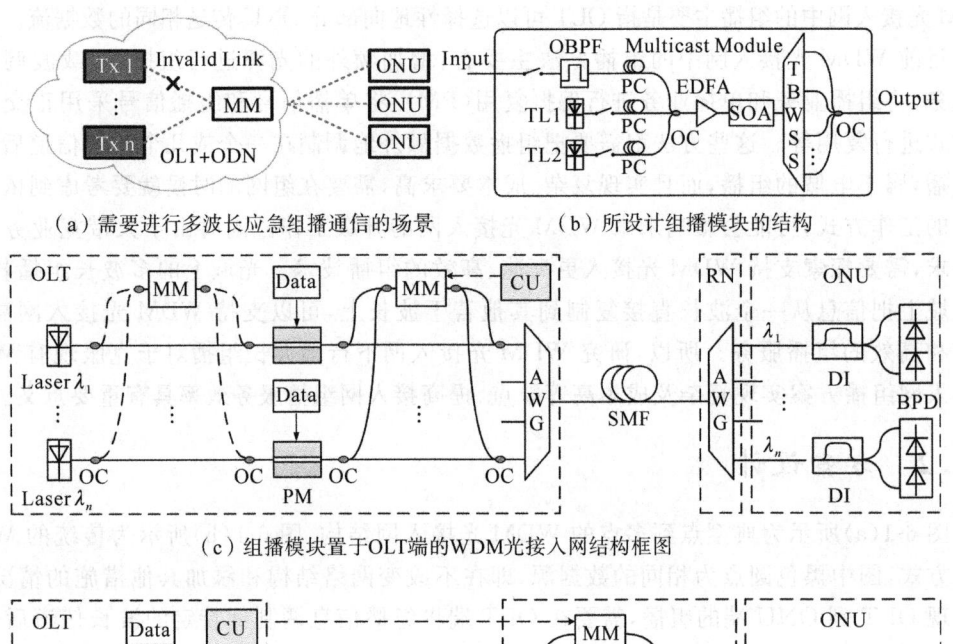

(a) 需要进行多波长应急组播通信的场景　　(b) 所设计组播模块的结构

(c) 组播模块置于OLT端的WDM光接入网结构框图

(d) 组播模块置于RN端的WDM光接入网结构框图

图 6-2

在将组播模块置于OLT端的方案中,每一下行的数据输入一个相位调制器(PM)去调制连续光(CW)生成下行的DPSK信号。每一路下行信号输入到AWG进行复用之前,都通过一个耦合器(OC)分一部分光到组播模块进行处理。组播模块受OLT端的控制单元(CU)控制。组播模块中输入端的开关是用来关闭和启动组播功能,可调带通滤波器(OBPF)用来选择需要进行组播的下行信号,然后选择的下行信号和其他泵浦光通过OC耦合在一起,而泵浦光的数量可以根据需求进行选择。耦合的光信号经过掺铒光纤放大器(EDFA)放大后输入到SOA进行FWM生成组播信号,信号光和泵浦光的偏振态可以通过偏振控制器(PC)进行控制。生成闲频光的数量与输入信号光、泵浦光的功率、波长、偏振状态有关,可以根据相位匹配原理和能量守恒定理,合理调整信号光和泵浦光的波长位置使得生成的闲频光得以复制原信号光的信息并输入所需的组播波长信道。图 6-3 给出了基于SOA中FWM效应实现可重构的1-6、1-7 的多波长组播物理机制及带宽分配,其满足 ITU-T 标准。以图 6-3(a)为例,输入信号光 $S$ 和泵浦光 $P_1$、$P_2$ 进入到 SOA 发生 FWM,生成了 $M_1$、$M_2$、$M_3$、$M_4$ 和 $M_6$ 这 5 个包含原输入信号信息的闲频光,根据 FWM 理论得到这五个闲频光满足如下的频率和相位关系。

$$f_{abc} = f_a + f_b - f_c \tag{6-1}$$

$$\theta_{abc} = \theta_a + \theta_b - \theta_c \tag{6-2}$$

式中，$f_{abc}$ 和 $\theta_{abc}$ 是新生成的闲频光的频率和相位（$a\neq c$,$b\neq c$,$a$,$b$,$c$ 分别代表输入的信号光和泵浦光），泵浦光的相位可以视作 0。连同原始输入的下行信号，可以实现 1-6 的多波长组播。其他不同的多波长组播也可以通过其不同泵浦方式实现，如图 6-3(b)、(c)、(d)所示方式 2 的 1-6 组播、方式 3 的 1-6 组播、1-7 组播。由于 WDM 对数据格式和协议透明，直接在光层实现多波长的组播将是非常有效的组播方式，利用 SOA 的 FWM 效应在 WDM 光接入网中实现光域的多波长组播，可以通过 FWM 操作中改变信号光和泵浦光的波长设置，灵活产生需要组播的信号，实现可重构化。然后，通过一个可调带宽波长选择开关(TB-WSS)从生成的闲频光中选择所需的组播信号。最后，通过分光器将组播模块的输出端与 AWG 的输入端相连，将组播信号与单播信号进行复用后，注入单模光纤(SMF)传输。AWG 的信道间隔为 100 GHz。另外，如图 6-2(c)所示，也可将组播模块安装在调制器之前，从而利用原有的激光光源通过 FWM 效应生成新的光源以作为应急措施应对光源故障的情况。在接收端，另一个波长信道间隔为 100 GHz 的 AWG 用来对传输来的信号进行解复用。在每一个 ONU 中，通过一个马赫增德尔干涉仪(MZI)和一个平衡探测器(BPD)对信号进行解调和检测。

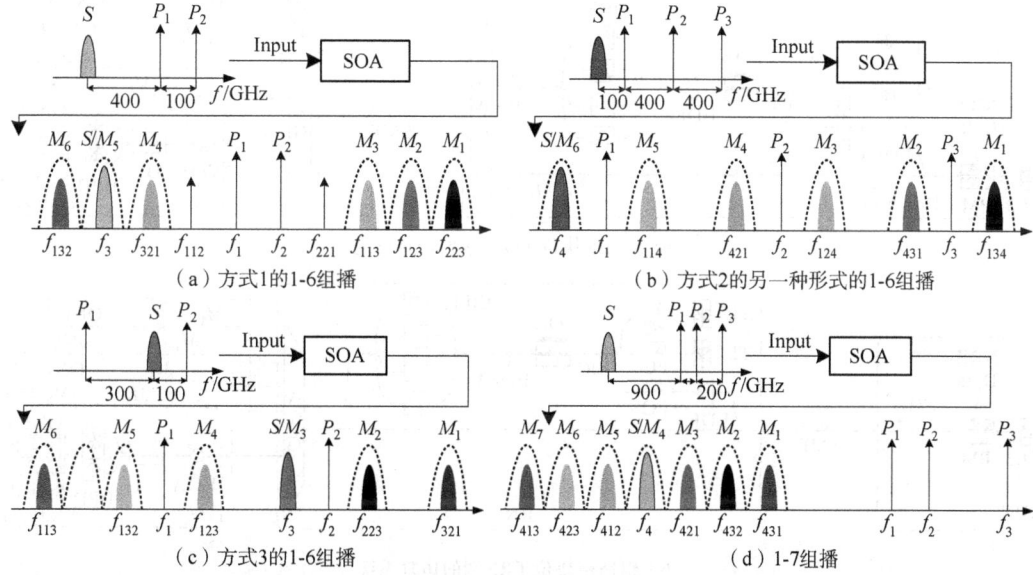

图 6-3 基于 SOA 中 FWM 效应实现可重构的多波长组播的物理机制及组播带宽分配（满足 ITU-T 标准）

将组播模块置于 RN 端的方案与上述方案相似，不同的是该方案将组播模块置于 RN 端，以已传输的下路信号作为组播模块的输入信号生成组播信号，然后通过 RN 端的 AWG 将单播、组播信号解复用到相应的 ONU 中。在该方案中，CU 还是安装在 OLT 端。

所提的这两种方案都不需要改变现有的 WDM 光接入网结构，而只需要将组播模块安装在特定位置就可以完成组播功能。与原下路信号相比，通过 FWM 效应生成的组播信号的质量要差，并且各个组播信号的质量都不一样，ONU 接收到的组播信号的质量会存在差异。所以这种组播方式并不是作为一种常态的通信状态，而是作为一种处理突发、大带宽和实时组播服务的应急措施，具有快速的服务配置和较高的资源利用率。当 OLT 端的激光器或调制器发生故障而造成网络灾难时，它也起物理备份的作用。可以将组播模块安置在 OLT 或 RN 端以适应 PON 或 AON 的结构。

## 6.1.3 仿真分析

在组播模块置于 OLT 端的仿真方案中,系统速率为 10 Gbit/s,可调谐激光器 3(TL3) 的中心波长为 1 548.51 nm(193.6 THz),经一个 PM 调制输出下行的 DPSK 信号,而其亦作为需要组播的信号。重复输入长度为 $2^{15}-1$ 的伪随机二进制序列(PRBS)数据。DPSK 信号进入组播模块经 EDFA 放大后与另外两个波长为 1 550.91 nm(193.3 THz)、1 547.71 nm(193.7 THz)的泵浦光 TL1、TL2 耦合输进 SOA。为了达到最大的 FWM 转换效率(CE),设置这三个输入光同样的偏振态。这三个输入光的总功率为 9 dBm,SOA 的偏置电流为 300 mA,生成的组播信号经过带宽为 10 GHz 的 OBPF 滤出后再耦合在一起并输入到 AWG 的输入端。SMF 的长度为 20 km,解复用的信号在相应的 ONU 中经 MZI 和 BPD 进行解调和检测后,输入到信号分析仪,测量其误码率(BER)和眼图。仿真中使用的主要仿真参数如表 6-1 所示,SOA 使用的参数和目前商用的 SOA 一致。

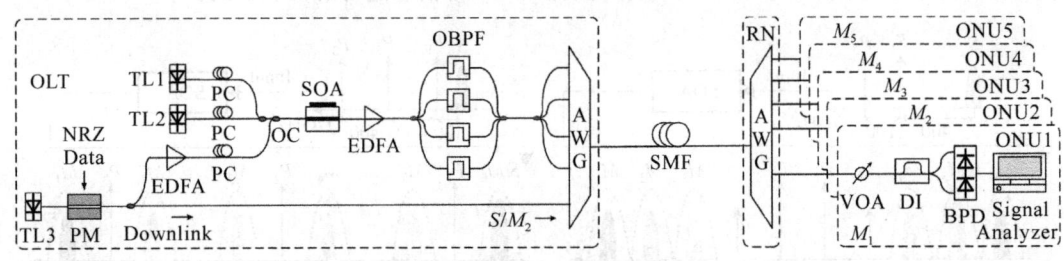

(a) 组播模块位于OLT端的仿真系统

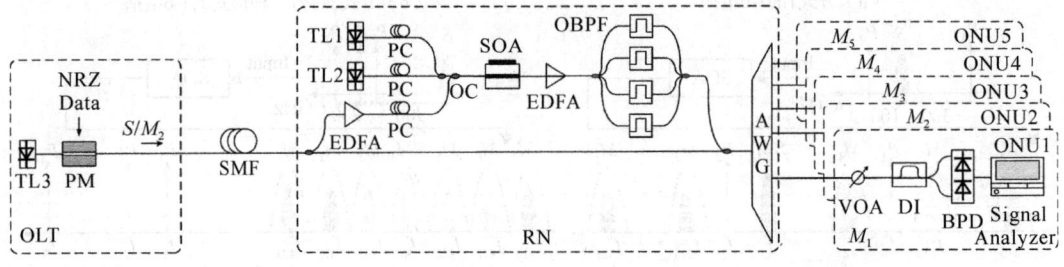

(b) 组播模块位于RN端的仿真系统

图 6-4 仿真分析图

表 6-1 仿真中使用的主要参数设置

| 参数名称 | 数值 |
| --- | --- |
| 泵浦光的波长 | TL1:1550.91 nm/193.3 THz<br>TL2:1547.71 nm/193.7 THz<br>TL3:1548.51 nm/193.6 THz |
| 激光器线宽 | $1\times10^5$ Hz |
| SOA 注入电流 | 300 mA |
| SOA 线宽增强因子 | 5 |
| SOA 长度 | 1.0 mm |

续表

| 参数名称 | 数值 |
| --- | --- |
| SOA 宽度 | 3.0 μm |
| SOA 高度 | 80 nm |
| SOA 内部损耗 | $40.0\times10^2/m$ |
| SOA 的透明载流子密度 | $1.4\times10^{24}\,m^3$ |
| SOA 材料增益 | $2.78\times10^{-20}\,m^2$ |
| OBPF 带宽 | 10 GHz |
| EDFA 增益 | 20 dB |

组播模块置于 RN 端的仿真方案与前者差不多,有所不同的是,该方案将组播模块安装在 RN 端,以已传输了 20 km 的下路信号作为组播模块的输入信号,生成组播信号。

图 6-5 给出了这两种仿真方案中 SOA 输出端的光谱图。理论上,这种泵浦方式可以生成 5 个组播信号,而由于仿真平台的限制,在这两种方案的仿真验证中只得到 3 个组播信号,分别为 $M_1$(1 546.91 nm),$M_3$(1 550.11 nm)和 $M_4$(1 551.71 nm),但是这 3 个组播信号的波长都与理论分析一致。同时,本次仿真主要研究的是通过 FWM 产生的组播信号的质量情况,所以仿真组播信号数量并不限制本章研究,而且本章会在 6.1.4 节中进行实验验证,更详细对方案的可行性进行更详细的研究。仿真中生成的组播信号加上原始输入 DPSK 信号,可以实现 1-4 多波长组播。

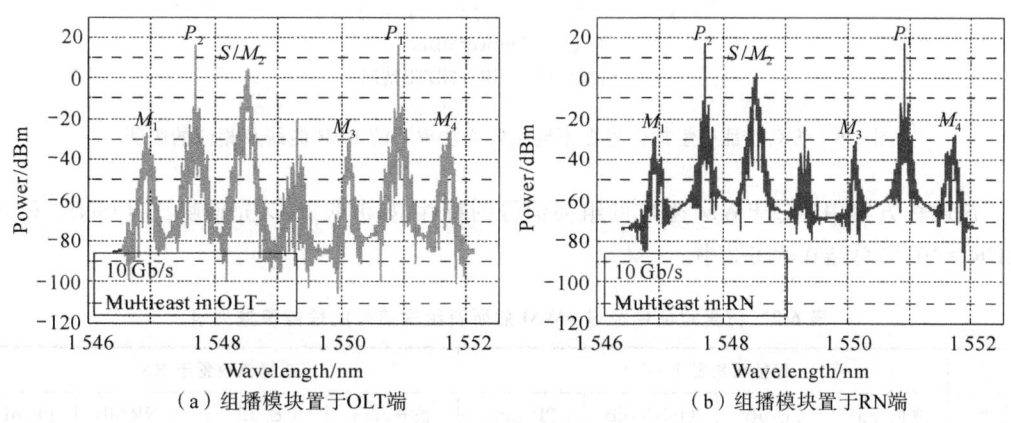

图 6-5 仿真验证中 SOA 输入端光谱

图 6-6 给出了仿真验证中这两种方案的组播信号在不同接收光功率下的 BER 曲线和相应眼图,其中图(a)为组播模块置于 OLT 端时 BTB 的情况,图(b)为组播模块置于 OLT 端时进行了 20 km SMF 传输的情况,图(c)为组播模块置于 RN 端时 BTB 情况。所有组播信号都能实现无误码(BER<$10^{-9}$)的性能。在第一种方案 BTB 情况下及经过 20 km SMF 传输后,生成的组播信号与原输入信号 $M_2$ 相比功率代价(PP)分别小于 0.5 dB 和 1 dB (BER=$10^{-9}$),在第二种方案 BTB 情况下,生成的组播信号与 $M_2$ 相比 PP 都小于 1.5 dB (BER=$10^{-9}$)。图 6-6 的插图是相应组播信号的眼图(BER=$10^{-9}$),清晰的眼图轨迹和较好的眼张开度都证明了组播信号具有良好的质量。

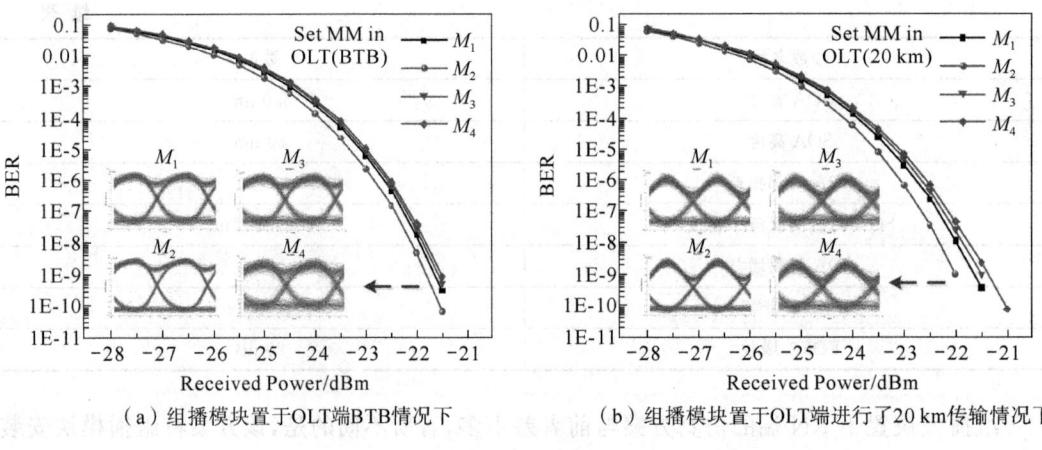

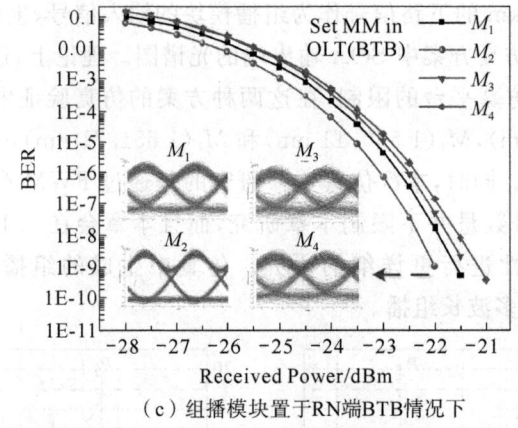

图 6-6 仿真验证中组播信号在不同接收光功率下的 BER 曲线及相应的眼图

这两种方案中经过 FWM 生成的组播信号的特性,如波长、CE、光信噪比(OSNR)和 PP(BER=$10^{-9}$)总结在表 6-2 中。

表 6-2 仿真验证中经过 FWM 后所有组播信号的性能参数列表

| 信号 | 组播模块置于 OLT | | | | 组播模块置于 RN | | | |
| --- | --- | --- | --- | --- | --- | --- | --- | --- |
| | 波长/nm | CE/dB | OSNR/dB | PP/dBm | 波长/nm | CE/dB | OSNR/dB | PP/dB |
| $M_1$ | 1 546.91 | −32.80 | 55.52 | 0.18 | 1 546.91 | −30.78 | 42.62 | 0.40 |
| $M_2$ | 1 548.51 | — | — | — | 1 548.51 | — | — | — |
| $M_3$ | 1 550.11 | −35.73 | 52.93 | 0.25 | 1 550.11 | −33.80 | 34.92 | 0.60 |
| $M_4$ | 1 551.71 | −41.72 | 46.60 | 0.30 | 1 551.71 | −40.52 | 32.88 | 0.83 |

## 6.1.4 实验结果分析

本节搭建了如图 6-8 所示的实验平台验证所提方案,图 6-7(a)、(b)分别为将组播模块置于 OLT 端和 RN 端的实验设置图。

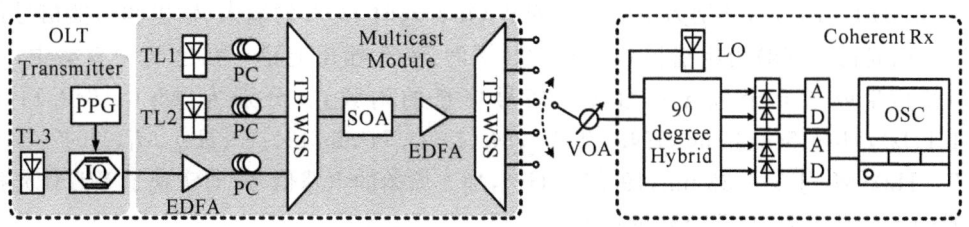

（a）组播模块置于OLT端的实验装置图

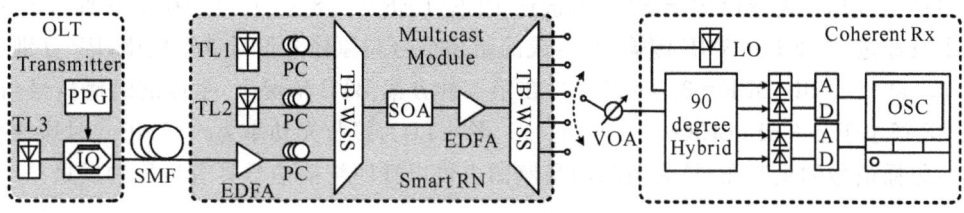

（b）组播模块置于RN端的实验装置图

图 6-7　组播模块的实验装置图

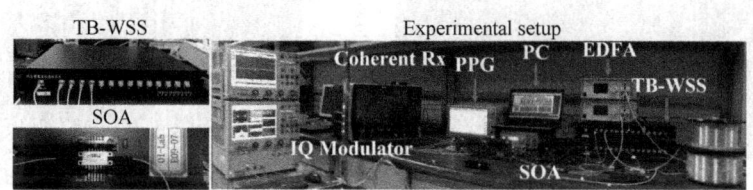

图 6-8　实验装置图

首先验证图 6-3 中方式 1 的 1-6 的多波长组播。在组播模块置于 OLT 端的方案中，从 TL3(ECL-EXFO-FLS 2800)的中心波长为 1 548.52 nm(193.6 THz)，线宽为 100 kHz，输入到 IQ 调制器调制输出需要组播的下行的 DPSK 信号。实验中，通过一个脉冲产生器(PPG)(Anritsu MP2101A)产生速率为 10 Gbit/s、长度为 $2^{15}-1$ 的 PRBS 数据。下行的 DPSK 信号经 EDFA 放大后与另外两个波长为 1 546.12 nm(193.9 THz)和 1 545.32 nm(194.0 THz)的泵浦光 TL1 和 TL2 通过一个 TB-WSS 复用在一起，这个 TB-WSS 的最小带宽和带宽设置分辨率分别为 15 GHz 和 6.25 GHz。复用的光信号的光功率为 5.42 dBm，SOA(CIP-NL-OEC-1 550)的偏置电流为 300 mA，组播信号通过这三个输入光在 SOA 中发生 FWM 效应产生。组播信号经过 20.2 km 的 SMF 传输。由于实验条件的限制，在接收端使用相干接收机(Agilent Technologies N4391A)对组播信号进行检测解调。在我们之前的实验中，我们使用过 MZI 和 BPD 对组播的 DPSK 信号进行解调和检测，而在这次实验中，如果组播信号的 CE 值和 OSNR 值与我们之前的实验效果相当，那么我们可以认为可使用 MZI 和 BPD 自相干检测去检测组播信号，以验证方案的可行性。实验中使用一个带宽为 33 GHz、采样速率为 80 GSa/s 的数字示波器采集信号的星座图，通过一个分辨率为 0.05 nm 的光谱分析仪采集信号的光谱。最后，通过离线处理的方法在 MATLAB 上统计组播信号的 BER 值。

而组播模块置于 RN 端的方案以经过 20.2 km SMF 传输的下路信号作为组播模块的输入信号生成新的组播信号。

图 6-9(a)、(b)、(c)分别为组播模块安装 OLT 端时 SOA 的输入、输出和组播信号传输 20.2 km 的光谱图,(d)为组播模块置于 RN 端时 SOA 输出光谱。在这两种方案中,通过 FWM 效应生成了 5 个包含原始输入信号信息的闲频光,分别为:$M_1$(1 542.14 nm, 194.4 THz),$M_2$(1 542.94 nm,194.1 THz),$M_3$(1 543.74 nm,194.1 THz),$M_4$(1 547.72 nm, 194.7 THz),$M_6$(1 549.32 nm,194.5 THz),加上原始的下路信号,即实现了 WDM 光接入网 1-6 的多波长组播,与理论分析一致。

图 6-10 给出了这两种方案的组播信号在不同接收光功率下的 BER 曲线,两种方案所有的组播信号都能表现出优于 FEC 阈值的 BER(BER<$3.8×10^{-3}$)。在第一种方案 BTB 情况下及经过 20.2 km SMF 传输后,生成的组播信号与原输入信号 $M_5$ 相比,PP 分别小于 2.79 dB 和 2.25 dB(BER=$3.8×10^{-3}$),在第二种方案 BTB 情况下,生成的组播信号与 $M_5$ 相比 PP 都小于 2.3 dB(BER=$3.8×10^{-3}$)。图 6-11 为接收光功率为 −35 dBm 时这两种方案相应组播信号的星座图,较为清晰的星座图也可以证明组播信号具有良好的质量。

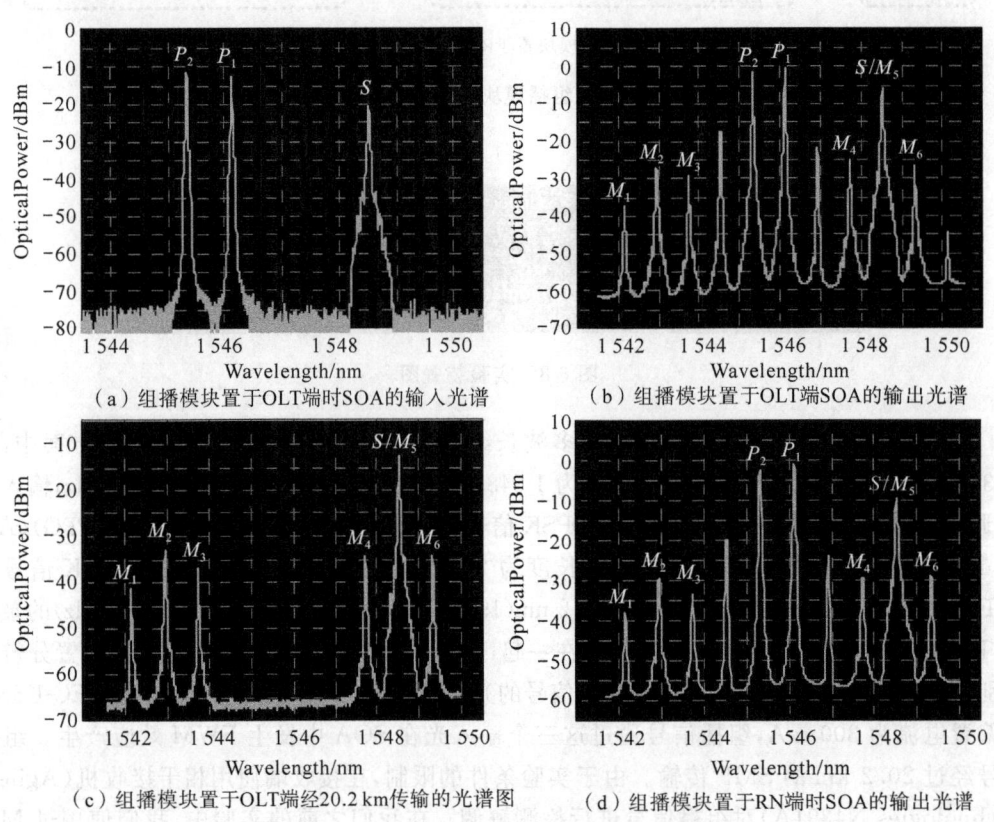

图 6-9 方式 1 的 1-6 多波长组播的光谱图

本章所提的方案可以通过改变信号光和泵浦光的波长、功率、偏振态,得到由 FWM 产生的不同特性的组播信号,包括数量、波长、OSNR 等特性,以实现可重构的多波长组播方案。所以,随后验证图 6-3 中方式 3 的 1-6 的多波长组播体现可重构性。设置 TL3 的波长为 1 548.52 nm(193.6 THz),泵浦光 TL1、TL2 的波长分别为 1 550.92 nm(193.3 THz)、1 547.71 nm(193.7 THz)。复用光信号的光功率为 5.89 dBm,SOA 的偏置电流仍为 300 mA,传输的 SMF 也是 20.2 km。

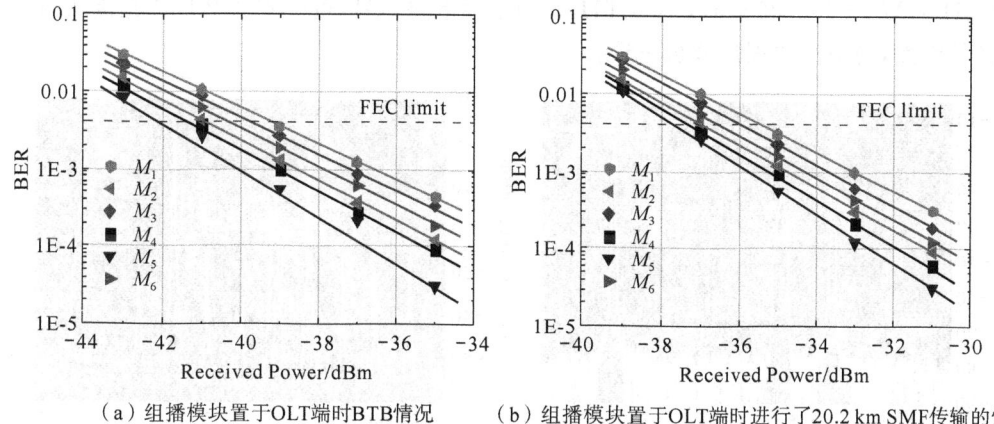

(a) 组播模块置于OLT端时BTB情况　　(b) 组播模块置于OLT端时进行了20.2 km SMF传输的情况

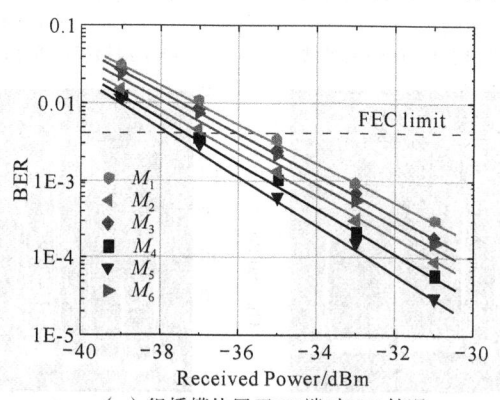

(c) 组播模块置于RN端时BTB情况

图 6-10　方式1的1-6多波长组播信号在不同接收光功率下的BER曲线

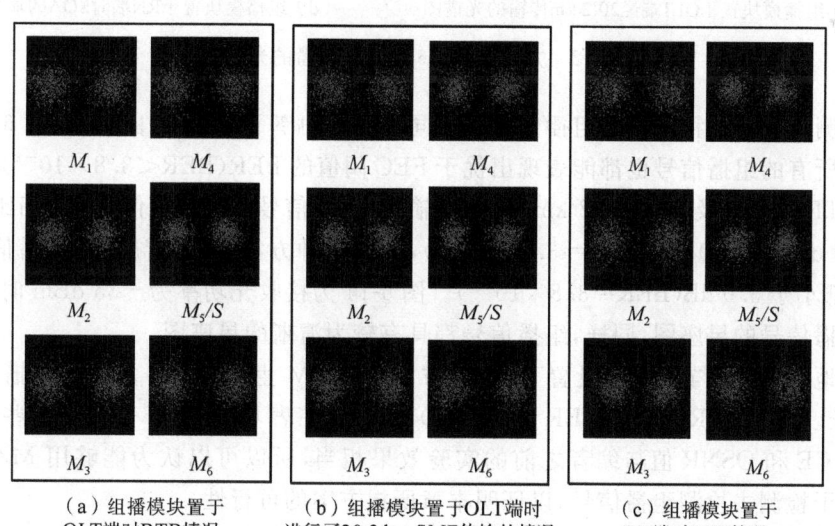

(a) 组播模块置于　　　　(b) 组播模块置于OLT端时　　　(c) 组播模块置于
OLT端时BTB情况　　　　进行了20.2 km SMF传输的情况　　　RN端时BTB情况

图 6-11　接收光功率为 -35 dBm 情况下方式1的1-6多波长组播信号的星座图

同样对这两种方案的组播光谱进行测量,如图 6-12 所示。在这种设置下,经过 SOA 中的 FWM 效应生成了 5 个包含原始输入信号信息的闲频光,分别为:$M_1$(1 545.32 nm, 194.0 THz),$M_2$(1 546.92 nm,193.8 THz),$M_4$(1 550.12 nm,193.4 THz),$M_5$(1 551.72 nm,

193.2 THz),$M_6$(1 553.32 nm,193.0 THz),加上原下路信号,可以实现 WDM 光接入网 1-6 的多波长组播,与前面的理论分析一致。

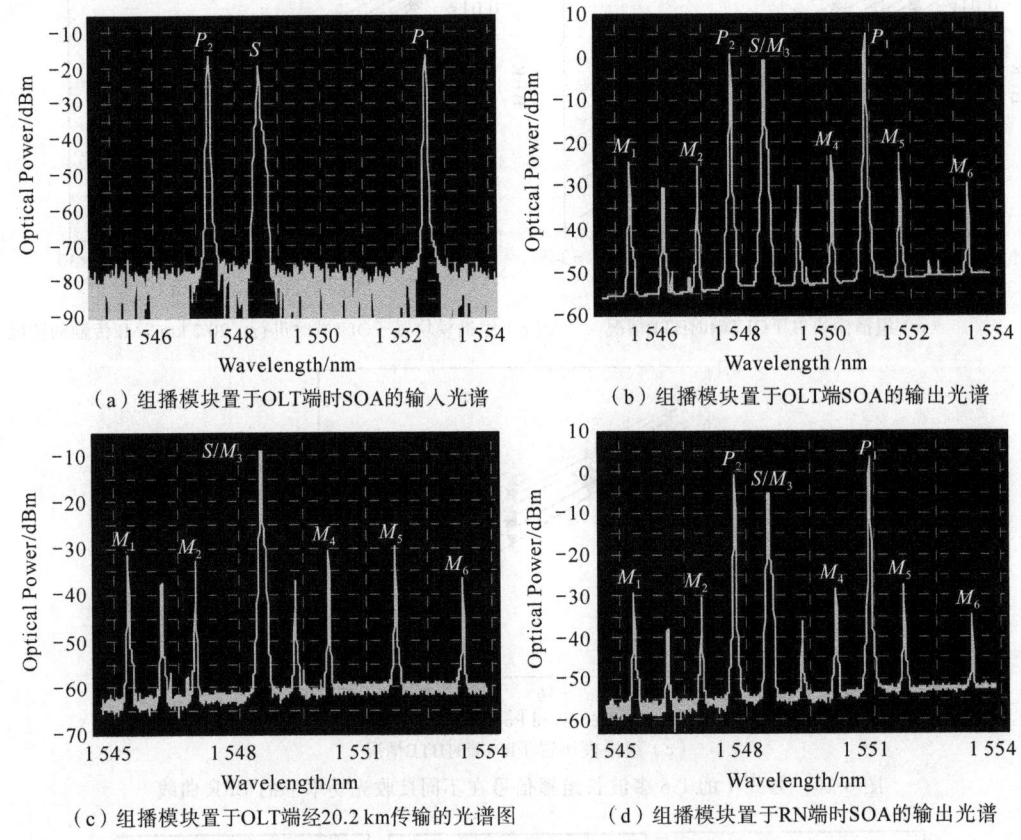

图 6-12 方式 3 的 1-6 多波长组播的光谱图

同样测出了这两种方案的组播信号在不同接收光功率下的 BER 曲线,如图 6-13 所示,两种方案所有的组播信号也都能表现出优于 FEC 阈值的 BER(BER<$3.8\times10^{-3}$)。在第一种方案 BTB 情况下及经过 20.2 km SMF 传输后,组播信号与原输入信号 $M_3$ 相比 PP 分别小于 2.70 dB 和 2.50 dB(BER=$3.8\times10^{-3}$),在第二种方案 BTB 情况下,组播信号与 $M_3$ 相比 PP 都小于 3.0 dB(BER=$3.8\times10^{-3}$)。图 6-14 为接收光功率为$-35$ dBm 时这两种方案相应组播信号的星座图,同样,组播信号都具有较为清晰的星座图。

相应地,方式 1 与方式 3 设置下,两种方案中 FWM 生成的 1-6 多波长组播信号的特性,如波长、CE、OSNR 和 PP(BER=$3.8\times10^{-3}$)总结在表 6-3 和表 6-4 中。这些多波长组播信号的 CE 和 OSNR 值与编者之前的实验效果相当,所以可以认为能够用 MZI 和 BPD 这种自相干检测去检测组播信号,以证明本章所提方案的可行性。

这两种方案的实验验证中,所有的组播信号都能够在 20.2 km SMF 馈线距离的 WDM 光接入网传输,在接收光功率为$-35$ dBm 时的 BER 性能优于 FEC 阈值。同时,由于 FWM 对于系统的比特速率和调制格式透明,所以所提方案可以处理其他更高速率调制格式的组播业务,并且通过不同的泵浦方式,不同组播信号甚至更多数量的组播信号以及可重构的多波长组播信号都可通过所提的方案来实现。

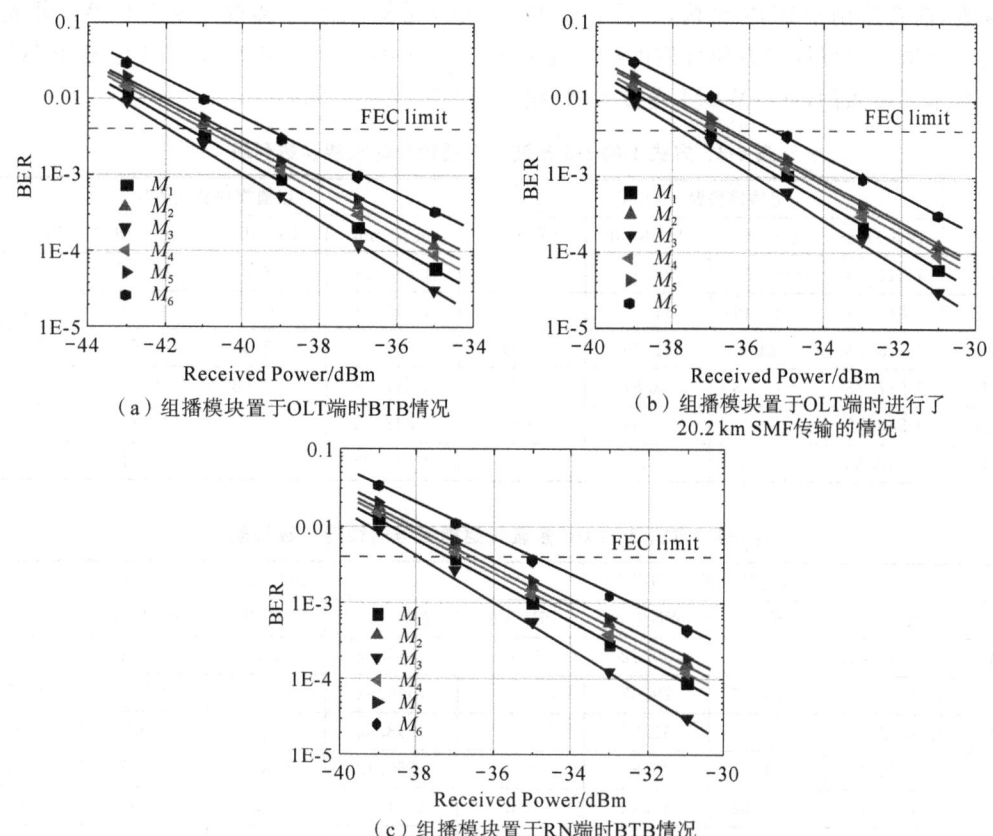

图 6-13 方式 3 的 1-6 多波长组播信号在不同接收光功率下的 BER 曲线

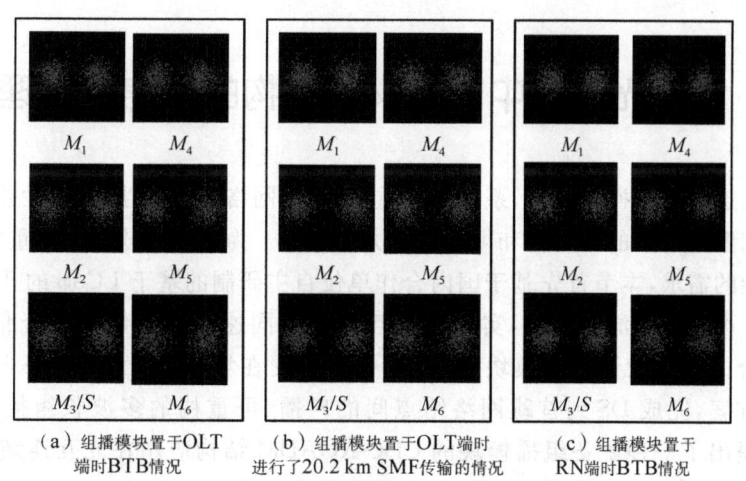

图 6-14 接收光功率为 −35 dBm 情况下方式 3 的 1-6 多波长组播信号的星座图

对比这两种方案,在 ONU 端接收到组播模块置于 OLT 端的组播信号质量优于将组播模块安装 RN 端的信号,这是因为前者是用质量最优的原始信号进行 FWM 生成组播信号,而后者是用经过 SMF 传输后质量稍微差一点的信号作为 FWM 的输入,尽管前者生成的组播信号也会受到 FWM 效应的损伤和光纤传输的损耗,但是后者使用经传输后恶化的信号作为 FWM 的输入会对生成的组播信号造成更大影响。但是这两种方案都有它们适用的应用场景,前者适用于 PON 结构,而后者应用在 AON 结构,同样不需要改变现有 WDM 光接入网的结构就可以提供方便可靠的组播服务和应急保护,并且能够应用于其他基于 WDM 接入技术的接入网,如 TWDM 光接入网、相干 WDM 光接入网等。

表 6-3 方式 1 的 1-6 多波长组播信号的性能参数列表

| 信号 | 组播模块置于 OLT | | | | 组播模块置于 RN | | | |
|---|---|---|---|---|---|---|---|---|
| | 波长/nm | CE/dB | OSNR/dB | PP/dBm | 波长/nm | CE/dB | OSNR/dB | PP/dBm |
| $M_1$ | 1 542.14 | −31.67 | 23.91 | 2.79 | 1 542.14 | −28.55 | 20.29 | 2.24 |
| $M_2$ | 1 542.94 | −21.46 | 34.12 | 1.11 | 1 542.94 | −19.9 | 28.94 | 0.83 |
| $M_3$ | 1 543.74 | −24.1 | 31.48 | 2.29 | 1 543.74 | −23.96 | 24.88 | 1.78 |
| $M_4$ | 1 547.72 | −19.33 | 33.87 | 0.64 | 1 547.72 | −19.68 | 26.55 | 0.44 |
| $M_5$ | 1 548.52 | — | 51.89 | — | 1 548.52 | — | 46.23 | — |
| $M_6$ | 1 549.32 | −21.2 | 32 | 1.71 | 1 549.32 | −19.82 | 26.41 | 1.36 |

表 6-4 方式 3 的 1-6 多波长组播信号的性能参数列表

| 信号 | 组播模块置于 OLT 端 | | | | 组播模块置于 RN 端 | | | |
|---|---|---|---|---|---|---|---|---|
| | 波长/nm | CE/dB | OSNR/dB | PP/dBm | 波长/nm | CE/dB | OSNR/dB | PP/dBm |
| $M_1$ | 1545.32 | −22.97 | 30.92 | 0.56 | 1545.32 | −24.03 | 26.82 | 0.75 |
| $M_2$ | 1546.92 | −24.17 | 29.07 | 1.24 | 1546.92 | −25.25 | 25.7 | 1.35 |
| $M_3$ | 1548.52 | — | 51.97 | — | 1548.52 | — | 48.803 | — |
| $M_4$ | 1550.12 | −21.71 | 29.87 | 0.98 | 1550.12 | −23.37 | 25.17 | 1.08 |
| $M_5$ | 1551.72 | −21.66 | 31.23 | 1.49 | 1551.72 | −22.13 | 24.95 | 1.69 |
| $M_6$ | 1553.32 | −28.29 | 21.09 | 2.64 | 1553.32 | −28.88 | 17.7 | 2.91 |

## 6.2 城域光互连中软定义可重构的光信号处理方案

传统光互连结点交换粒度大、系统不可重构,导致网络自适应性、灵活性差,因此光互连结点需要向配置更灵活的软定义和可重构的方向发展。为了满足软定义可重构光互连对光信号处理功能的需求,本节首先基于国内合作单位自主研制的基于 LCoS 的 TB-WSS,提出了一种软定义可重构的滤波方案,实现对光互连中不同速率和调制格式光信号的灵活处理。然后结合 6.1 节设计组播模块,提出了一种应用在城域光互连中 DS 与首跳网络结点间的组播方案,完成 DS 到首跳网络结点间的广播、可重构的多波长组播、波长选择的功能。并且提出了一种配备组播模块的 CDC-ROADM 结构应用在光互连结点,解决互连结点波长冲突或者组播需求的问题。所提方案可应用在软定义光互连的架构中,完成软定义可重构的光交换、滤波、多波长组播等功能,使光互连网络具有更强的自适应性和灵活性。

### 6.2.1 软定义可重构光通信子系统的意义

随着信息化社会对网络带宽需求的迅速发展,对光互连网络也提出了更高要求。传统光互连结点交换粒度大、系统不可重构,导致网络自适应性、灵活性差,因此光互连结点需要向配置更灵活的软定义和可重构的方向发展,也要求光互连通信子系统能软定义可重构配置。

软定义网络(SDN)是一种新型网络创新架构,其将网络设备控制平面与数据平面分离开,从而实现了对网络的灵活控制,为核心网络及应用的创新提供了很好的运行平台。软定义光网络(SDON)将 SDN 的概念应用在光网络上,SDN 智能和灵活的集中式控制,对于光网络复杂的网络管理和网络配置来说是一个很具吸引力的方案。同时,目前光网络的一个发展方向就是能够通过软件定义的方式实现对网络元素进行可编程控制,使网络具有更强的自适应性和灵活性,那么这就要求网络元素,即是光通信子系统具有可编程、可重构的特点。

如图 6-15(a)所示,SDON 的层次结构可以抽象为以下三层结构(从下到上):基础设施层、控制层和应用层,其中应用层与控制层之间的接口称为开放的应用程序编程接口(API),而控制层和基础设施层之间的接口称为控制数据平面接口(CDPI)。对于 SDON,已经有不少的研究,对 SDON 的控制体系结构、协议的扩展、虚拟化映射及 API 接口和 CD-PI 接口协议进行的研究也不少。而对于整体的软件定义光网络来说,在光层的基础设施必须是要适应 SDN 智能灵活集中式控制的发展的,SDN 智能灵活集中式控制需要光层的基础设施提供灵活可编程可重构的弹性结构。SDON 控制层面的控制器实现光网络资源的虚拟化,以面向不同应用提供高效、灵活、开放的网络服务。要实现这样的 SDON 功能,那么就需要光层的模块、器件如 WSS、带宽可变的转发器、ROADM 等,需要具备可编程、可重构的能力,为光网络提供弹性的带宽分配、实时动态网络与交换等功能。同时光信号处理是光通信系统向弹性可重构方向演进的关键技术之一,城域光互连的光信号处理技术,要求了光信号处理技术在光域完成相应处理的重构需求。目前对可重构的光信号处理系统的研究也很少。因此,研究城域光互连中可重构的光信号处理系统,能通过软定义的方式对其进行可编程控制,使网络具有更强的自适应性和灵活性。

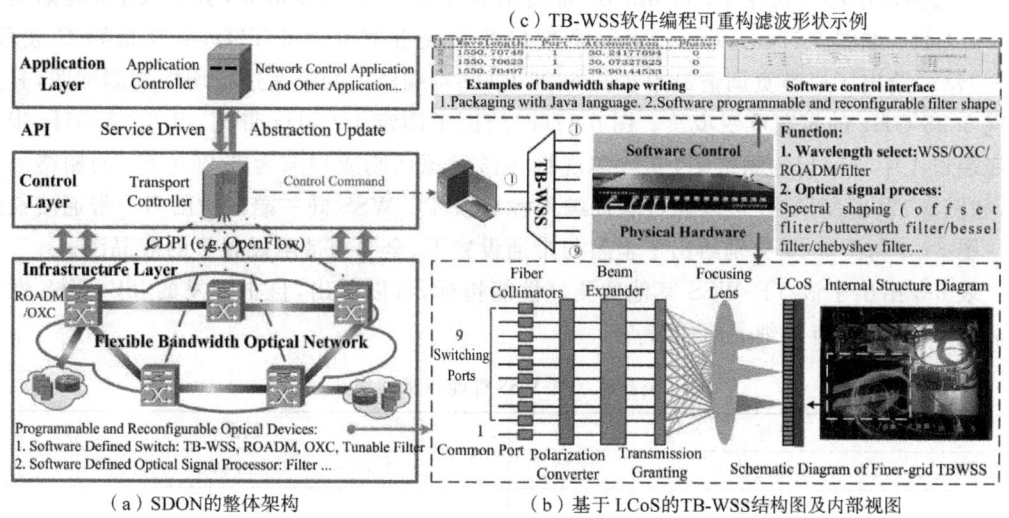

图 6-15

## 6.2.2 基于 TB-WSS 软定义可重构的滤波方案

本节接下来所提出的方案中,使用了由国内合作单位自主研制的基于 LCoS 的 1×9

TB-WSS,与商用 WSS 的带宽调谐最小步长 12.5 GHz 相比,其具有更精细带宽调谐步长 6.25 GHz。图 6-15(b)给出了该 TB-WSS 的结构图。其工作原理如下:输入端的 WDM 信号经过光纤准直器、偏振转换单元、光纤扩展器之后,通过传输光栅的衍射,将不同的波长分离,然后经过一个聚焦透镜将每个波长聚焦到 LCoS 芯片的不同区域,通过软件控制 LCoS 像素点的电压,进而控制像素点的相位,对不同波长光信号相位和幅度进行处理,实现滤波选择作用。最后,通过 LCoS 的反射将不同波长的光反射到各自的输出端口,实现波长、带宽可控的波长选择功能。LCoS 芯片的栅格粒度为 6.25 GHz,工作波长范围为 1 520~1 620 nm,像素尺寸为 8 μm,分辨率为 1 920×1 080。

然后对 TB-WSS 的性能指标进行测试。图 6-16 给出了 TB-WSS 端口 1 与其他八个端口隔离度测试图,端口 1 的插入损耗在 6 dB 左右,整体性能平稳,而且与另外八个端口的隔离度在 25 dB 以上,能避免其他端口的串扰,其他八个端口也有与端口 1 差不多的隔离度性能。

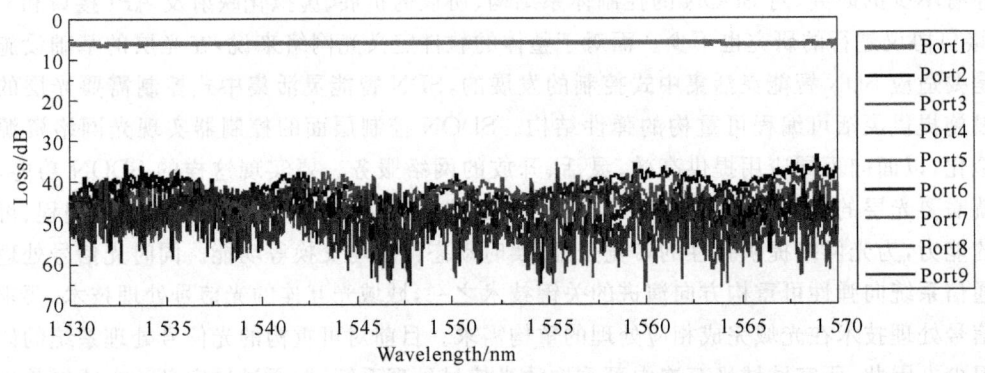

图 6-16　端口 1 与其他八个端口隔离度测试

然后固定中心波长在 1 550 nm 处,带通调节端口 1 的 3 dB 带宽,从 15 GHz 逐渐增加到 400 GHz,如图 6-17(a)所示。而每个端口的最大带宽可达 5 THz,能够横跨 C 波段。图 6-17(b)给出了以带宽调谐最小步长 6.25 GHz 对端口 1 的带宽进行增加的测试图,其能实现 6.25 GHz 的带宽可变步长。图 6-17(c)给出了固定 15 GHz 带宽、以 6.25 GHz 步长改变端口 1 中心波长的测试图,其可实现将频谱资源切割成频隙为 6.25 GHz 的栅格。另外,如图 6-17(d)所示,还可以通过软件编程控制该 TB-WSS 同一端口输出多个带通波长通道。图 6-18 与图 6-19 分别给出了全阻与带通设置下、全通与带阻设置下的液晶图。

表 6-5 给出了该 TB-WSS 其他的测试性能指标,可以看出,自主研发的 TB-WSS 性能指标良好,并且具有精细灵活的特点。

表 6-5　TB-WSS 性能指标列表

| 指标 | 数值 |
| --- | --- |
| 工作波长 | 1 530~1 570 nm(191~196 THz) |
| 端口数量 | 1×9 |
| 3 dB 带宽最小值 | 15 GHz |
| 带宽最大值 | 5 THz |
| 带宽调谐颗粒度 | ≤6.5 GHz |
| IL(插入损耗) | ≤6.5 dB |

续表

| 指标 | 数值 |
| --- | --- |
| PDL（偏振相关损耗） | ≤1 dB |
| PMD（偏振膜色散，取GVD平均值） | ≤0.6 ps |
| 端口隔离度 | ≥20 dB |
| 端口切换时间 | ≤150 ms |

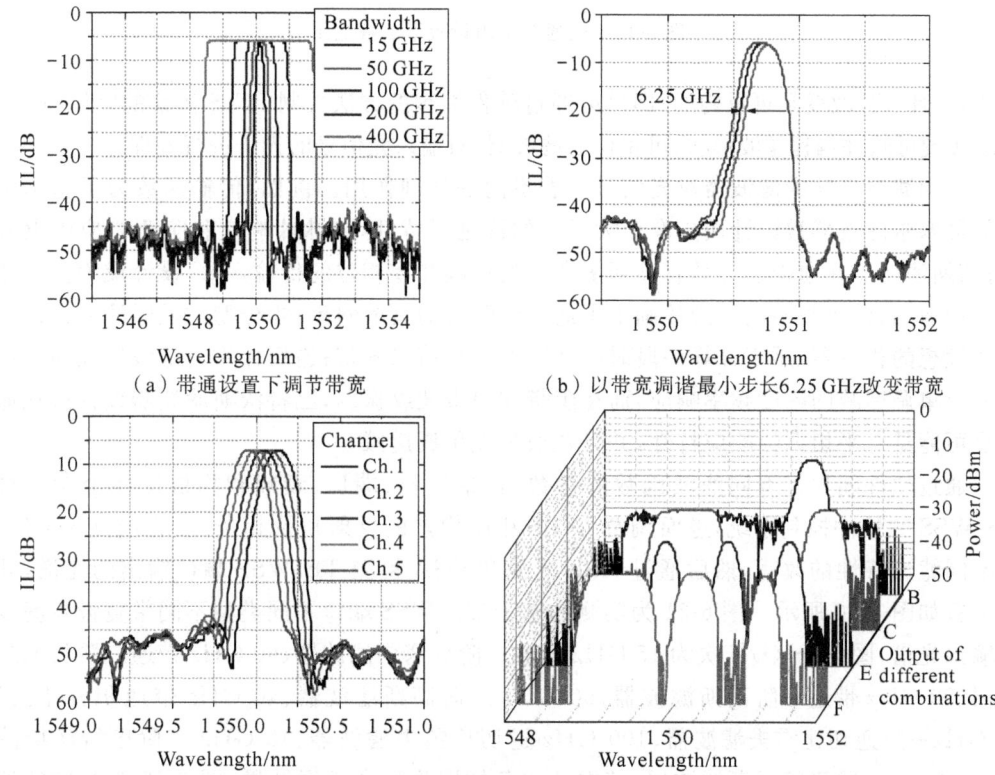

(a) 带通设置下调节带宽　　　(b) 以带宽调谐最小步长6.25 GHz改变带宽

(c) 固定15 GHz带宽，以6.25 GHz为栅格变换中心波长　　(d) 软件编程同一端口输出多个带通波长通道

图 6-17

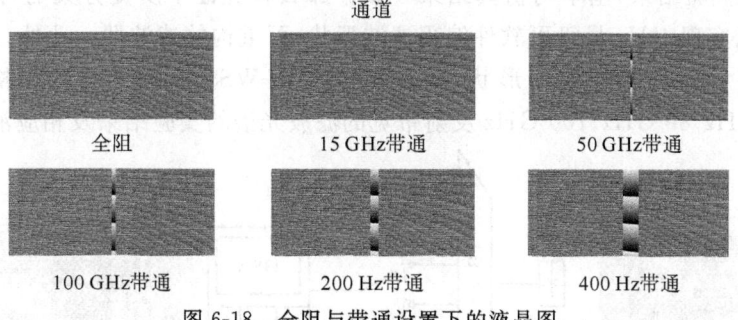

图 6-18　全阻与带通设置下的液晶图

下面进一步探究这种基于LCoS的TB-WSS的应用。由其工作原理可知：可通过软件控制LCoS每个像素的电压，即控制每个像素的相位和反射方向，将不同波长的光反射到不同位置，实现波长选择的同时，也可以实现LCoS对输入波长光的相位和幅度的处理，改变其光谱

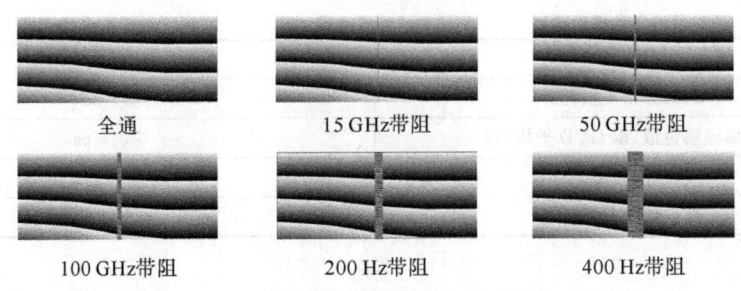

图 6-19 全通与带阻设置下的液晶图

形状,并且这种改变是可重构的,即可以通过软件编程的方法控制 LCoS 像素的电压,在 GHz 量级实现可软件编程滤波形状、可重构的滤波器,对输入光信号的光谱进行处理。

不同滤波形状的滤波器对光信号起着不同的处理作用。例如,传输函数为贝塞尔函数型的贝塞尔滤波器被设计成具有最大平坦的群延迟特性,在脉冲响应和阶跃响应中没有振荡;高斯滤波器在通带设计具有高斯函数型的振幅和零相位的传输函数,设计成为实际滤波器的近似,高斯函数不同的阶数确定了通带到阻带的衰减斜率;积分型的低通滤波器设计成一个理想的积分器,用于计算一段时间间隔的平均值采样带;逆切比雪夫滤波器在通带提供了一个单调递减的幅度频率响应,而在阻带和阻带波纹振荡;巴特沃斯滤波器设计成在通带上尽可能具有平坦振幅响应特性,并且在通带上单调递减。

通过软件编程将不同滤波函数的参数,包括波长、端口、衰减和相位这四个参数写进 TB-WSS 的软件控制系统,进而调节 LCoS 相应像素的反射角及相位,已完成 TB-WSS 端口不同滤波特性的改写,然后通过 ASE 光源和 OSA 检测 TB-WSS 端口输出的光谱,其实验装置如图 6-20 所示。图 6-21 为实测的基于 TB-WSS 端口不同类型不同带宽设置滤波形状输出光谱,图(a)~(i)依次为 15 GHz 带通一阶贝塞尔滤波器、50 GHz 带通二阶贝塞尔滤波器、50 GHz 带通一阶高斯滤波器、50 GHz 二阶高斯滤波器、40 GHz 带通积分滤波器、80 GHz 一阶逆切比雪夫滤波器、100 GHz 逆切比雪夫滤波器、40 GHz 三阶巴特沃斯滤波器、80 GHz 三阶巴特沃斯滤波器,其中的白色插图为仿真所得结果,图 6-22 为相应的液晶图,通过比对,实验得到的滤波形状与仿真结果基本相似。图 6-23 为锯齿波、三角波、正弦波滤波形状的实验结果,基本与仿真结果一致。那么就验证了所提方案的可行性,基于该 TB-WSS 可以实现 GHz 量级可软件编程滤波形状、可重构的滤波器。此外,还可以通过这种方法模拟某些器件的滤波器形状,图 6-24 为 TB-WSS 模拟光纤布拉格光栅(FBG) 40 GHz、50 GHz、80 GHz、100 GHz 反射带宽的滤波光谱的实验结果及相应液晶图。

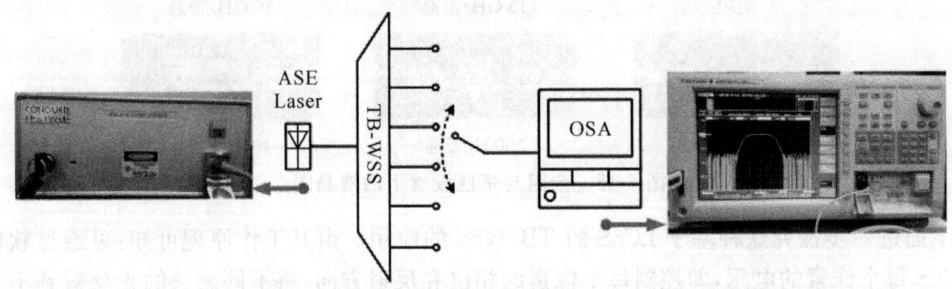

图 6-20 TB-WSS 输出端口软件可编程、可重构滤波形状测试实验图

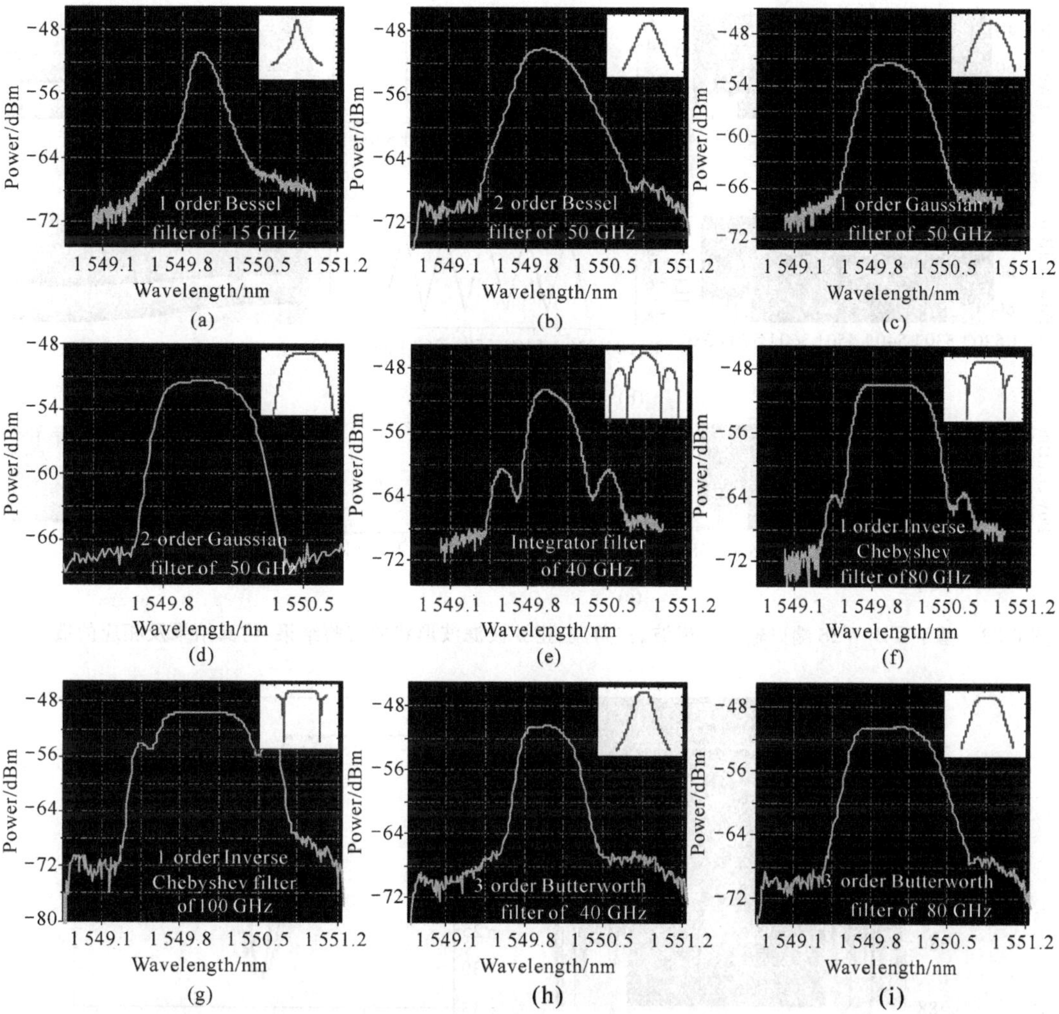

图 6-21 基于 TB-WSS 端口不同类型、不同带宽设置滤波形状的输出光谱

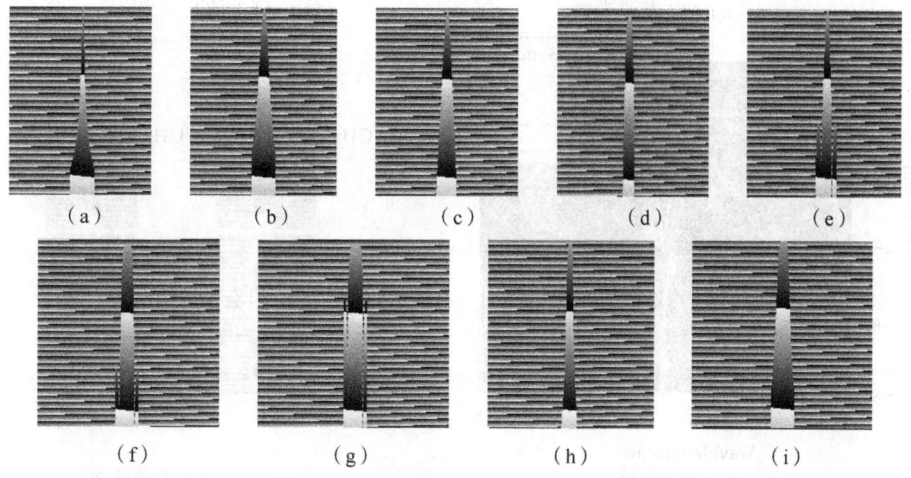

图 6-22 基于 TB-WSS 端口不同类型、不同带宽设置滤波形状的液晶图

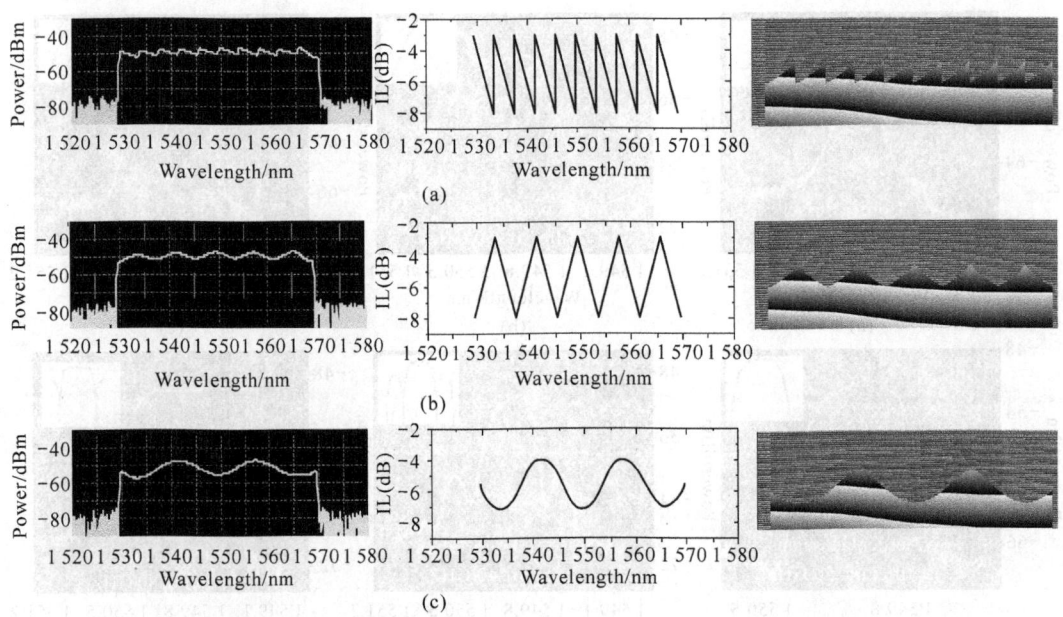

图 6-23 基于 TB-WSS 端口输出锯齿波、三角波、正弦波滤波形状的实验结果、仿真结果及相应的液晶图

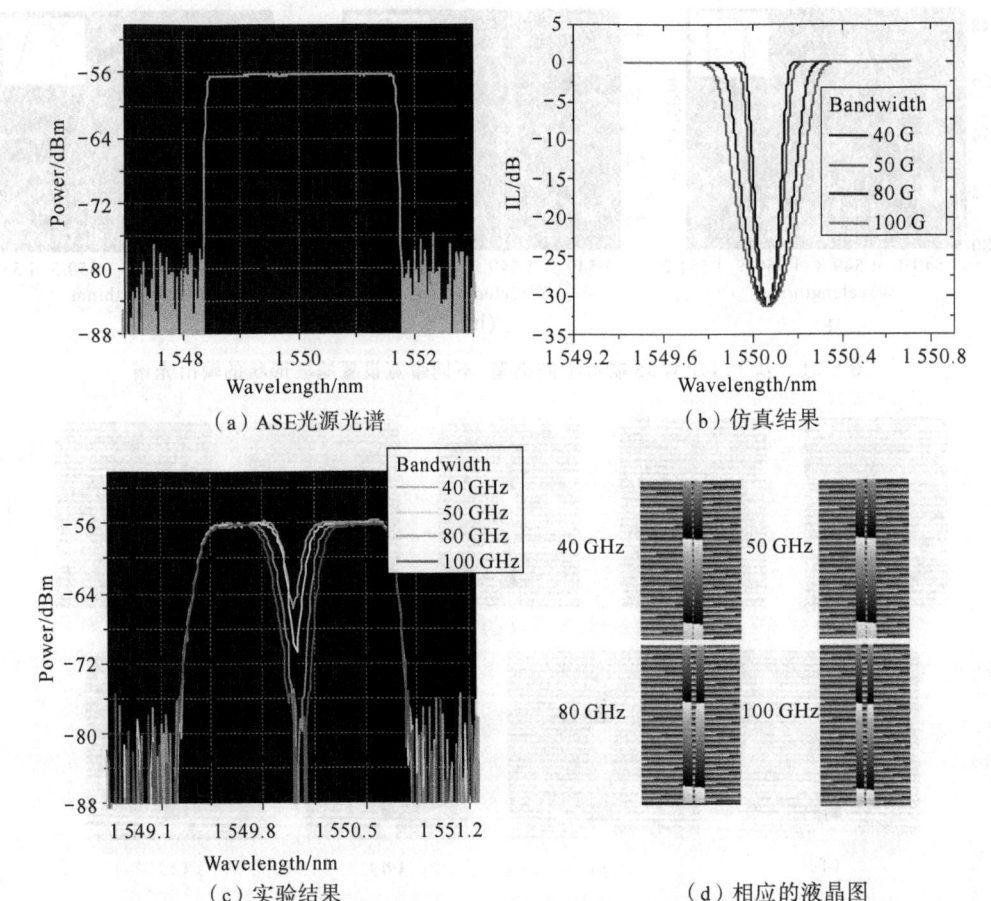

(a) ASE光源光谱　　　　　　　(b) 仿真结果

(c) 实验结果　　　　　　　(d) 相应的液晶图

图 6-24 TB-WSS 模拟 FBG 40 GHz、50 GHz、80 GHz、100 GHz 反射带宽的滤波光谱实验结果

所以，基于软件编程控制该 TB-WSS 端口的滤波形状，除了可以实现最小带宽调谐步长为 6.25 GHz，最小、最大带宽为 15 GHz、5 THz 的软定义光交换、波长选择之外，还可以实现软定义可重构的滤波处理，对 SDON 中不同数据速率和调制格式光信号的光谱进行处理，使网络具有更强的灵活性。但是，由于该 TB-WSS 中的 LCoS 本身分辨率的限制，将该 TB-WSS 用作光学滤波器，只能实现滤波形状 GHz 量级的相位和衰减控制，小于这个量级的滤波处理并不能达到。

## 6.2.3　城域光互连中软定义可重构的多波长组播方案

近年来，随着大数据和视频等大容量传输的要求，如多媒体视讯业务、视频会议、网络电视等通信业务，在城域光互连中，数据中心端需要有选择地向部分网络用户传送数据流，即对网络用户进行组播服务，城域光互连中大带宽数据流的组播技术也越来越受到重视，进行了很多相关研究。数据中心发送的组播数据并不是直接到达网络用户，而是经过光互连结点的路由、交换后传送到接入网的 OLT 端，然后由 OLT 端传输到达 ONU 端，才到达网络用户。在光域直接完成光互连中的信号组播将可以避免光－电－光的转换，有效实现超高速、低能耗、高效率的业务组播。目前，通过无源分光器直接分光进行组播是应用比较广泛的光域组播技术，其原始信号与组播信号共用一个波长信道，实现简单，但是如果进行更大数目组播时，需要使用更高分支比的分光器，这样会导致组播信号的光功率下降，同时随着光互连网络的发展，共用同一波长信道的组播方法可能会造成波长资源冲突。

如图 6-25(a)所示，城域光互连数据中心端两种不同的业务用不同颜色加以区分，但如果都加载在波长信道 $\lambda_1$ 上，那么基于分光器的光域组播技术将会造成波长资源冲突。那么利用 6.1 节研究的多波长组播技术，利用组播模块，把波长信道 $\lambda_1$ 上的信息复制到其他波长上，通过波长选择后输入到相应的光互连结点，再经过互连结点的路由、交换，然后再传输到相应的网络用户，可以根据波长占用情况，灵活地分配组播波长，减少波长冲突，提高信道利用率。同时这种基于 SOA 中 FWM 效应的 WDM 多波长组播技术对数据比特速率和调制格式透明，可以处理不同速率、不同调制格式的组播业务。

从 6.1 节可以知道，利用质量最优的原始信号进行 FWM 生成组播信号的质量要比用经过光纤传输后的信号作为 FWM 的输入生成组播信号的质量要好，所以本节提出了一种在数据中心端进行组播业务的多波长组播方案：利用 6.1 节基于 SOA 中 FWM 效应的组播模块、OC 和 TB-WSS，设计了一种应用在数据源(DS)与光互连首跳网络结点间的组播接口模块，其结构如图 6-25(b)所示。数据中心端承载不同数据的波长信号输入到组播接口，在组播接口通过耦合器将波长信号耦合在一起，然后再分一部分光，以广播的形式输入到组播接口输出端的各个 TB-WSS；另一部分光输入到组播模块，在组播模块中基于 SOA 中 FWM 效应生成组播信号或者波长转换信号，组播模块的输出端也连接到组播接口输出端的各个 TB-WSS。最后，输入的广播信号与组播模块输出的组播信号通过组播接口输出端的 TB-WSS 进行波长选择后，输入到首跳网络结点进行后面的路由、交换，传输到相应的网络用户。

组播接口中的组播模块，可以根据需要添加泵浦光的数量与改变泵浦光的波长，以实现灵活可重构的波长转换或者多波长组播，同时也可以设置该模块 TB-WSS 信号端的全阻或者带通状态，以灵活地关闭或者启动组播模块的功能。

基于 SOA 中 FWM 效应实现灵活可重构的波长转换、多波长组播的物理机制如图 6-27、

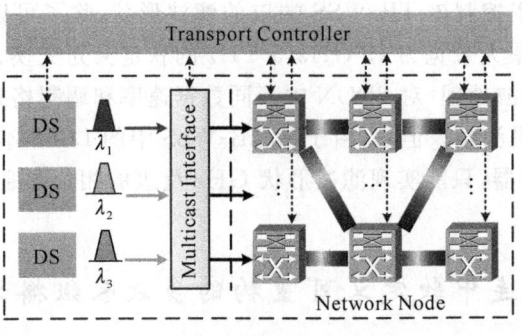

(a) 基于组播模块与TB-WSS的城域光互连中软定义可重构的多波长组播方案

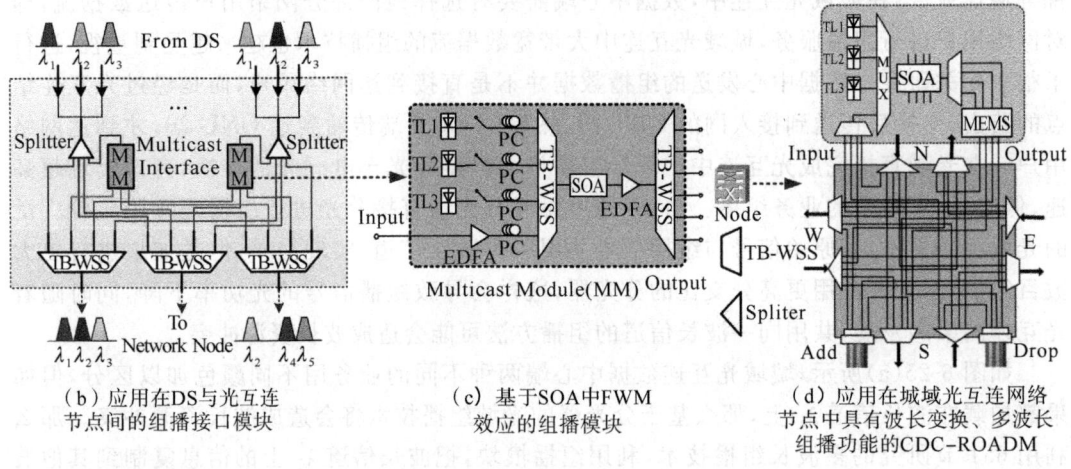

(b) 应用在DS与光互连节点间的组播接口模块　　(c) 基于SOA中FWM效应的组播模块　　(d) 应用在城域光互连网络节点中具有波长变换、多波长组播功能的CDC-ROADM

图 6-25 多波长组播方案

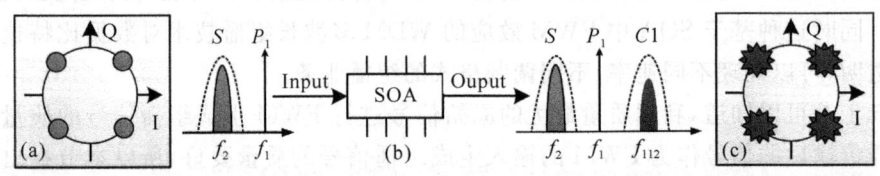

图 6-26 基于 SOA 中 FWM 可重构的波长转换方案原理示意图

图 6-28 所示。通过不同的泵浦方式,更多不同组播信号的灵活可重构的多波长组播方案可以通过该方案实现。

论文所设计的这种应用在光互连中 DS 与首跳网络结点间的组播接口模块,结合了基于无源分光器的组播技术与多波长组播技术,当数据中心端的波长资源充足时,可以直接以分光器广播、输出端 TB-WSS 波长选择的方式进行组播,而波长资源不足或者冲突时,可以启动多波长组播模块,将信息复制到其他波长信道,可以根据波长占用情况,灵活地分配波长信道,减少波长冲突。同时该组播结构对数据速率和调制格式透明,可以处理不同速率、不同调制格式的组播业务。

同时,为了满足可重构光互连结点对光信号处理功能的需求,解决结点波长冲突或者组播需求问题,本章提出了一种配备组播模块的 CDC-ROADM 光互连结点结构,如图 6-27

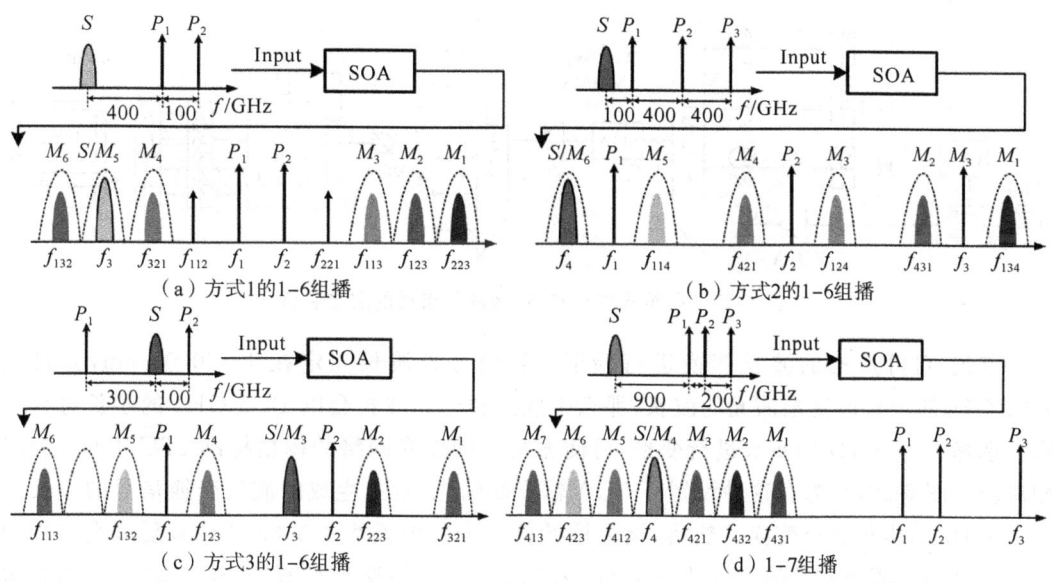

图 6-27 基于 SOA 中 FWM 效应实现灵活可重构的多波长组播的方案原理

(d)所示。该结点基于项目组所提出的 CDC-ROADM 结构,再配备本章所设计的组播模块,并且该模块的输入端和输出端分别与 ROADM 四个方向的输入端和输出端相连,即该模块被共享,同时利用 TB-WSS 带宽弹性可变的特点,可以选择和路由不同带宽和调制格式的信号。通过改变组播模块中激光器的数量,在光互连结点上实现可重构的波长转换、可重构的多波长组播功能。

本节所提出的城域光互连中灵活可重构的多波长组播方案中,所用到 TB-WSS、TL、SOA 等器件,都可通过软件编程去控制其参数与特性,进而可以通过软件编程去控制它们构成的子系统,包括组播接口模块、组播模块、具有波长变换/多波长组播功能的 CDC-ROADM。将所提方案应用在软定义光互连中,控制层的传送控制器根据需要软件控制这些子系统,可以实现光互连软定义可重构的波长转换、多波长组播、波长选择、光交换、滤波功能,使网络具有更强的自适应性和灵活性。

## 6.2.4 实验测试与结果分析

基于 6.1.4 节的实验平台,搭建了如图 6-28 所示验证组播接口模块、光互连结点可重构波长转换、多波长组播功能的实验装置。实验中采用的调制格式为 QPSK 信号。在发射端,任意波形发生器(AWG)(Tektronix AWG 70001A)循环发送长度为 $2^{15}-1$ 的 PRBS,通过 AWG 和 IQ 调制器生成 25 Gbit/s 的 QPSK 信号,再将 QPSK 信号输入到组播模块。在接收端采用相干检测,并由示波器采集信号的星座图和眼图,最后通过离线统计的方式计算 BER。

实验中固定信号波长,并且只接通一个泵浦光,根据 FWM 原理,改变泵浦光的波长,可以在相应波长上生成新的信号光,实现波长变换。接通组播模块中的多个泵浦光,通过改变信号光和泵浦光的波长、功率、偏振态得到由 FWM 产生的不同特性的闲频光,包括数量、波长、OSNR 等特性,实现灵活可重构的多波长组播方案。

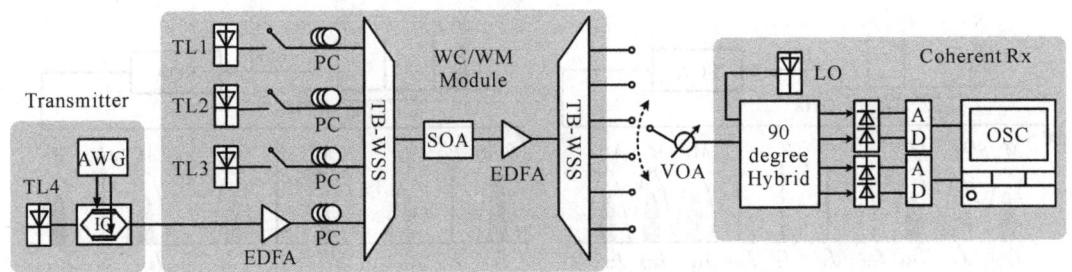

图 6-28 可重构波长转换、多波长组播的实验装置

首先,对可重构的波长变换进行验证。将信号光波长固定在 1 550.00 nm,并且以 6.25 GHz 的步长改变泵浦光的波长,那么生成闲频光的波长会以 12.5 GHz 的步长进行变换。选择 12.5 GHz 的步长进行变换,可使方案与弹性光网络的栅格标准 ITU-T G.694.1 相对应。图 6-29(a)为在这种设置下 SOA 输出端的光谱图,生成的波长变换信号的波长以 12.5 GHz 的步长进行变换。然后,设置原始信号光的波长为 1 548.52 nm,泵浦光波长为 1 547.72 nm,两个波长的间隔为 100 GHz,图 6-29(b)为这种设置下 SOA 输出端的光谱图,新生成信号光的波长为 1 546.92 nm,CE 为 −13.6 dB,OSNR 为 32.37 dB。在这两种情况下,新生成的波长转换信号都有很高的 CE 与 OSNR,证明了方案的有效性,同时也证明所提方案可以按照弹性光网络的灵活栅格标准实现波长变换。通过改变泵浦光的波长,改变生成波长转换信号的波长,并且这种操作可以重构。

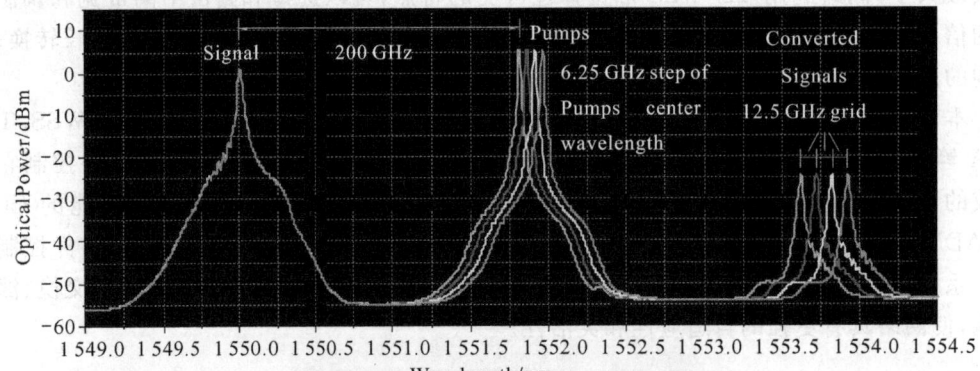

(a) 变换步长为 12.5 GHz 的 FWM 光谱图

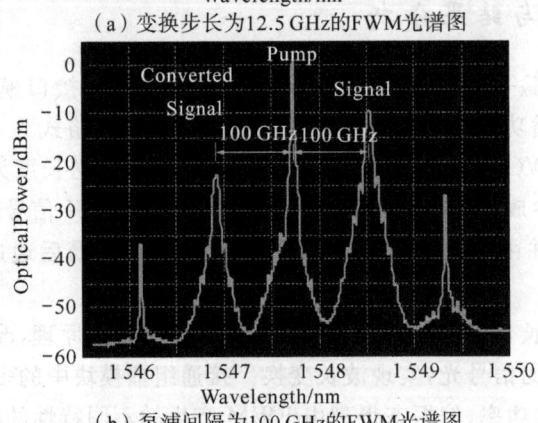

(b) 泵浦间隔为 100 GHz 的 FWM 光谱图

图 6-29 可重构波长变换验证中 SOA 输出端的光谱图

然后，对可重构的多波长组播进行验证。通过改变信号光和泵浦光的波长，实现灵活可重构的多波长组播方案。在验证方式1的1-6多波长组播的实验中，泵浦光 $P_1$、$P_2$ 和信号光 $S$ 的波长分别为 1 548.52 nm、1 547.72 nm 和 1 550.92 nm，方式2的1-6多波长组播实验中，泵浦光 $P_1$、$P_2$、$P_3$ 和信号光 $S$ 的波长分别为 1 552.52 nm、1 549.32 nm、1 546.12 nm 和 1 545.32 nm；方式3的1-6多波长组播的实验中，泵浦光 $P_1$、$P_2$ 和信号光 $S$ 的波长分别为 1 547.72 nm、1 550.92 nm 和 1 549.32 nm，1-7多波长组播的实验中，泵浦光 $P_1$、$P_2$、$P_3$ 和信号光 $S$ 的波长分别为 1 545.32 nm、1 544.52 nm、1 542.92 nm 和 1 552.52 nm。这几种设置下经过 SOA 中 FWM 后的输出光谱图如图 6-30 所示，生成组播信号的波长、CE 及 OSNR 值都罗列在表 6-6、表 6-7、表 6-8 中，组播信号的波长位置与理论分析一致，并且生成组播信号具有较高的 CE 和 OSNR。

表 6-6 方式1的1-6多波长组播信号的性能参数列表

| 信号 | 波长/nm | CE/dB | OSNR/dB | PP/dBm |
|---|---|---|---|---|
| $M_1$ | 1 545.32 | −22.87 | 35.32 | 4.55 |
| $M_2$ | 1 546.12 | −27.56 | 30.63 | 5.58 |
| $M_3$ | 1 546.92 | −16.9 | 41.29 | 1.35 |
| $M_4$ | 1 550.12 | −18.61 | 39.58 | 2 |
| $S/M_5$ | 1 550.92 | — | 58.19 | — |
| $M_6$ | 1 551.72 | −21.03 | 37.16 | 3.03 |

表 6-7 方式3的1-6多波长组播信号的性能参数列表

| 信号 | 波长/nm | CE/dB | OSNR/dB | PP/dBm |
|---|---|---|---|---|
| $M_1$ | 1 545.32 | −20.54 | 31.28 | 1.77 |
| $M_2$ | 1 546.92 | −22.84 | 28.98 | 3.11 |
| $S/M_3$ | 1 548.52 | — | 51.82 | — |
| $M_4$ | 1 550.12 | −22.08 | 29.74 | 2.69 |
| $M_5$ | 1 551.72 | −23.29 | 28.53 | 3.82 |
| $M_6$ | 1 553.52 | −30.38 | 21.44 | 5.78 |

表 6-8 1-7多波长组播信号的性能参数列表

| 信号 | 波长/nm | CE/dB | OSNR/dB | PP/dBm |
|---|---|---|---|---|
| $M_1$ | 1 550.12 | −26.46 | 17.22 | 4.65 |
| $M_2$ | 1 550.92 | −23.87 | 19.81 | 3.33 |
| $M_3$ | 1 551.72 | −24.43 | 19.25 | 3.93 |
| $S/M_4$ | 1 552.52 | — | 43.68 | — |
| $M_5$ | 1 553.32 | −29.94 | 13.74 | 7.77 |
| $M_6$ | 1 554.12 | −28 | 15.68 | 5.25 |
| $M_7$ | 1 554.92 | −28.96 | 14.72 | 6.66 |

进一步对这些组播信号的 BER 值进行离线统计,并采集信号对应的星座图和 I、Q 路的眼图。图 6-31 给出了方式 1 的 1-6 多波长组播、方式 3 的 1-6 多波长组播、1-7 多波长组播的信号在不同接收光功率下的 BER 性能。三种设置下的多波长组播信号的 BER 值都可达到 $10^{-3}$ 以下,原始信号获得了最优的 BER 性能,并以其为参考基准,依次算出了其他组播信号在 BER 值为 $10^{-3}$ 处的 PP,并且总结在表 6-6、表 6-7、表 6-8 中,方式 1 的 1-6 多波长组播信号的 PP 都小于 6 dBm,其中组播信号 $M_2$ 由于最低的 CE 和 OSNR 而付出了最大的功率损伤 5.58 dBm。方式 3 的 1-6 多波长组播信号和 1-7 多波长组播的 PP 都分别小于 6 dBm 和 8 dBm。可以通过调整 SOA 的偏置电流、泵浦光光功率以及信号光与泵浦光的相对偏振态可以进一步提升组播信号的质量。图 6-31 还给出了方式 1 的 1-6 多波长组播信号相应的星座图和眼图,而集中的星座点和张开的眼图也可以看出组播信号具有良好的质量。通过改变信号光和泵浦光的波长、功率、偏振态,还可以得到不同数量和波长的多波长组播,实现灵活可重构的多波长组播方案。

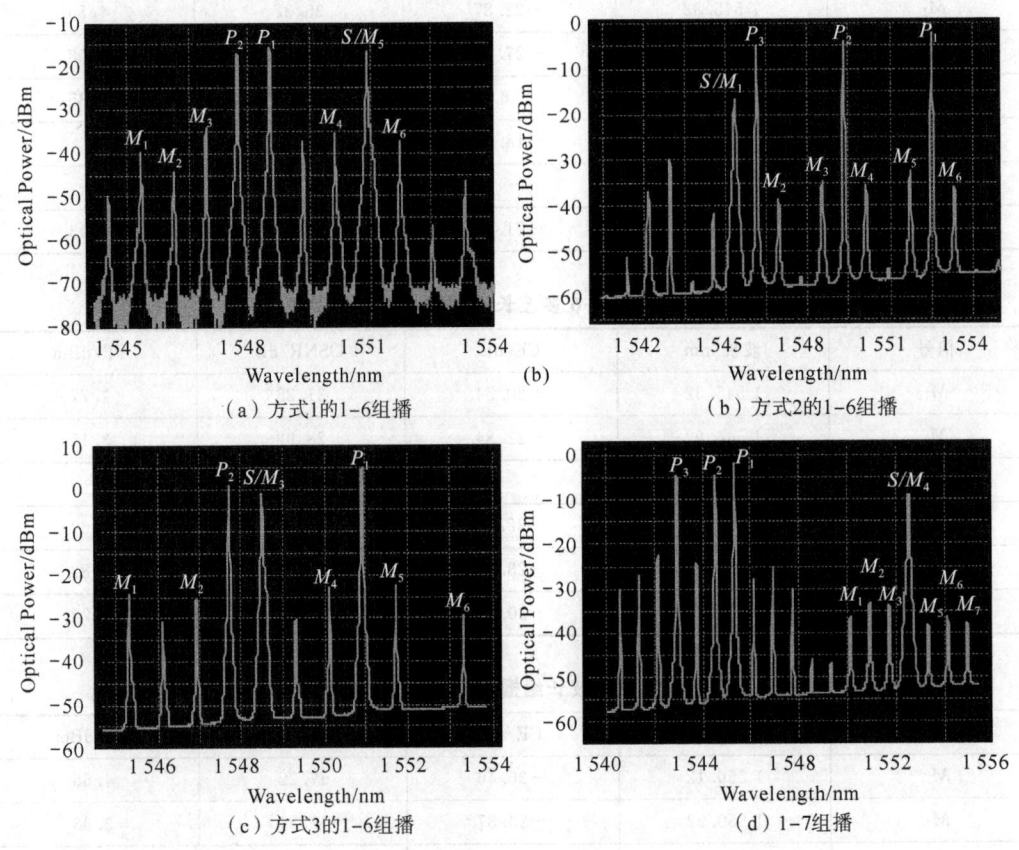

图 6-30　可重构多波长组播验证中 SOA 输出端的光谱图

在该实验中,TL 输出光的波长、功率,AWG 的速率、TB-WSS 端口的选择波长及滤波形状、SOA 的偏置电流设置等参数,都可以通过软件编程加以控制,进而可以根据需要通过控制器去软件编程控制波长转换及多波长组播的输出,结合 SDON 的控制层,实现光层软定义可重构的功能。

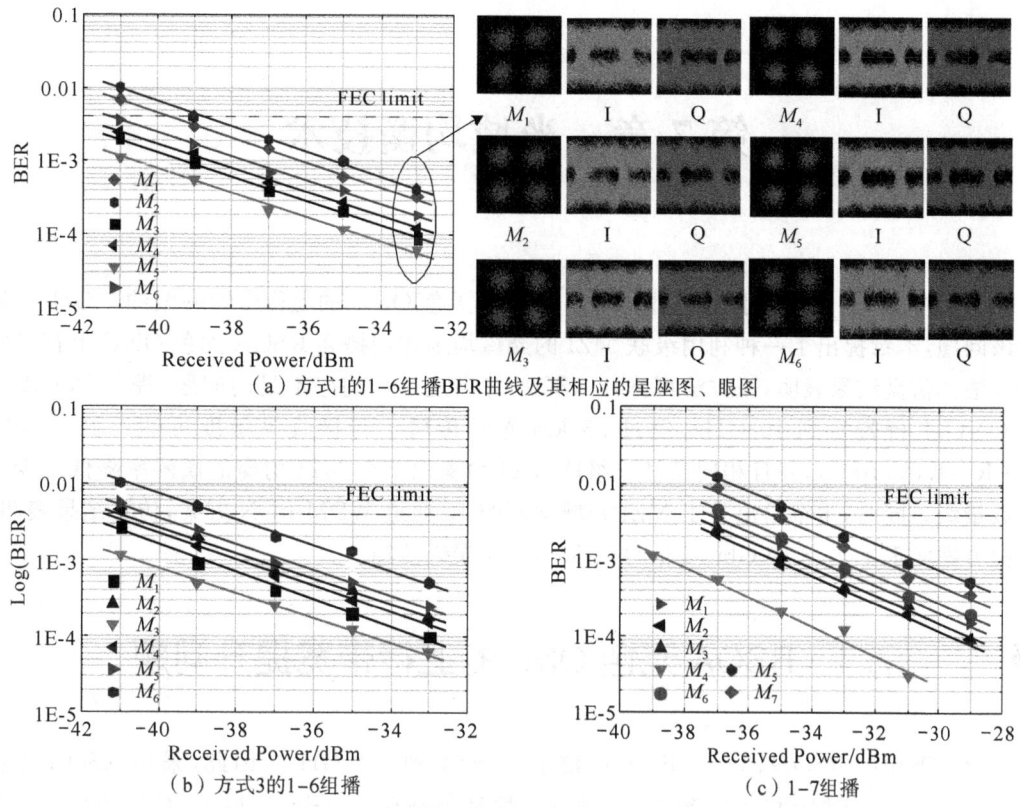

图 6-31 可重构多波长组播验证中组播信号在不同接收光功率下的 BER 曲线

# 第 7 章 光域均衡技术

RSOA 的 −3 dB 调制带宽受限,因而 RSOA 无色 ONU 的上行带宽一般约 2 GHz。针对该问题,本章提出了一种利用级联 MZI 的光域均衡作用提高 RSOA 无色 ONU 上行带宽的方法。仿真结果表明,该方法可弥补 RSOA 对高速信号响应不足的问题,提高 RSOA 无色 ONU 上行带宽到 10 GHz,经过 25 km 光纤传输上行接收灵敏度可达 −23.4 dBm (BER=$1.0\times10^{-3}$),并且相同条件下级联 MZI 均衡比单个 MZI 均衡的误码率降低至少一个数量级。同时,本章给出基于 MZI 光域均衡的 16 通道 WDM-PON 方案,仿真结果表明,所提方案实现了 16×10 Gbit/s 信号的 50 km 无误码传输。

## 7.1 RSOA 无色 ONU 的上行带宽提升问题

目前商用的 RSOA 的 −3 dB 带宽较小,一般不到 2.0 GHz。因此,采用 RSOA 无色 ONU 技术后,WDM-PON 系统的上行速率一般都限制在 10 Gbit/s 以下,难以满足下一代接入网的带宽需求。目前已有人提出了若干种改进 RSOA 无色 ONU 的方案,支持 10 Gbit/s 的 WDM-PON 上行传输,主要包括:电均衡方案、FEC 编码方案、高阶调制方案和光域均衡方案等。

**1. 电均衡提升 WDM-PON 上行速率**

从成本方面考虑,电均衡是提升 WDM-PON 上行速率的最佳方案,如前向均衡器(FFE)、判决反馈均衡器(DFE)、最大似然序列估计(MLSE)均衡器、部分响应均衡器(PRE)等。MLSE 均衡器作为非线性电均衡器采用 Viterbi 算法被广泛应用,文献提出在 10 Gbit/s 系统中采用 16-state MLSE 补偿 4 个相邻比特间的码间噪声。然而电均衡方法技术复杂,在工作速率接近电子速率瓶颈时,会带来一些连续的突发错误,在响应速度上存在一定的弊端,需要采用纠错编码技术弥补电均衡的不足。

**2. 前向纠错编码提升 WDM-PON 上行速率**

前向纠错(FEC)编码可以纠正传输中的比特错误,降低系统误比特率,提高接收灵敏度。通过 FEC 获得的编码增益可增加 OLT 和 ONU 之间的传输距离,增加 PON 系统的分支比,提升 PON 系统的信道可靠性。最常用的 FEC 是里德所罗门编码(Reed-Solomon, RS)。根据 IEEE 802.3av 标准规定,建议 10G-EPON 采用 RS(255,223)满足 10G-EPON 的高功率预算。已有文献表明,10G-EPON 联合采用 FEC 和均衡之后可以进一步提高系统的接收灵敏度。本研究组硕士设计了应用在 10 Gbit/s WDM-PON 系统的 RS(255,223),能够纠正传输系统中产生的 16 个符号突发错误和随机错误,减小光功率预算,降低误码率,进一步提高系统接收灵敏度。

### 3. 高阶调制提升 WDM-PON 上行速率

目前,采用高阶调制方式改善光通信系统的频谱利用率已经十分普遍。对于基于 RSOA 的 WDM-PON 系统,采用高阶信号调制 RSOA,如双二进制、四进制脉冲幅度调制(4-PAM)、PSK、正交幅度调制(QAM)和 OFDM 等,可以降低调制信号的第一零点带宽,进而减小信号高频部分的失真,提高输出信号的质量。然而,高阶调制方式会提高系统的复杂度和成本。

### 4. 光域均衡提升 WDM-PON 上行速率

相对于电均衡而言,基于光纤布拉格光栅(FBG)、高斯滤波均衡器等的光域均衡实现难度和复杂度较低,不受电子速率瓶颈影响,能够提高光信号的消光比,消除色散引起的码间干扰并抑制带外噪声,大幅度提高 WDM-PON 上行速率。采用 FBG 偏置滤波对 RSOA 的输出光信号进行光域均衡,实现了种子光环回结构下的 10 Gbit/s OOK 信号的传输。然而 FBG 的缺点是插损较大、灵活性较差。对于 WDM-PON 系统的多路均衡而言,现有的光域均衡方案采用波分复用器作为均衡器,使其具有波长分路的作用,同时实现多路信号的并行均衡处理,然而所需的波分复用器信道间隔极窄,尚未商用。

已有的 WDM-PON 上行带宽提升方案中,电均衡方法的工作速率接近电子速率的瓶颈;高阶调制方式的实现过程复杂度较高,系统成本也较高。因此,本章重点从光域上解决 RSOA 无色 ONU 调制带宽不足的问题。

## 7.2 RSOA 关键参数的分析和优化

提升 WDM-PON 上行带宽还可通过优化 RSOA 关键参数来实现。RSOA 既是一种光放大器又可作为调制器,是实现 ONU 无色化的理想器件。将 SOA 的前端面敷以增透膜,后端面敷以高反膜,即为 RSOA。SOA 为双端器件,RSOA 输入和输出共用一个端口,为单端器件。光信号从入射端口进入 RSOA,在另一端全反射,再从入射端口出射。整个过程在 RSOA 有源区内往返一次得到两次增益放大。与 SOA 相比,RSOA 的优势明显:功耗和噪声较小、所需偏置电流较小且偏振相关增益较小。RSOA 有源区是由铟磷化稼(InGaAsP)直接禁带体材料构成,相同有源区长度下,光信号可以获得比 SOA 更大的输出增益和消光比。同时 RSOA 作为调制器,其单端结构和"巨大"而平坦的波长工作窗口使其对 WDM-PON 不同波长的无色化效果相近。因此,RSOA 在 WDM-PON 的研究中受到了研究者的高度重视。

由于 RSOA 的 $-3\text{dB}$ 带宽大小取决于有源区载流子恢复时间,即有源区增益恢复时间,而载流子恢复时间又受限于掩埋脊条的波导结构。因此,分析 RSOA 内部波导结构的关键参数对于 RSOA 的 $-3\text{dB}$ 带宽的影响具有十分重要的意义。

RSOA 有源区 InGaAsP 材料增益因子 $g_m$ 随入射光频率和载流子密度变化曲线如图 7-1 所示。从图 7-1 中可看出:$g_m$ 会随载流子密度的增加而增大,$g_m$ 随波长的增益峰值在 1.55 μm 附近,且对 1.5~1.6 μm 内增益变化不大,因此 RSOA 适合应用在基于无色 ONU 的 WDM-PON 系统中。

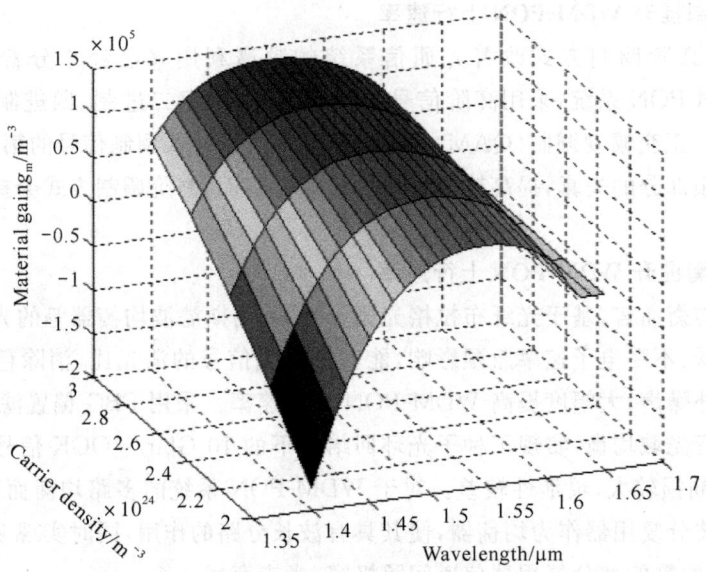

图 7-1　增益因子 $g_m$ 随光波长和载流子数目的变化曲线

如图 7-2 所示为 RSOA 的 −3dB 带宽随电流密度、增益限制因子以及有源区长度变化的实测曲线。改变注入 RSOA 的电流密度、限制因子以及有源区长度，RSOA 的调制带宽随之变化。当注入电流密度为 30 kA/cm²，有源区长度为 1.5 mm，限制因子为 0.45 时，RSOA 的 −3 dB 带宽可达 5.5 GHz。可见，RSOA 的 −3 dB 调制带宽会随着偏置电流、有源区长度和增益限制因子的逐渐增加而增加。我们可以通过改变 RSOA 外部和内部参数提高 RSOA 的调制带宽。

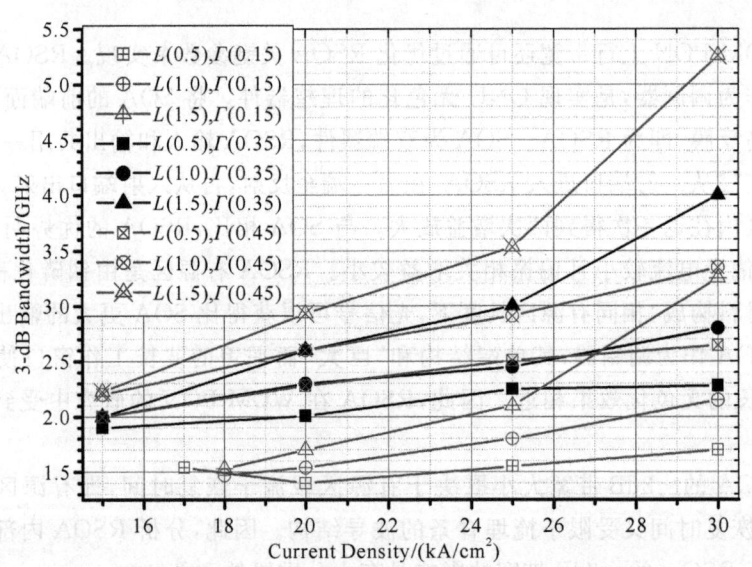

图 7-2　RSOA 的 −3 dB 带宽随电流密度、增益限制因子以及有源区长度变化的实测曲线

系统的仿真平台为 VPITransmissionMaker™ 8.5，仿真中系统的主要参数取值来自于商用产品手册或参考权威期刊相关论文的实验系统。通过对商用 RSOA 的测试，得到了 RSOA 有源区的优化参数，如表 7-1 所示。

表 7-1 RSOA 仿真模型中的关键参数优化结果

| 参数 | 参数描述 | 取值 | 参数 | 参数描述 | 取值 |
| --- | --- | --- | --- | --- | --- |
| $L$ | 有源区长度/m | $500\times10^{-6}$ | $\alpha_{i0}$ | 内损耗 /m$^{-1}$ | 3 000 |
| $W$ | 有源区宽度/m | $2.5\times10^{-6}$ | $n_g$ | 有效折射率 | 3.7 |
| $d$ | 有源区厚度/m | $0.22\times10^{-6}$ | $C$ | 俄歇复合系数/m$^6\cdot$s$^{-1}$ | $1.3\times10^{-41}$ |
| $\Gamma$ | 模式增强因子 | 0.45 | $N_0$ | 透明载流子密度/m$^{-3}$ | $1.5\times10^{24}$ |
| $B$ | 双分子复合系数/m$^3\cdot$s | $1.0\times10^{-16}$ | $\alpha$ | 线宽因子 | 3 |
| $N_{\text{init}}$ | 初始载流子密度/m$^{-3}$ | $1.0\times10^{24}$ | $N_{\text{ref}}$ | 载流子密度折射增益/m$^{-3}$ | $2.0\times10^{24}$ |

## 7.3 基于光域均衡的 RSOA 无色 ONU 上行带宽提升方案

除了改进 RSOA 内部结构设计、优化 RSOA 有源区参数外,本章比较分析了几种基于光域均衡的 RSOA 无色 ONU 上行带宽提升方案。基于 FBG、高斯滤波均衡、延时干涉仪 (DI) 等光偏移滤波器的方案实现难度和复杂度较低,而且大幅度提升 RSOA 的上行带宽。本章从这些文献中得到启发,提出了基于级联 MZI 结构的光均衡器,通过理论分析和结构创新,从光域上解决 RSOA 无色 ONU 调制带宽不足的问题。

相对于 FBG 而言,MZI 的插损小、灵活性好,通过调节上下臂的延时差改变自由频谱区的 $-3$ dB 带宽。本小节首先从理论上分析了 MZI 和级联 MZI 的均衡原理以及关键参数对 RSOA 无色 ONU 上行带宽提升效果的影响,得出了这两种均衡器的传输函数分别等同于一个两抽头和一个三抽头的光域均衡器。然后,深入研究了基于 MZI 均衡的 WDM-PON 方案,实验结果表明该方案可以提高 WDM-PON 上行速率到 10 Gbit/s,测得 MZI 的插入损耗约为 7.8 dB。以此为基础,接着提出了基于级联 MZI 均衡的 WDM-PON 方案,仿真结果表明,通过调节级联 MZI 的延迟线长度和初始相移的大小,可以找到均衡效果的最优值。此方案同样可以提高 WDM-PON 上行速率到 10 Gbit/s,经过 25 km 光纤传输上行接收灵敏度可达 $-23.4$ dBm(BER$=1.0\times10^{-3}$),相同条件下级联 MZI 均衡比单个 MZI 均衡的误码率降低至少一个数量级。

### 7.3.1 光域均衡器的理论分析

图 7-3 为采用两种光域均衡器提升 RSOA 无色 ONU 上行带宽的原理示意图。下行光载波经波分复用器合路,通过光环形器(OC)、单模光纤(SMF)和波分解复用器进入每个 ONU。在 ONU1,经 RSOA 反射后的上行信号光再次通过 SMF 回路。在上行接收端放置 MZI 结构的光域均衡器对 RSOA 无色 ONU 的上行链路进行均衡,本小节在理论上得出 MZI 相当于一个两抽头的均衡滤波器,级联 MZI 相当于一个三抽头的均衡滤波器。图 7-3(a)和(b)分别是这两种均衡器的内部结构。

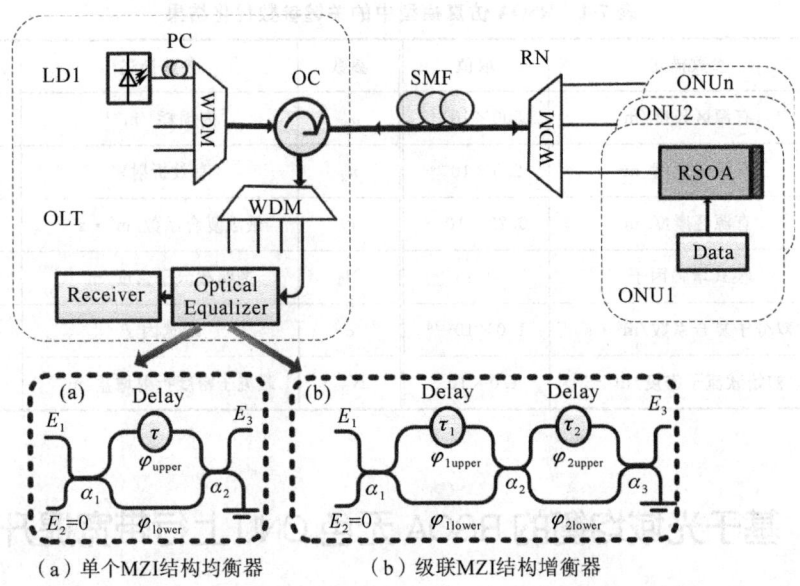

(a) 单个MZI结构均衡器　　(b) 级联MZI结构增衡器

图 7-3　采用两种光域均衡器提升 RSOA 无色 ONU 上行带宽的原理示意图

### 1. 两抽头 MZI 均衡器

MZI 是由两个耦合器组成,如图 7-3(a)所示,耦合器的耦合因子分别为 $\alpha_1$ 和 $\alpha_2$,延时线的时间延迟为 $\tau$,它决定了 MZI 的自由频谱范围(FSR)的长度,上臂和下臂的附加相移分别为 $\varphi_{upper}$ 和 $\varphi_{lower}$。假定 MZI 的输入信号光场和输出信号光场分别为 $E_1$ 和 $E_2$,当 $\varphi_{lower}=0$ 且 $\alpha_2=0.5$ 时,MZI 光场的传递函数表示为

$$T(f) = -\frac{1}{\sqrt{2}}\{\sqrt{\alpha_1} - \sqrt{1-\alpha_1}\,e^{-j[2\pi(f-f_c)\tau - \varphi_{upper}]}\}$$

$$= \sum_{n=0}^{1} C_i e^{-2\pi j(f-f_c)\cdot n\tau}$$

$$= C_0 + C_1 e^{-j[2\pi(f-f_c)\tau]}$$

(7-1)

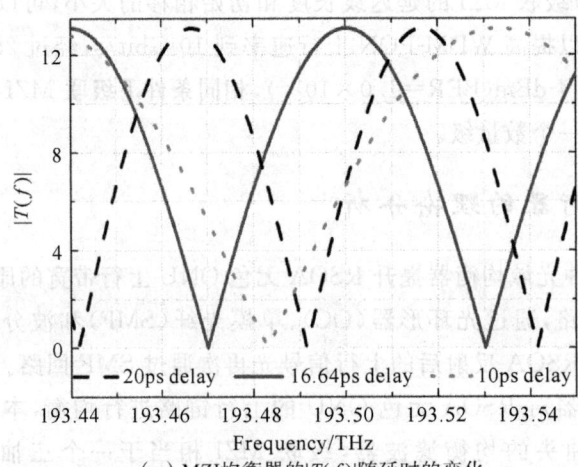

(a) MZI均衡器的 $|T(f)|$ 随延时的变化

图 7-4　两抽头 MZI 均衡器的 $|T(f)|$ 随延时、耦合因子和初始相移的变化

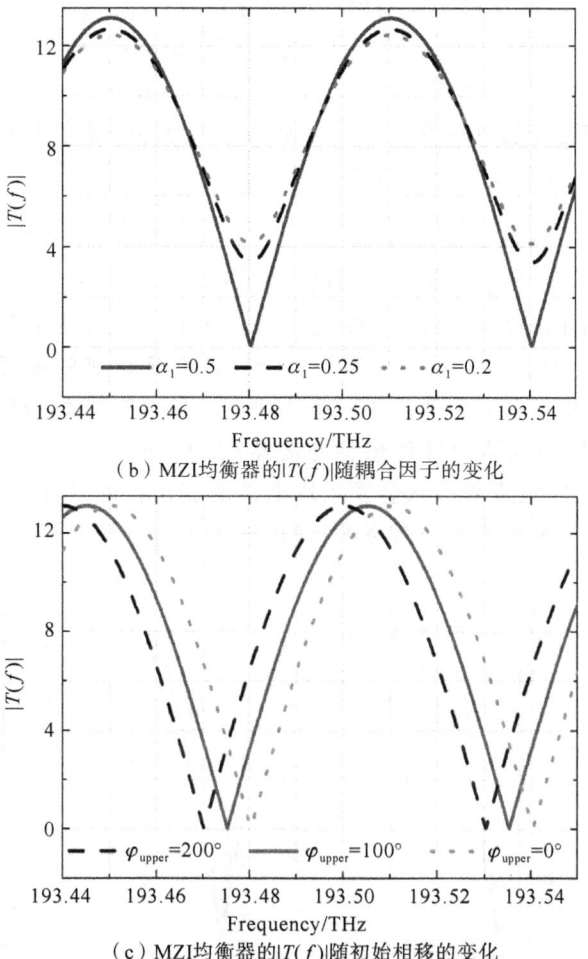

(b) MZI均衡器的|T(f)|随耦合因子的变化

(c) MZI均衡器的|T(f)|随初始相移的变化

图 7-4　两抽头 MZI 均衡器的|T(f)|随延时、耦合因子和初始相移的变化(续)

式中，$C_0$ 和 $C_1$ 分别为 MZI 的两个抽头系数；$f_c$ 为输入信号光的中心频率 $C_0$ 和 $C_1$ 的表示为

$$\begin{cases} C_0 = -\sqrt{\alpha_1/2} \\ C_1 = \sqrt{(1-\alpha_1)/2} \cdot e^{j\varphi_{upper}} \end{cases} \quad (7\text{-}2)$$

传递函数的绝对值可以表示为

$$|T(f)| = \frac{1}{\sqrt{2}} \{1 - 2\sqrt{(1-\alpha_1) \cdot \alpha_1} \cos[2\pi(f-f_c)\tau - \varphi_{upper}]\}^{\frac{1}{2}} \quad (7\text{-}3)$$

根据式(7-3)，$|T(f)|$ 随着延时 $\tau$，耦合系数 $\alpha_1$ 和初始相移 $\varphi_{upper}$ 的变化而改变，如图 7-4(a)、(b)和(c)所示。当 $\tau$ 变小时，FSR 反而会增大；当 $\alpha_1$ 变小时，$|T(f)|$ 的斜率也随之变小；当 $\varphi_{upper}$ 发生变化时，$|T(f)|$ 的位置会发生左右平移。可以看出，通过优化 MZI 的抽头系数可以优化传递函数曲线，进而达到均衡的目的。

**2. 三抽头级联 MZI 均衡器**

图 7-3(b)为级联 MZI 的结构图，这个三抽头的均衡滤波器由两个 MZI 串联连接，同样可以放在上行接收端，对系统起到一定的均衡效果。级联 MZI 的耦合因子分别为 $\alpha_1$、$\alpha_2$ 和

$\alpha_3$,时间延迟为 $\tau_1$ 和 $\tau_2$,上臂和下臂的附加相移分别为 $\varphi_{1\text{upper}}$、$\varphi_{2\text{upper}}$、$\varphi_{1\text{lower}}$ 和 $\varphi_{2\text{lower}}$。假定 $\varphi_{1\text{lower}}=\varphi_{2\text{lower}}=0$,$\alpha_2=\alpha_3=0.5$ 且 $\tau_1=\tau_2=\tau$,级联 MZI 均衡器的传递函数可以表示为

$$H(f)=C_0+C_1\cdot e^{-2\pi j(f-f_c)\cdot\tau}+C_2\cdot e^{-2\pi j(f-f_c)\cdot 2\tau} \tag{7-4}$$

这里 $f_c$ 为输入信号光的中心频率,$C_0$、$C_1$ 和 $C_2$ 分别为均衡器的三个抽头系数,可表示为

$$\begin{cases} C_0=-\sqrt{\alpha_1(1-\alpha_2)\alpha_3} \\ C_1=-\sqrt{(1-\alpha_1)\alpha_2\alpha_3}\cdot e^{j\varphi_{1\text{upper}}}-\sqrt{\alpha_1\alpha_2(1-\alpha_3)}\cdot e^{j\varphi_{2\text{upper}}} \\ C_2=\sqrt{(1-\alpha_1)(1-\alpha_2)(1-\alpha_3)}\cdot e^{j(\varphi_{1\text{upper}}+\varphi_{2\text{upper}})} \end{cases} \tag{7-5}$$

级联 MZI 均衡器的 $|H(f)|$ 随 $\tau$、$\alpha$ 以及 $\varphi_{2\text{upper}}$ 大小的变化如图 7-5(a)所示、(b)和(c)所示。如图 7-5(a)所示,当 $\tau_2=\tau_1=17$ ps 时,$|H(f)|$ 的 FSR 顶部平稳,当 $\tau_2=3\tau_1=51$ ps 时,$|H(f)|$ 的 FSR 顶部出现多个毛刺;如图 7-5(b)所示,当 $\alpha_1$ 变化时,$|H(f)|$ 的斜率也会发生变化,且 $\alpha_1=0.25$ 时,滤波器为准理想型滤波器;如图 7-5(c),当 $\varphi_{1\text{upper}}$ 保持 17 ps 不变,$\varphi_{2\text{upper}}$ 变化时,$|H(f)|$ 的位置和形状会发生周期性的变化。可以看到,优化级联 MZI 的三个抽头系数同样可以达到改善上行带宽的目的。

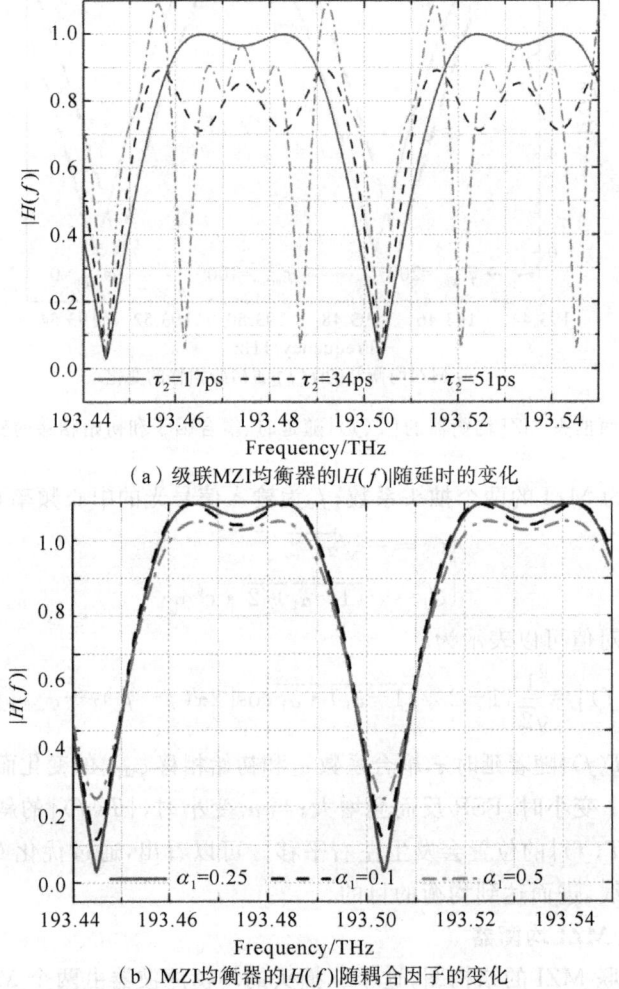

图 7-5 三抽头级联 MZI 均衡器的 $|H(f)|$ 随延时、耦合因子和初始相移的变化

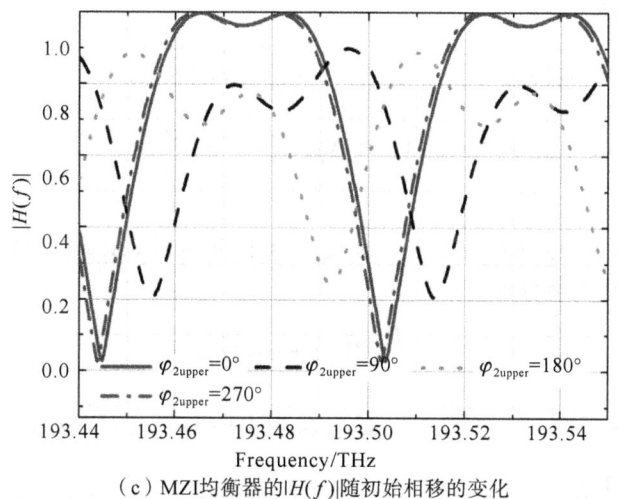

(c) MZI均衡器的$|H(f)|$随初始相移的变化

图 7-5　三抽头级联 MZI 均衡器的$|H(f)|$随延时、耦合因子和初始相移的变化（续）

### 3. 光域均衡提升 RSOA 无色 ONU 上行带宽的理论分析

采用 MZI 均衡的 RSOA 无色 ONU 上行链路结构示意图如图 7-6 所示。

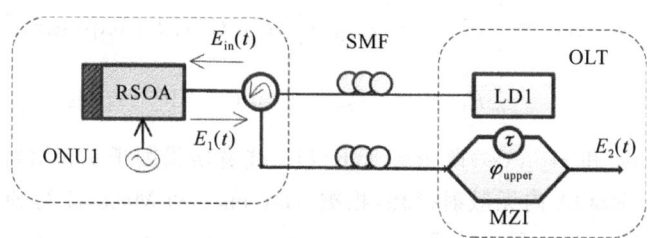

图 7-6　采用 MZI 均衡的 RSOA 无色 ONU 上行链路结构示意图

假定 RSOA 和 MZI 之间的 SMF 长度为 0。在 ONU1，对 RSOA 进行频率为 $\omega$ 的小信号调制，MZI 的时延为 $\tau$，附加相移为 $\varphi_{upper}$，输出信号的光场 $E_2(t)$ 与输入信号的光场 $E_1(t)$ 的关系可表示为

$$
\begin{aligned}
E_2(t) &= \frac{1}{2}[E_1(t)+E_1(t-\tau)\times \exp(j\varphi_{upper})] \\
&= \frac{1}{2}\{\sqrt{P_{RSOA}(t)}\exp[j\varphi_{RSOA}(t)]+\sqrt{P_{RSOA}(t-\tau)}\times \\
&\quad \exp[j\varphi_{RSOA}(t-\tau)]\exp(j\varphi_{upper})\}
\end{aligned}
\tag{7-6}
$$

这里 $P_{RSOA}(t)$ 和 $\varphi_{RSOA}(t)$ 分别为 RSOA 输出光信号的功率和相位，MZI 的输出光功率表示为

$$
P_{out}(t)=|E_2(t)|^2=\frac{1}{4}\{P_{RSOA}(t)+P_{RSOA}(t-\tau)+2\sqrt{P_{RSOA}(t)}\sqrt{P_{RSOA}(t-\tau)}\times \\
\cos[\varphi_{RSOA}(t)-\varphi_{RSOA}(t-\tau)-\varphi_{upper}]\}
\tag{7-7}
$$

定义 $\Delta\varphi_{RSOA}(t)=\varphi_{RSOA}(t)-\varphi_{RSOA}(t-\tau)$。为了得到 MZI 频率响应的解析表达式，需要将 $P_{out}(t)$ 和其表达式中的 $P_{RSOA}(t)$ 和 $\varphi_{RSOA}(t)$ 展开为泰勒级数。式(7-7)可表示为

$$P_{\text{out}}(t) = \{\overline{P}_{\text{out}} + \Delta P_{\text{out}}(t)\}$$
$$= \frac{\overline{P}_{\text{RSOA}}}{2}[1+\cos(\varphi_{\text{upper}})] + \left\{\frac{1}{4}[1+\cos(\varphi_{\text{upper}})] \times [\Delta P_{\text{RSOA}}(t) + \Delta P_{\text{RSOA}}(t-\tau)] + \right.$$
$$\left. \frac{1}{2}\overline{P}_{\text{RSOA}}\sin(\varphi_{\text{upper}})[\Delta\varphi_{\text{RSOA}}(t) + \Delta\varphi_{\text{RSOA}}(t-\tau)]\right\}$$

(7-8)

式中，$\overline{P}_{\text{RSOA}}$ 和 $\Delta P_{\text{RSOA}}(t)$ 分别是 $P_{\text{RSOA}}$ 的直流项和交流项；$\Delta\varphi_{\text{RSOA}}(t)$ 是 $\varphi_{\text{RSOA}}$ 的交流项；$P_{\text{out}}(t)$ 的直流项和交流项分别为

$$\overline{P}_{\text{out}} = \frac{\overline{P}_{\text{RSOA}}}{2}[1+\cos(\varphi_{\text{upper}})] \tag{7-9}$$

$$\Delta P_{\text{out}}(t) = \frac{1}{4}[1+\cos(\varphi_{\text{upper}})]\{p_{\text{RSOA}}(\omega)[1+\exp(j\omega\tau)] \times \exp(-j\omega t) + c.c.\} +$$
$$\frac{1}{2}\overline{P}_{\text{RSOA}}\sin(\varphi_{\text{upper}})\{\varphi_{\text{RSOA}}(\omega)[1-\exp(j\omega\tau)] \times \exp(-j\omega t) + c.c.\}$$

(7-10)

这里 $\omega$ 为 RSOA 小信号调制的频率，$p_{\text{RSOA}}(\omega)$ 和 $\varphi_{\text{RSOA}}(\omega)$ 分别为 $\Delta P_{\text{RSOA}}(t)$ 和 $\Delta\varphi_{\text{RSOA}}(t)$ 的傅里叶变化。MZI 输出光信号的小信号调制幅度表示为

$$p_{\text{out}}(\omega) = \frac{1}{4}[1+\cos(\varphi_{\text{upper}})]p_{\text{RSOA}}(\omega)[1+\exp(j\omega\tau)] +$$
$$\frac{1}{2}\overline{P}_{\text{RSOA}}\sin(\varphi_{\text{upper}})\varphi_{\text{RSOA}}(\omega)[1-\exp(j\omega\tau)] \tag{7-11}$$

式中，$\overline{P}_{\text{RSOA}}$、$p_{\text{RSOA}}(\omega)$ 和 $\varphi_{\text{RSOA}}(\omega)$ 既依赖于 RSOA 线宽增强因子 $\alpha$ 和增益 $G$，又依赖于输入光信号 $E_1(t)$，假定 RSOA 内无散射损耗，根据 Marcenac 和 Mecozzi 的 SOA 理论模型，有

$$p_{\text{RSOA}}(\omega) = \{[-(\overline{G}-1)\overline{P}_{\text{RSOA}}\tau_{\text{RSOA}}/(P_{\text{sat}}\tau_s)]/(-j\omega\tau_{\text{RSOA}}+1)\}p_{\text{in}}(\omega) \tag{7-12}$$

$$\varphi_{\text{RSOA}}(\omega) = -(\alpha/2\overline{P}_{\text{RSOA}})p_{\text{RSOA}}(\omega) \tag{7-13}$$

式中，$P_{\text{sat}} = Ah\omega/(\alpha\Gamma\tau_s)$ 为 RSOA 的饱和光功率；$A$ 和 $\Gamma$ 是 RSOA 有源区的横截面面积和增益限制因子；$\tau_{\text{RSOA}}$ 和 $p_{\text{in}}(\omega)$ 分别为 RSOA 的有效载流子寿命和小信号调制幅度。将式(7-12)和式(7-13)带入式(7-11)，我们可以得到 RSOA 级联 MZI 的归一化频率响应为

$$T(\omega) = p_{\text{out}}(\omega)/p_{\text{in}}(\omega) = p_{\text{RSOA}}(\omega)/4p_{\text{in}}(\omega)$$
$$= \{[\cos(\varphi_{\text{upper}})+1][1+\exp(j\omega\tau)] - \alpha\sin(\varphi_{\text{upper}})[1-\exp(j\omega\tau)]\} \tag{7-14}$$

归一化后，式(7-14)可以写成

$$T_{\text{RSOA+MZI}}(\omega) = \frac{T(\omega)}{T(0)} = T_{\text{RSOA}}(\omega)T_{\text{MZI}}(\omega) \tag{7-15}$$

$$T_{\text{RSOA}}(\omega) = \frac{p_{\text{RSOA}}(\omega)}{p_{\text{RSOA}}(0)} = -j\omega\tau_{\text{RSOA}}+1 \tag{7-16}$$

因此，MZI 的归一化频率响应为

$$T_{\text{MZI}}(\omega) = \frac{1}{2}\left\{[1+\exp(j\omega\tau)] - \frac{\alpha\sin(\varphi_{\text{upper}})}{[1+\cos(\varphi_{\text{upper}})]} \times [1-\exp(j\omega\tau)]\right\} \tag{7-17}$$

同时引入 $\gamma$ 带宽增强因子，

$$\gamma = \alpha\sin(\varphi_{\text{upper}})/[1+\cos(\varphi_{\text{upper}})] = \alpha\tan\left(\frac{\varphi_{\text{upper}}}{2}\right) \tag{7-18}$$

$T_{\text{RSOA+MZI}}(\omega)$的幅度可表示为

$$|T_{\text{RSOA+MZI}}(\omega)| = |T_{\text{RSOA}}(\omega)| \times |T_{\text{MZI}}(\omega)| = |T_{\text{RSOA}}(\omega)| \times \sqrt{\frac{1+\gamma^2-(\gamma^2-1)\cos(\omega\tau)}{2}}$$

(7-19)

由式子(7-19)可以看出,选择合理的 $\alpha$、$\tau$ 和 $\varphi_{\text{upper}}$,优化 MZI 的高通滤波特性,可以弥补 RSOA 对高频信号响应不足的问题,达到较好的均衡效果。根据式子(7-18)得到 $\alpha$ 与 $\gamma$ 的关系如图 7-7(a)所示,根据式子(7-19)得到 $\gamma$、$\tau$ 和 $T_{\text{RSOA+MZI}}(\omega)$ 的关系如图 7-7(b)和 7-7(c)所示。

当 $\alpha=2,3,4,5$ 时, $\gamma$ 和 $\varphi_{\text{upper}}$ 的关系如图 7-7(a)所示,通过 $\gamma$ 的值可以得到 MZI 确切的 $\varphi_{\text{upper}}$。图 7-7(b)给出了 $\tau_{\text{RSOA}}=500$ ps 时, $|T_{\text{RSOA}}(\omega)|$ 的曲线; $\tau_{\text{MZI}}=16.64$ ps 时, $|T_{\text{MZI}}(\omega)|$ 的曲线;以及 $\gamma=27,43,45,60$ 时, $|T_{\text{RSOA+MZI}}(\omega)|$ 的曲线。可以看到, $\gamma=43$ 时,RSOA-MZI 相结合的系统 $-3$ dB 带宽可以达到 10 GHz。由图 7-7(c)可知,对于 $\gamma=43$ 且 $\tau=20$ ps,RSOA-MZI 的 SSFR 一直到 20 GHz 仍然平坦;对于 $\tau=16.64$ ps,RSOA-MZI 的 $-3$ dB 带宽可以达到 10 GHz。因此要想得到 RSOA-MZI 的 10 GHz 带宽,须优化 MZI 的参

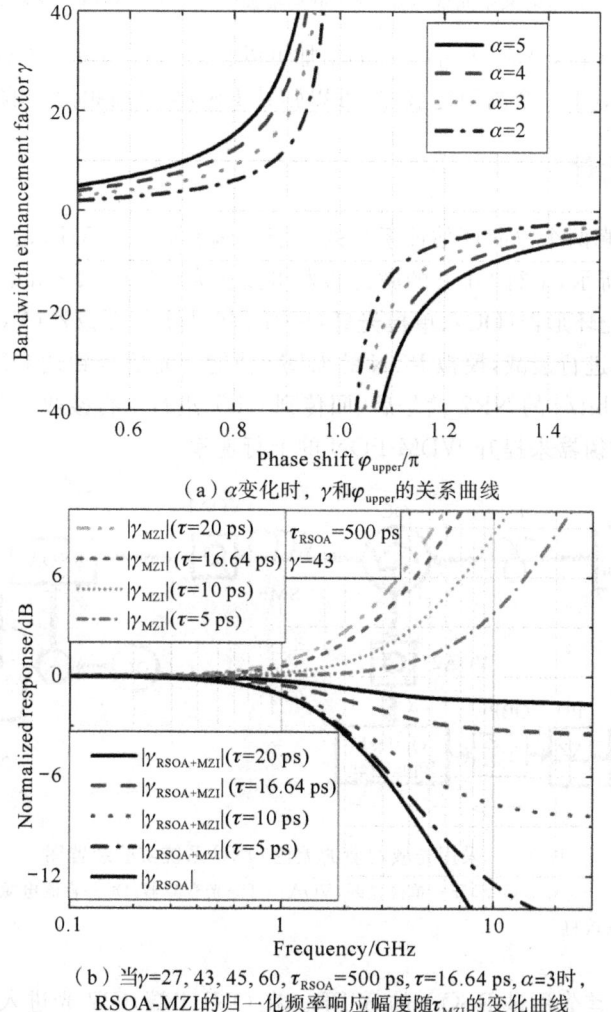

(a) $\alpha$ 变化时, $\gamma$ 和 $\varphi_{\text{upper}}$ 的关系曲线

(b) 当 $\gamma=27,43,45,60$, $\tau_{\text{RSOA}}=500$ ps, $\tau=16.64$ ps, $\alpha=3$ 时,RSOA-MZI 的归一化频率响应幅度随 $\tau_{\text{MZI}}$ 的变化曲线

图 7-7 $\gamma$ 和 $\varphi_{\text{upper}}$ 的关系曲线以及 MZI 带宽增强因子 $\gamma$ 和 $\tau$ 对均衡效果的影响

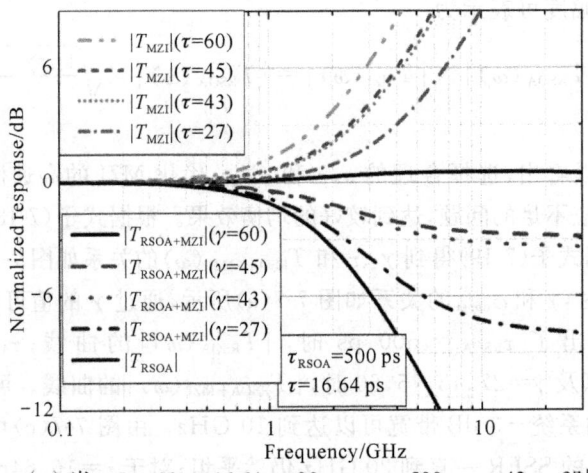

(c) 当 $\tau= 5$ ps, 10 ps, 16.64 ps, 20 ps, $\tau_{RSOA}=500$ ps, $\gamma= 43$, $\alpha=3$ 时，
RSOA-MZI 的归一化频率响应幅度随 $\gamma$ 的变化曲线

图 7-7　$\gamma$ 和 $\varphi_{upper}$ 的关系曲线以及 MZI 带宽增强因子 $\gamma$ 和 $\tau$ 对均衡效果的影响（续）

数 $\gamma=43$ 且 $\tau=16.64$ ps，保证 $|T_{MZI}(\omega)|$ 的增加可以补偿 $|T_{RSOA}(\omega)|$ 的减小。从图 7-7(b) 和 (c) 可看出，MZI 近似于一个高通滤波器，可以弥补 RSOA 对高频信号响应不足的问题。

### 7.3.2　方案设计

通过实验和仿真两个方面评估该系统的性能。编者研究的采用光域均衡的无色 ONU 实验方案如图 7-8 所示，下行 OLT 的激光器发出波长为 1 550.92 nm 的连续光（CW），通过偏振控制器（PC）、光环形器（OC）、单模光纤（SMF）和可变光衰减器（VOA1）。VOA1 对进入 ONU1 的光功率进行衰减，模拟 PON 的 ODN 功能。光信号到达 ONU1 后被 RSOA 反射并加载上行 10 Gbit/s 的 NRZ 信号后，回传到 OLT 进行上行接收。方案在 OLT 接收端使用 MZI 作为光均衡器来提升 WDM-PON 的上行速率。

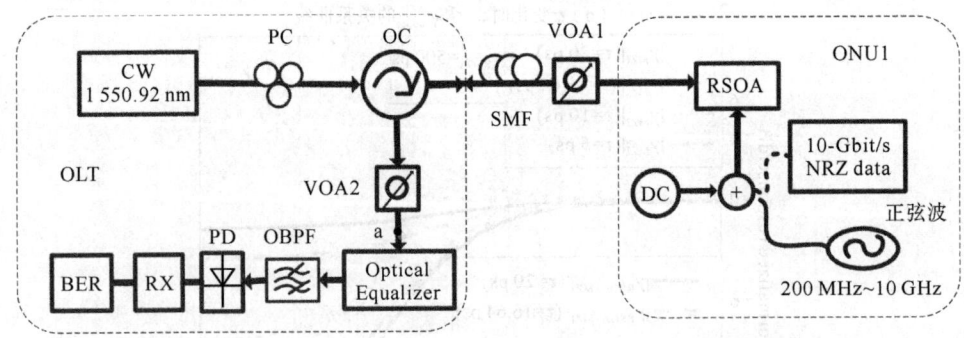

图 7-8　采用光域均衡的无色 ONU 系统实验装置图
PC—偏振控制器，OC—光环形器，SMF—单模光纤，VOA—可变光衰减器，DC—直流电源，OBPF—光带通滤波器，
PD—光电探测器，RX—接收机

如图 7-8 所示，首先测试 RSOA 的 SSFR。在 ONU1 端，CW 光进入 RSOA 后被一个峰值为 2 mA、频率为 200 MHz~10 GHz 的正弦波小信号调制，RSOA 的偏置电流为 60 mA。

被调制的光信号回传到 OLT 端经过 MZI 均衡后,经过 PD 光电转换接收。接着我们对系统上行大信号调制进行了分析,即采用 10 Gbit/s 的 NRZ 信号对上行光调制。

### 7.3.3 仿真与实验结果分析

图 7-9 给出了背对背(BTB)和 25 km 传输时,采用 MZI 均衡前后的眼图对比情况。MZI 均衡前的眼图几乎全部闭合,尤其在上行 10 Gbit/s 的 25 km 传输下,但均衡后的眼图明显张开。图 7-10 给出了仿真测得的 MZI 均衡前后的信号光谱图以及 MZI 传递函数的幅度随 $\Delta f$ 的变化曲线。$\Delta f$ 为 CW 中心频率和 MZI 中心频率的相对频率差。这里 $\Delta f = 10 \sim 30$ GHz,优化 $\Delta f = 20$ GHz 时,MZI 的高通滤波特性可以弥补 RSOA 对高频信号响应不足的问题,达到均衡效果。

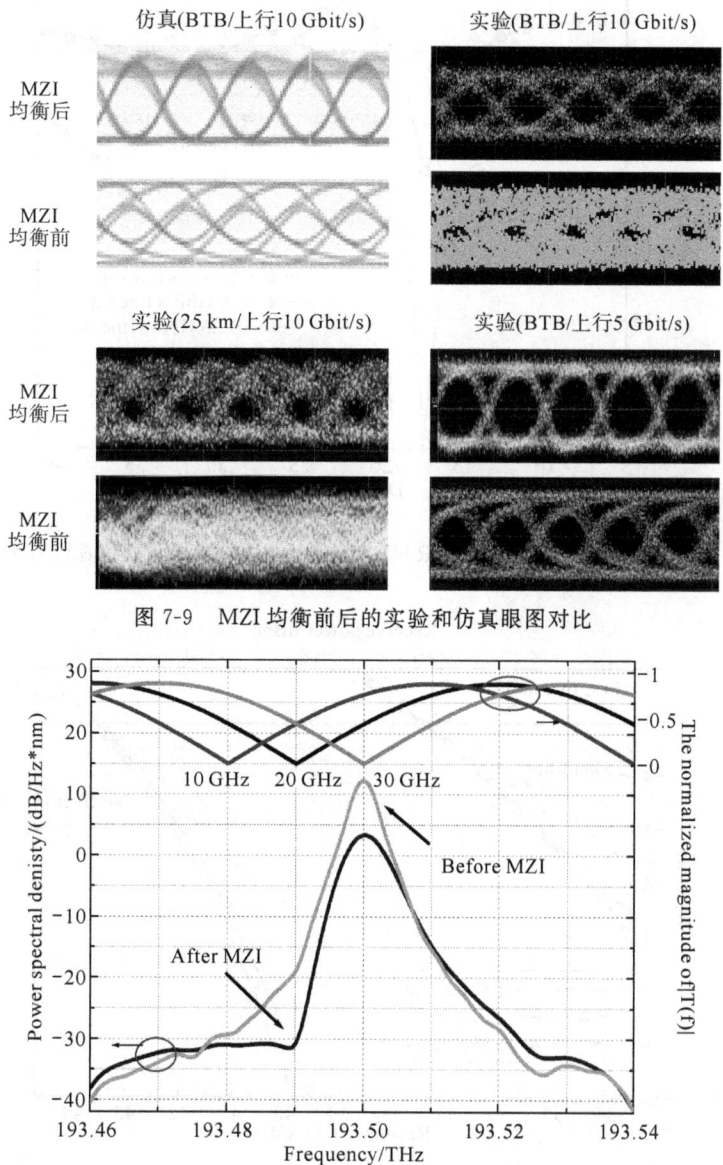

图 7-9 MZI 均衡前后的实验和仿真眼图对比

图 7-10 $\Delta f = 10$ GHz,20 GHz 和 30 GHz 时,仿真测得 MZI 的归一化传递函数幅度曲线以及 $\Delta f = 20$ GHz 时均衡前后的光谱图

图 7-11 给出了 BER 随比特率和 MZI 两臂延时差变化的仿真结果曲线。可以看到在不同的比特率下(5/10/12.5 Gbit/s),当时延为 16.64 ps 时 BER 都可以达到最低值,说明此时延差即为最优值。图 7-12 为不同波长信号的 BER 随接收光功率和环路损耗变化的实测曲线。1 550.92 nm 的光信号经过 25 km 的光纤传输,当 BER=$1.0×10^{-3}$ 且环路损耗为 37.5 dB 时,上行接收灵敏度可以达到-15.8 dBm。该图证明两抽头 MZI 均衡器可以满足 ITU-T 信道间隔为 100 GHz 的 WDM 系统。此实验中使用的 MZI 由 Optoplesx 公司提供,实验测得 MZI 的插入损耗约为 7.8 dB。图 7-13 为点 a 处实测的 BER 随光功率的变化曲线,可以看出在上行接收端前采用光均衡器使得系统性能得到了很大提升。

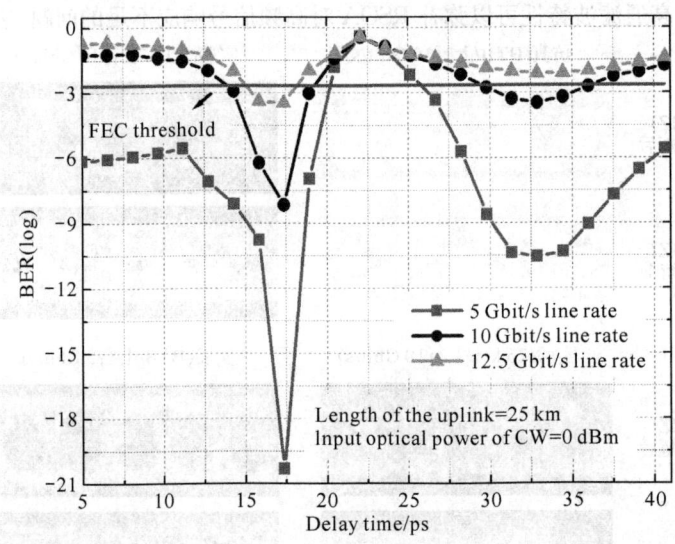

图 7-11 25 km 光纤传输下 BER 随 MZI 延时和比特率变化的仿真结果曲线

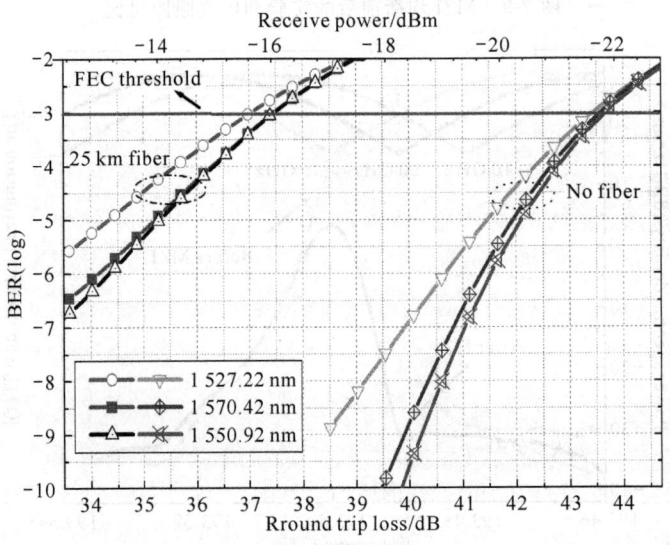

图 7-12 三种不同波长的光信号在 BTB/25 km 光纤传输下的 BER 随环路损耗和接收功率的实测变化曲线

我们对影响系统性能的环路损耗进行分析,环路损耗分别来自 RSOA 重调效应带来的干扰、反向瑞利散射以及各个连接器件的反射等。第一,我们可以采用频移键控(FSK)调制或者 MZM 的 OCS 调制等方式使上下行信号的频率发生一定偏移,从而减小环路中的瑞利散射。第二,由于我们使用铌酸锂 MZI,均衡效果会受到温度的影响,如果采用基于硅(Si)材料封装的 MZI,可以在很大程度上减小插入损耗,进而减小环路损耗。

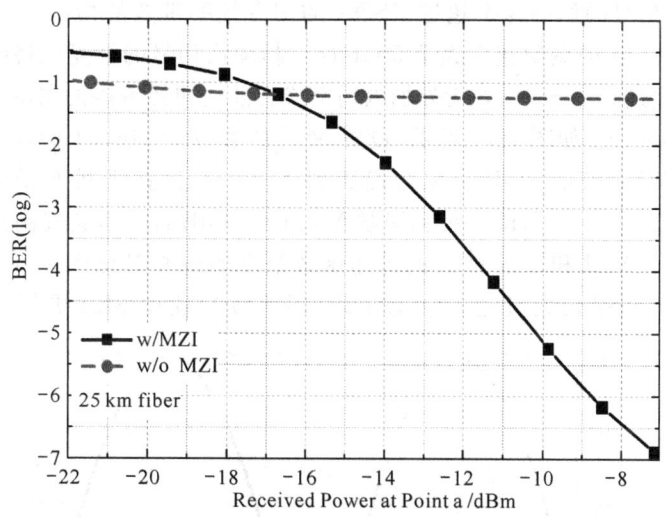

图 7-13 25 km 光纤传输下在装置图点 a 处实验测得的 BER 随接收光功率变化曲线

为了提出与实际相符的 RSOA 理论模型,我们对商用 RSOA(SOA-RL-OEC-1550)的小信号频率响应等关键参数进行测试,然后将仿真和测试结果拟合,确定出 RSOA 的有源区物理参数。然后通过仿真,比较分析了使用 MZI 以及级联 MZI 以后的 RSOA 的小信号频率响应曲线,发现当 MZI 参数设置合理时,上行带宽可以增大到 10 GHz。

图 7-14 给出了商用 RSOA 的归一化小信号频率响应实测曲线。RSOA 的小信号频率响应决定了 RSOA 的调制带宽,这是决定 RSOA 无色 ONU 上行带宽的主要因素。如

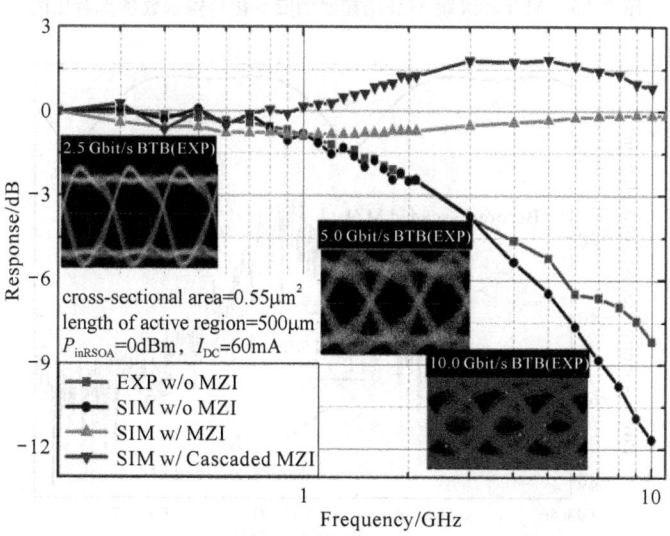

图 7-14 RSOA 以及 RSOA 和均衡器的 SSFR 实验和仿真图

图 7-14 所示,当有源区面积为 0.55 μm²,有源区长度为 0.5 mm,线宽因子为 3,有效折射率为 3.7,模式增益因子为 0.45,RSOA 的输入光功率为 0 dBm,偏置电流为 60 mA 时,商用 RSOA 的 −3 dB 带宽不到 2 GHz,仿真(蓝色)和实验(绿色)的曲线在 3 GHz 以内的吻合度很高,证明了 RSOA 模型的有效性。图 7-14 中的眼图分别表示的是调制速率分别为 2.5 Gbit/s、5 Gbit/s 和 10 Gbit/s 时,RSOA 的输出光信号。

可以看出,在信号的调制速率超过 RSOA 的固有频率带宽的情况下,输出信号的消光比逐渐减小,当 RSOA 的调制速率大于 5 Gbit/s 时,输出信号的消光比将明显变小。因此,在系统传输距离超过 20 km 时,在无外加电均衡或者前向纠错编码的情况下,信号的调制速率不能超过 2.5 Gbit/s。如图 7-14 所示,设置 MZI 的参数 $\tau=16.64$ ps,$\alpha_1=0.5$ 且 $\varphi_{upper}=200°$,RSOA 和 MZI 系统的 3-dB 带宽会提高到 10 GHz;设置级联 MZI 的参数 $\tau_2=\tau_1=17$ ps,$\alpha_1=0.25$ 且 $\varphi_{2upper}=0°$,RSOA 和级联 MZI 的 −3 dB 带宽也会提高到 10 GHz。

图 7-15 为单个 MZI 和级联 MZI 的传递函数幅度的仿真对比图。可以看到级联 MZI 均衡器的通带衰减斜率较大且通带顶部平坦,即滤波特性比 MZI 更好。图 7-16 为仿真

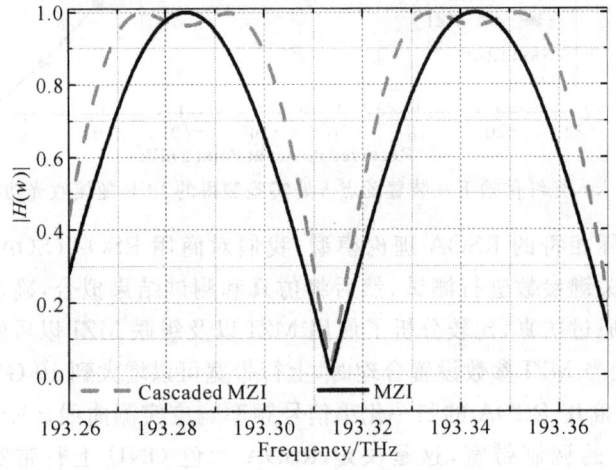

图 7-15 MZI 和级联 MZI 均衡器的归一化传输函数仿真对比图

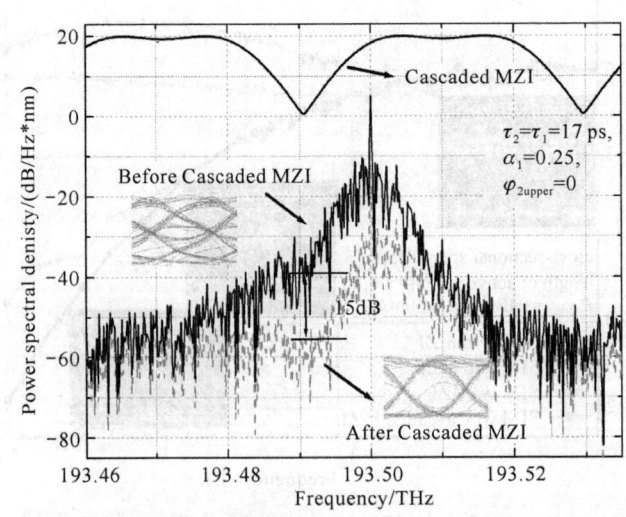

图 7-16 25 km 光纤传输下仿真测得级联 MZI 的传输函数、均衡前后的信号光谱图和眼图

测得的级联 MZI 输出信号光谱图,可以看到部分边带分量被抑制了约 15 dB,级联可以弥补 RSOA 对高频信号响应不足的问题,对 RSOA 均衡效果同样明显。图 7-17 给出了 BER 随接收光功率和级联 MZI 时延 $\tau_2$ 的仿真变化曲线,当 $\tau_2$ 为 17 ps 时系统性能可以达到最优。

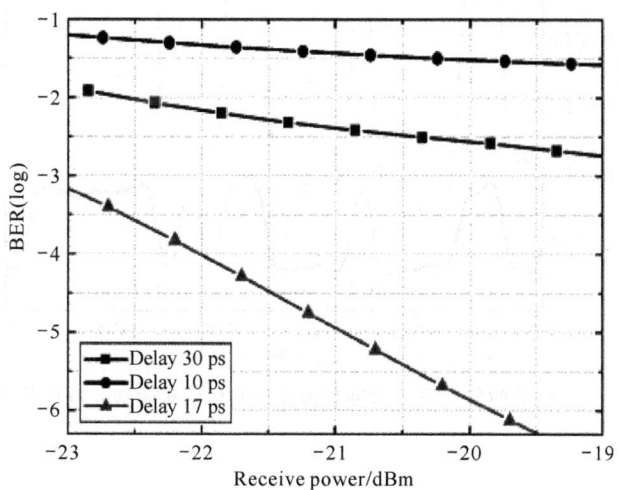

图 7-17　25 km 光纤传输下级联 MZI 均衡前后的 BER 随接收
光功率和时延 $\tau_2$ 的仿真变化曲线

图 7-18 为 BER 随上行光纤长度的仿真变化曲线,级联 MZI 均衡前的 BER 在 BTB 情况下严重恶化,当注入光功率为 0 dBm,光纤传输为 25 km,BER≤$1.0 \times 10^{-3}$ 时,对比单个 MZI 的均衡效果,级联 MZI 可以将 BER 减小至少一个数量级。图 7-19 为两种均衡器给系统带来的功率代价对比,级联 MZI 由于增加了一个耦合器导致其插入损耗较大,为 9 dB 左右,因而需要更高的发射光功率。

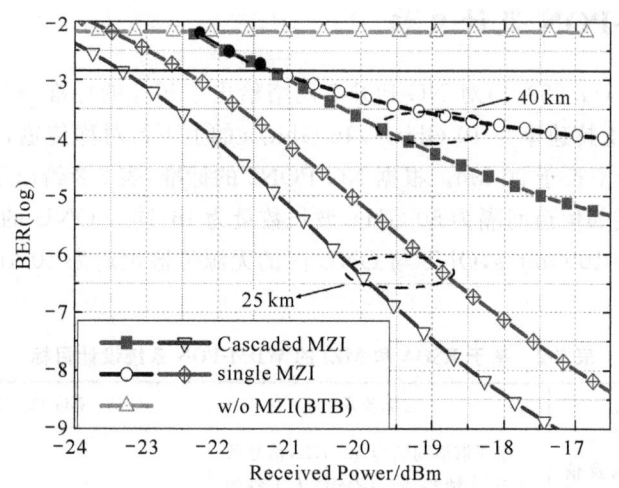

图 7-18　采用 MZI 和级联 MZI 均衡时 BER 随接收光功率和光纤长度的仿真变化图

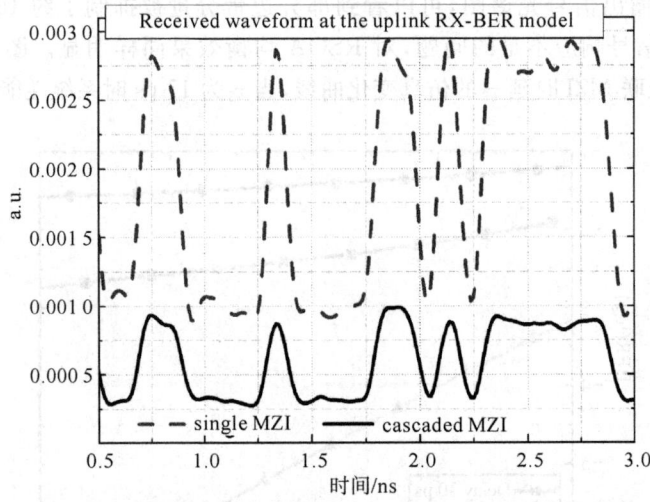

图 7-19 相同的信号采用两种均衡器均衡后的接收信号波形仿真图

## 7.4 WDM-PON 中 RSOA 无色 ONU 的多通道均衡方案

在上述工作基础上，本小节提出了 WDM-PON 中 RSOA 无色 ONU 的多通道均衡方案。在 OLT 上行接收单元的 WDM 解复用器前放置两抽头 MZI 光均衡器，提升 16 通道 WDM-PON 的上行带宽。WDM-PON 采用阈值为 $1.0\times10^{-3}$ 的 RS(255,223) 前向纠错编码，减小功率预算、纠正突发错误、改善系统接收灵敏度。我们用 VPI 仿真平台实现了 $16\times10$ Gbit/s 信号在 50 km 单模光纤上的无误码传输，并对影响系统均衡效果的关键因素进行了分析和讨论。

### 7.4.1 WDM-PON 设计目标

2013 年 ITU-T(G.989.1) 对 NG-PON2 网络给出了相应的标准，提出 NG-PON2 系统的每个波长通道需支持速率为 10 Gbit/s/10 Gbit/s 的上下行对称传输，主干光纤长度需达到 40 km，分支光纤不长于 20 km。根据 NG-PON2 的标准，表 7-2 给出了 WDM-PON 系统的设计目标：系统相邻信道间隔为 50 GHz，波长数量为 16，同一 ONU 的上下行使用相同的波长，单信道速率为 10 Gbit/s，OLT 与 ONU 间的无源传输距离为 40 km，分支光纤长度不长于 10 km。

表 7-2 基于 RSOA 和 MZI 的 WDM-PON 系统设计目标

| | 目标项 | 目标要求 | NG-PON2 标准要求 |
|---|---|---|---|
| 系统目标 | 信道间隔及信道数量 | 相邻信道间隔为 50 GHz，信号数量为 16 波长，同一 ONU 上下行使用相同波长信道 | |
| | 单信道速率 | 单向单信道速率为 10 Gbit/s | ITU-T(G.989.1) 建议 NG-PON2 系统容量为单信道下行 10 Gbit/s，上行 10 Gbit/s |

续表

| | 目标项 | 目标要求 | NG-PON2 标准要求 |
|---|---|---|---|
| 系统目标 | 覆盖范围 | OLT 与 ONU 间无源传输距离不小于 40 km；分支光纤最长可达 10 km | ITU-T(G.989.1)建议 NG-PON2 支持无源主干传输距离不小于 40 km，分支光纤不长于 20 km |
| | ONU 无色特征 | 支持 ONU 无色特征 | ONU 具有无色特征是未来 WDM-PON 系统的必要特征之一 |

## 7.4.2 WDM-PON 多通道均衡的方案设计

基于 MZI 光域均衡的 RSOA 无色 ONU 上行 16 通道 WDM-PON 方案结构如图 7-20 所示，在 OLT 端由 16 个分布式反馈(DFB)激光器和一个 1∶16 波分复用器构成，DFB 激光器发出的种子光波长分别在 1 548.12 nm～1 554.13 nm 之间，信道间隔为 50 GHz，经过主干光纤 40 km 传输之后到达每个 ONU，通过 RSOA 反射后上行回传到 OLT。每个 ONU 的上行信号采用 10 Gbit/s 的 NRZ 信号。为了保证每个 RSOA 的注入光功率大致相同，我们将光衰减器放置到 RSOA 之前，该 WDM-PON 设计需满足如下：

(1) OLT 根据实际需要选择 DFB 激光器的波长与数量；

(2) ONU 端采用 10Gbit/s 的 NRZ 直接调制外调制器 RSOA 的方式实现上行信号发射和传输；

(3) 系统采用波长重用的方式，即上下行波长一致，同一 ONU 的上下行至远端结点 (RN)端采用双纤结构。

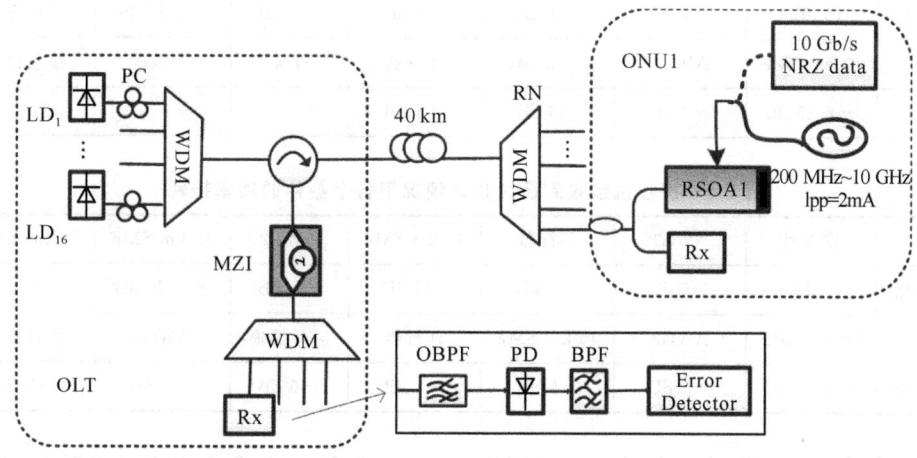

图 7-20 基于 MZI 均衡的 RSOA 无色 ONU 16 通道均衡方案仿真图

**1. WDM-PON 上下行波段设置**

WDM-PON 的上下行波段拟选择在 1 546～1 558 nm 之间，所选择的波长值满足 ITU-T 100 GHz 通道间隔规范或 ITU-T 50 GHz 通道间隔，波长数量为 16；系统上下行波长详细设置情况如表 7-3 所示。

表 7-3　上下行波长设置方案（ITU-T 50 GHz 通道间隔）

| 通道数 | 通道 1 | 通道 2 | 通道 3 | 通道 4 |
|---|---|---|---|---|
| 波长值 | 1 554.13 nm | 1 553.73 nm | 1 553.33 nm | 1 552.92 nm |
| 通道数 | 通道 5 | 通道 6 | 通道 7 | 通道 8 |
| 波长值 | 1 552.52 nm | 1 552.12 nm | 1 551.72 nm | 1 551.32 nm |
| 通道数 | 通道 9 | 通道 10 | 通道 11 | 通道 12 |
| 波长值 | 1 550.92 nm | 1 550.52 nm | 1 550.12 nm | 1 549.72 nm |
| 通道数 | 通道 13 | 通道 14 | 通道 15 | 通道 16 |
| 波长值 | 1 549.32 nm | 1 548.92 nm | 1 548.52 nm | 1 548.12 nm |

**2. WDM-PON 功率预算**

为了支持整个 WDM-PON 的正常传输，系统的功率预算分析如表 7-4 和表 7-5 所示。假定系统器件功率损耗恶劣，发射机光功率为 13 dBm，AWG、环形器、40 km 光纤损耗、RSOA 增益、MZI 插损等光纤器件的损耗分别为：−7 dB、−1 dB、−9 dB、+25 dB、−6 dB，表 7-4 为 OLT 上行接收端接收到的最小光功率情况，此时接收灵敏度为 −20.5 dBm；假定系统器件功率损耗正常，发射机光功率为 10 dBm，AWG、环形器、40 km 光纤损耗、RSOA 增益、MZI 插损等光纤器件的损耗分别为：−5 dB、−1 dB、−9 dB、+25 dB、−6 dB，表 7-5 为 OLT 上行接收端接收到最大光功率情况，此时接收灵敏度为 −15.5 dBm。

表 7-4　接收机接收到最小功率情况下各个器件的功率损耗

| 器件 | 发射机 | AWG1 | 环形器 | 40 km SMF | AWG2 | 10 km SMF | RSOA 增益 |
|---|---|---|---|---|---|---|---|
| 功率损耗 | 13 dBm | −7 dB | −1 dB | −9 dB | −7 dB | −2.25 dB | +25 dB |
| 器件 | 10 km SMF | AWG2 | 40 km SMF | 环形器 | MZI 插损 | AWG3 | 接收机功率 |
| 功率损耗 | −2.25 dB | −7 dB | −9 dB | −1 dB | −6 dB | −7 dB | −20.5 dBm |

表 7-5　接收机接收到最大功率情况下各个器件的功率损耗

| 器件 | 发射机 | AWG1 | 环形器 | 40 km SMF | AWG2 | 10 km SMF | RSOA 增益 |
|---|---|---|---|---|---|---|---|
| 功率损耗 | 10 dBm | −5 dB | −1 dB | −9 dB | −5 dB | −2.25 dB | +25 dB |
| 器件 | 10 km SMF | AWG2 | 40 km SMF | 环形器 | MZI 插损 | AWG3 | 接收机功率 |
| 功率损耗 | −2.25 dB | −5 dB | −9 dB | −1 dB | −6 dB | −5 dB | −15.5 dBm |

由于接收机（APD）典型接收功率范围为 −24～−7 dBm，从两个表中可以看出，上行光功率满足光功率预算要求，接下来我们用 VPI 仿真工具对此 WDM-PON 系统进行仿真验证和分析。

### 7.4.3　WDM-PON 多通道均衡方案的主要影响因素分析

为了保证 16 通道的 WDM-PON 系统各路的均衡效果基本一致，我们设计 MZI 的 FSR

为 25 GHz，图 7-21 为 16 通道中其中 4 个通道信号的光谱以及 MZI 的归一化传递函数幅度仿真曲线。可以看出，由于 MZI 设计的 FSR 宽度为 WDM 通道间隔的一半，因此 MZI 对于每一个通道信号都能起到几乎相同的均衡作用。均衡后的信号光谱中部分分量被滤掉，使得每一路相当于一个单边带或残留边带调制信号。

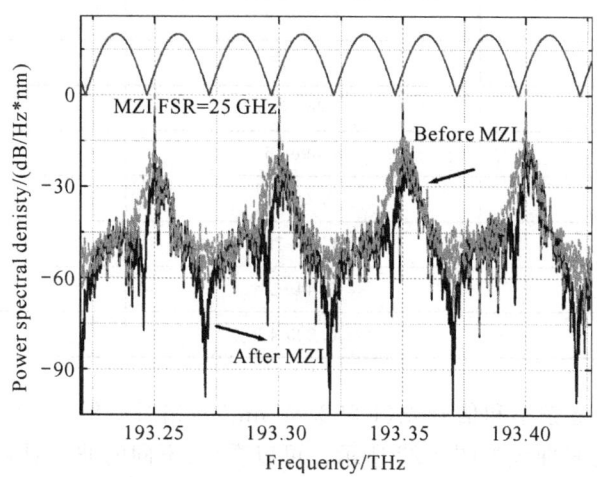

图 7-21　四通道信号经过 MZI 均衡前后的仿真光谱图

**1. 波长不同**

仿真发现，不同波长信号采用同一 MZI 均衡后产生的均衡效果不同。普通单模光纤色散系数为 17 ps/nm·km，经过 40 km 主干光纤和 10 km 分支光纤传输，在 $1.0\times10^{-3}$ 误码门限下传输性能最好的是 1 552.92 nm 波长信道，最差的是 1 550.92 nm 波长信道，灵敏度相差约为 1 dB，如表 7-6 所示。

表 7-6　相同 BER 下，仿真测得的传输情况最好的波长信道与最差波长信道的上行接收灵敏度对比

| 波长/nm | BER | 接收光功率/dBm |
| --- | --- | --- |
| 1 552.92 nm | $1.0\times10^{-3}$ | −17.5 |
| 1 550.92 nm | $1.0\times10^{-3}$ | −16.6 |

**2. MZI 关键参数不同**

如式(7-3)所示，MZI 上下臂的时延、耦合系数以及初始相移差决定了 MZI 的 FSR，对改善 RSOA 无色 ONU 的上行带宽起着重要作用。

(1) 为了保证每一路的均衡效果近似，多通道信号均衡对 MZI 的 FSR 大小要求比单通道 MZI 均衡严格。仿真结果发现：MZI 只有在延时为 40 ps，即 FSR=25 GHz 时，多路信号的均衡才能同时实现，否则会造成一些通道信号的严重恶化。

(2) MZI 的耦合因子决定了其传输函数的斜率。以 1 551.32 nm 波长信道为例，BTB 传输下 MZI 的耦合系数 1 为 0.5，耦合系数 2 从 0 到 1 变化，BER 随接收光功率的仿真变化如表 7-7 所示。可以看出：若要得到较好的 BER 性能，需要损耗较大的光功率。

表 7-7 不同耦合系数下 BER 随接收光功率仿真变化表

| 耦合系数 2 | BER | 接收光功率/dBm |
| --- | --- | --- |
| 0 | 0.003 4 | −9.193 51 |
| 0.11 | 1.1e-20 | −10.471 1 |
| 0.22 | 4.37e-18 | −10.979 4 |
| 0.33 | 4.7e-15 | −11.285 7 |
| 0.44 | 2e-14 | −11.433 6 |
| 0.56 | 8.39e-16 | −11.433 6 |
| 0.67 | 2.7e-17 | −11.285 7 |
| 0.78 | 2.17e-12 | −10.979 4 |
| 0.89 | 5.44e-5 | −10.471 1 |
| 1 | 0.003 4 | −9.193 51 |

(3)改变 MZI 的零频率和信号光(1 552.12 nm)的相对位置,即频率失谐,WDM-PON 多通道均衡误码率仿真曲线如图 7-22 所示。可以看出:不同的波长对频率失谐的容忍度不同。以达到 $1.0 \times 10^{-3}$ 为门限值,容限最大的是 1 549.72 nm,频率可偏移 4.4 GHz;容限最小的是 1 552.12 nm,频率可偏移 3.3 GHz,如表 7-8 所示。实际当中应控制 MZI 的温度,避免 FSR 的变化,同时保证信号光的频率漂移范围不超过±1.6 GHz 且 MZI 的设计以较中间的波长通道为主。

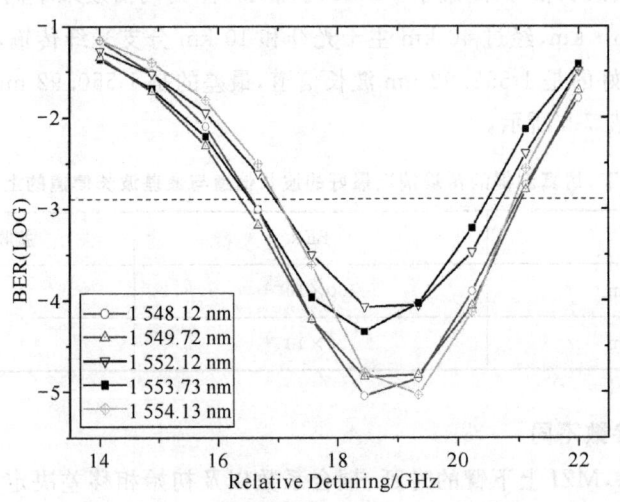

图 7-22 不同波长对 MZI 与信号光频率失谐的容忍度仿真曲线

表 7-8 相同误码门限下对频率偏移容忍度最大和最小的通道

| 通道/nm | 偏移容限 | 误码门限 |
| --- | --- | --- |
| 1 549.72 nm | 4.4 GHz | $1.0 \times 10^{-3}$ |
| 1 552.12 nm | 3.3 GHz | $1.0 \times 10^{-3}$ |

**3. 光纤色散不同**

多信道均衡效果不仅取决于上文提到的 MZI 参数,同时也受到光纤色散积累的影响,色散的积累会影响传输光场的频率响应。RSOA 在 NRZ 信号调制下的啁啾响应过程与色散积累之间紧密关联,但是 MZI 的频率响应可以补偿 RSOA 和色散积累共同作用下的 WDM-PON 上行频率响应。如图 7-23 所示,BTB 传输下,仿真测得不同波长的光信号经过 MZI 均衡后每一个通道的均衡效果基本相同,然而传输 25 km 后由于色散积累,各通道均衡效果出现了较大差别。传输不同距离(即色散不同)后,在 $1.0 \times 10^{-3}$ 误码门限下仿真测得的接收光功率如表 7-9 所示,可以得出:对于同一波长信道(如 1 548.12 nm),若主干光纤为 40 km,分支光纤传输距离相差 5 km,上行接收灵敏度相差约 1.4 dB;而当主干光纤传输距离相差 10 km 时,上行接收灵敏度相差约 4.9 dB。因此,光纤色散对于多通道均衡的影响很大,整个均衡过程是一个动态的由 MZI、RSOA 和光纤共同响应的过程。

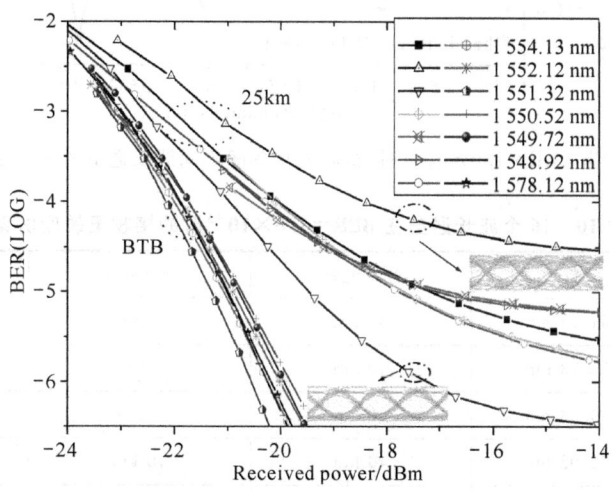

图 7-23 BTB/25 km 不同色散积累下,不同波长上行 BER 随接收光功率的仿真变化曲线

表 7-9 不同信道不同距离(色散不同)在 $1.0 \times 10^{-3}$ 误码门限下仿真测得的接收光功率

| 波长/nm | BER | 传输距离(主干+分支) | 接收光功率/dBm |
| --- | --- | --- | --- |
| 1 554.13(信道 1) | $1.0 \times 10^{-3}$ | 40+10 | -16.7 |
| 1 548.12(信道 16) | $1.0 \times 10^{-3}$ | 40+10 | -17.0 |
| 1 554.13(信道 1) | $1.0 \times 10^{-3}$ | 40+5 | -16.5 |
| 1 548.12(信道 16) | $1.0 \times 10^{-3}$ | 40+5 | -15.6 |
| 1 554.13(信道 1) | $1.0 \times 10^{-3}$ | 30 | -21.0 |
| 1 548.12(信道 16) | $1.0 \times 10^{-3}$ | 30 | -18.3 |
| 1 554.13(信道 1) | $1.0 \times 10^{-3}$ | 20 | -21.1 |
| 1 548.12(信道 16) | $1.0 \times 10^{-3}$ | 20 | -23.2 |

图 7-24 给出了经过 40 km 主干光纤和 5 km 支路光纤传输后,不同波长通道上行接收灵敏度仿真变化曲线。可以看出:处于信道边缘的 1 554.13 nm(信道 1)和 1 548.12 nm(信

道 16)需要更高的接收光功率才可获得与中间波长通道相同的 BER。因此 MZI 对于中间信道的均衡效果更好,这是由 MZI 的中心频率与中间信道的频率接近造成的。

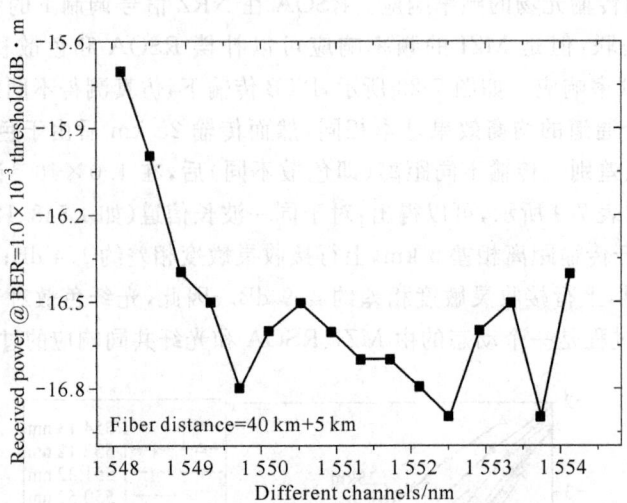

图 7-24  当 BER=1.0×10$^{-3}$时,接收光功率随不同波长通道的仿真变化曲线

表 7-10  16 个波长通道在 BER=1.0×10$^{-3}$时的接收灵敏度仿真值

| 波长数 | 波长 | 主干光纤 | 分支光纤 | 接收光功率/dBm |
| --- | --- | --- | --- | --- |
| 1 | 1 554.13 nm | 40 km | 10 km | −16.7 |
| 2 | 1 553.73 nm | 40 km | 5 km | −17.0 |
| 3 | 1 553.33 nm | 40 km | 5 km | −15.6 |
| 4 | 1 552.92 nm | 40 km | 10 km | −17.5 |
| 5 | 1 552.52 nm | 40 km | 10 km | −16.9 |
| 6 | 1 552.12 nm | 40 km | 10 km | −16.8 |
| 7 | 1 551.72 nm | 40 km | 5 km | −16.7 |
| 8 | 1 551.32 nm | 40 km | 10 km | −16.7 |
| 9 | 1 550.92 nm | 40 km | 10 km | −16.6 |
| 10 | 1 550.52 nm | 40 km | 5 km | −15.7 |
| 11 | 1 550.12 nm | 40 km | 10 km | −16.6 |
| 12 | 1 549.72 nm | 40 km | 10 km | −16.8 |
| 13 | 1 549.32 nm | 40 km | 5 km | −16.0 |
| 14 | 1 548.92 nm | 40 km | 10 km | −17.2 |
| 15 | 1 548.52 nm | 40 km | 10 km | −17.3 |
| 16 | 1 548.12 nm | 40 km | 10 km | −17.0 |

最后,我们给出仿真的 16 个波长通道在 BER=1.0×10$^{-3}$的接收灵敏度。信号下行发

射光功率为 10 dBm，经过 40 km 固定主干光纤传输和一定距离的分支光纤传输后，当接收端 BER 达到 $1.0\times10^{-3}$ 误码率门限时，各通道信号的上行接收灵敏度如表 7-10 所示，分支光纤长度最长可达 10 km。

## 7.5 基于 FBG 光域均衡器的全光再生技术

前面介绍的所有光信号处理技术都是针对弹性光交换环节，而在整个光网络中除了弹性光交换外，还有光接入与汇聚环节需要引起关注和重视。本节提出一种专门针对宽带光接入的全光再生方案，即基于光纤布拉格光栅(FBG)的光域均衡技术。在波分复用无源光网络(WDM-PON)中，基于 RSOA 的无色 ONU 方案往往由于调制带宽不足导致生成的高速信号具有鲜明的码型效应，从而限制了系统的上行传输速率，我们利用 FBG 的偏移滤波特性抑制了 RSOA 生成信号的码型效应，对高速 OOK 信号实现了光域均衡，以较低的成本优化了系统性能，将 WDM-PON 的上行速率提高到 10 Gbit/s。

### 7.5.1 WDM-PON 中基于 RSOA 的无色 ONU 方案（如图 7-25 所示）

基于波分复用技术的 WDM-PON 是光接入网中最具吸引力的技术之一，采用波长作为用户端 ONU 的标识，利用波分复用技术实现上行接入，能够提供较宽的工作带宽。但 ONU 设备的差异性将会给设备的升级维护和大规模生产带来较大的问题，使 WDM-PON 的商用化面临挑战。"无色"ONU 技术可用于解决该问题，无色技术使相同的 ONU 可以独立工作在不同的波长信道上，使得 ONU 设备对波长透明、设备的统一有利于系统维护和升级，同时降低了生产成本，便于大规模的量产，因此无色 ONU 技术近些年来受到了大家的广泛研究。

典型的无色 ONU 方案包括：基于波长可调谐激光器的无色 ONU 方案、基于法布里-珀罗腔激光器(FP-LD)的无色 ONU 方案以及基于反射型器件的无色化 ONU 方案。在众多反射型器件中，RSOA 由于其较小的直流偏置、较低的噪声指数和易于集成的结构特点，成为反射型无色 ONU 的主要选择之一。基于 RSOA 的无色 ONU 方案也称为远端重调制方案，如图 7-25 所示，RSOA 具有反射和重调制的功能，使 ONU 处的上行信号重用下行信号光，上下行链路共享同一个波长。但是，典型 RSOA 的 $-3\text{dB}$ 调制带宽一般小于 2 GHz，这使得上行信号的传输速率限制在 1.25 Gbit/s，无法满足宽带光接入上行 10 Gbit/s 的传输需求。目前，已经报道了多种提高 RSOA 调制上行信号速率的方案，包括在 OLT 端通过多种电域均衡算法对上行接收信号做均衡补偿，或是采用具有更高频谱效率的高阶调制技术，如双二进制、4PAM 等。

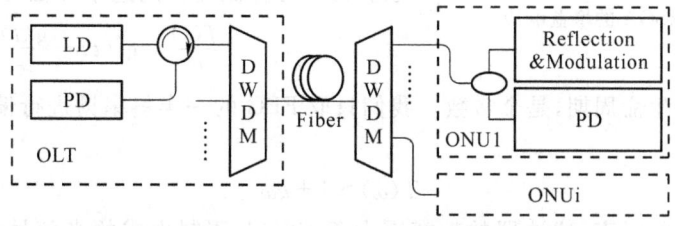

图 7-25 WDM-PON 中基于反射型器件的无色 ONU 原理图

除此之外,基于高斯滤波器、延时干涉仪(DI)、马赫增德尔干涉仪(MZI)等无源器件的光域均衡技术同样可以有效地提高 RSOA 上行传输速率。相比电域均衡算法,光域均衡器相当于一种全光再生技术,不受电子速率瓶颈的影响,无须对系统做大的变动和升级,只需在接收端插入一个低成本的无源器件便可有效实现上行 10 Gbit/s 的传输速率。

但上述光域均衡器分别具有插入损耗过大、频率失谐容限差、均衡性能不稳定等缺点。于是,有方案直接采用阵列波导光栅(AWG)在 OLT 端对上行信号做光域均衡,以较小的功率代价和较大的失谐容限差将 RSOA 的调制带宽提高到 10 GHz,获得了良好的均衡效果。但是该方案中所采用的是实验室内定制的带宽为 12 GHz 的 AWG,而传统的商用 AWG 的带宽一般为 50 GHz,带宽 12 GHz 的 AWG 工艺尚未普及,因此该方案难以被广泛应用。

FBG 作为一种低成本、可商用、易定制的具有带通滤波器功能的无源器件,已被证明可用于抑制 SOA 中高速波长变换的码型效应,基于 SOA 中 XGM 效应的波长变换实验中,当原始 NRZ 信号的速率达到 10 Gbit/s 时,波长转换生成的信号将会由于 SOA 中的载流子生命周期较长而产生鲜明的码型效应,这与 RSOA 进行重调制的情况相似,因此受该方案的启发,我们将 FBG 用于提高 RSOA 的上行信号速率,提出了一种基于 FBG 光域均衡器的全光信号再生方案。

### 7.5.2 FBG 光域均衡工作原理

基于 RSOA 的调制原理是,电信号引起 RSOA 中载流子浓度的变化,进而引起注入光载波的光功率随之变化,其结果是使得光载波的强度发生相应改变,从而将电信号的信息调制到光载波上生成光信号,经过 RSOA 放大调制后输出的光信号为

$$E(t)E_0 e^{g(t)+j\alpha_H g(t)} \tag{7-20}$$

式中,$E_0$ 是进入 RSOA 之前的光信号场强幅度; $\alpha_H$ 为线宽增强因子; $g(t)$ 为 RSOA 输出增益,如图 7-26(a)所示。由图 7-26 所示可以看出,由于 RSOA 的载流子生命周期较长,光信号从"0"码到"1"码以及从"1"码到"0"码的变换过程都需要一定的上升和下降时间,这是因为载流子浓度的增加和下降时间过长,当信号速率较大时,就会出现明显的码型效应,即"1"码无法升到高功率处、"0"码无法降到低功率处。我们希望通过光域均衡技术可以使 RSOA 实现理想增益 $f(t)$,抑制码型效应,生成具有理想码型的高速光信号,如图 7-26(b)所示。由半导体激光器的速率方程可推导出

$$\frac{f(t)}{t_C} = g'(t) + \frac{g(t)}{t_C} \tag{7-21}$$

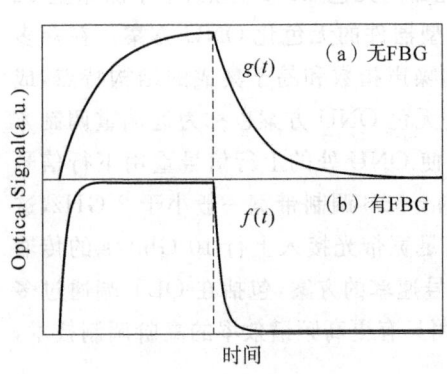

图 7-26 RSOA 的增益响应

式中,$t_C$ 为载流子生命周期,是个常数。我们只取 FBG 的一半斜率谱进行偏移滤波,可将其谱函数近似为

$$T(\omega) \approx 1 + k\omega \tag{7-22}$$

式中,$k$ 为滤波器的斜率,滤波器的带宽需大于 RSOA 调制生成的光信号带宽。当 RSOA

生成的光信号通过 FBG 滤波器时，由式(7-20)~式(7-22)联合推导可得经过 FBG 偏移滤波后的光信号的强度为

$$E_{FBG}(t) = E_0^2 e^{2g(t)} (1 + k\alpha_H g'(t) + k^2(1 + \alpha_H^2) g'^2(t)) \qquad (7\text{-}23)$$

从式(7-23)可以看出，经过 FBG 的光信号将一个带有权重的导数项 $k\alpha_H g'(t)$ 添加到 RSOA 的调制的光信号上，当光信号强度由"0"码到"1"码呈指数上升时，经过 FBG 的光信号添加了一个正的导数项 $k\alpha_H g'(t)$，从而使光信号强度更快上升；而当光信号由"1"码到"0"码呈指数衰减时，经过 FBG 的光信号添加了一个负的导数项 $k\alpha_H g'(t)$，进而使光信号更快地衰减。FBG 滤波器相当于降低了 RSOA 的载流子恢复时间，从而使高速光信号的码型效应得到抑制，也就是光信号在光域上直接进行了均衡再生。图 7-27 是我们设计的一种将 FBG 光域均衡器应用于 WDM-PON 的原理图，将 FBG 放置在 OLT 端，RSOA 重调制的高速光信号经过波分复用、光纤传输和波分解复用之后送入 OLT，然后通过 FBG 进行光域均衡，最后对优化后的信号做光电探测。

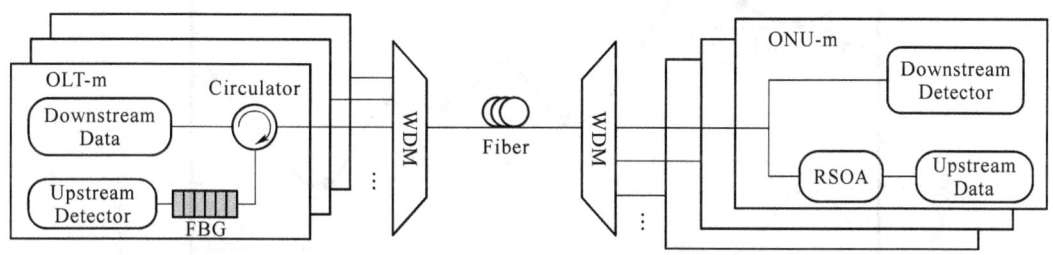

图 7-27 WDM-PON 中 FBG 对来自 RSOA 的上行高速信号进行光域均衡原理图

### 7.5.3 实验设置和结果分析

为了证明 FBG 做光域均衡器的有效性，我们搭建了如图 7-28 所示的实验平台，主要用来验证 FBG 对高速 RSOA 调制信号的均衡效果。首先，从 OLT 端发射未加载信息的 CW 光，经过光纤传输到达 OUN 处，作为种子光输入 RSOA 中，在 RSOA 内部发生反射，RSOA 的偏置电流为 80 mA，经过 PPG 电信号的调制生成 10 Gbit/s 的 NRZ-OOK 光信号，重新从 RSOA 光口发射出去，经过光纤传输回到 OLT 端，由环形器送入 FBG 偏移滤波器，我们采用 FBG 的反射谱做滤波，其中心波长与信号光的中心波长具有一定的失谐，光域均衡之后通过直接检测进行解调，将接收的电信号分别通过示波器采集眼图，通过 BERT 进行 BER 测试。

实验中采用的是 CIP 公司生产的 RSOA(SOA-RL-OEC-1 550 nm)，如实物图 7-28 所示，它是具有 7 针脚的 butterfly/SMA 封装结构，其有源区是 InP-InGaAsP 异质结构。首先测试了 RSOA 的噪声指数和增益特性，如图 7-29 所示，噪声指数是衡量 RSOA 性能的重要指标，其定义为输入光信号的 OSNR 与输出光信号的 OSNR 的差值，反映了经过 RSOA 之后信噪比的恶化程度。我们采用插入法分别测量了在不同波长下 RSOA 的噪声指数和增益特性，如图 7-29 所示，可以看出，在测试波长范围内，RSOA 的噪声指数在 6 dB 以上，增益特性在 22 dB 以上，综合考虑两个因素可知用 RSOA 做调制时，波长在 1 550 nm 附近会得到更好的性能。

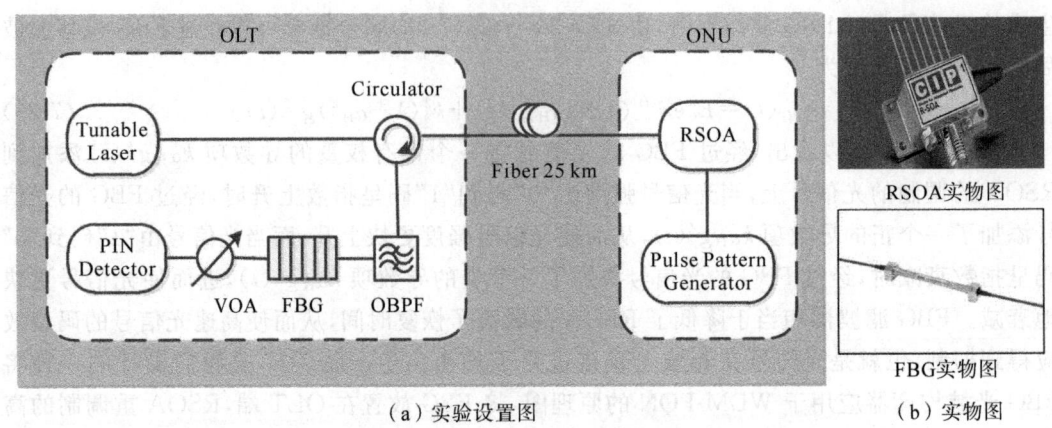

(a) 实验设置图　　　　　　　　　(b) 实物图

图 7-28　FBG 光域均衡器提高 RSOA 上行传输速率的实验设置

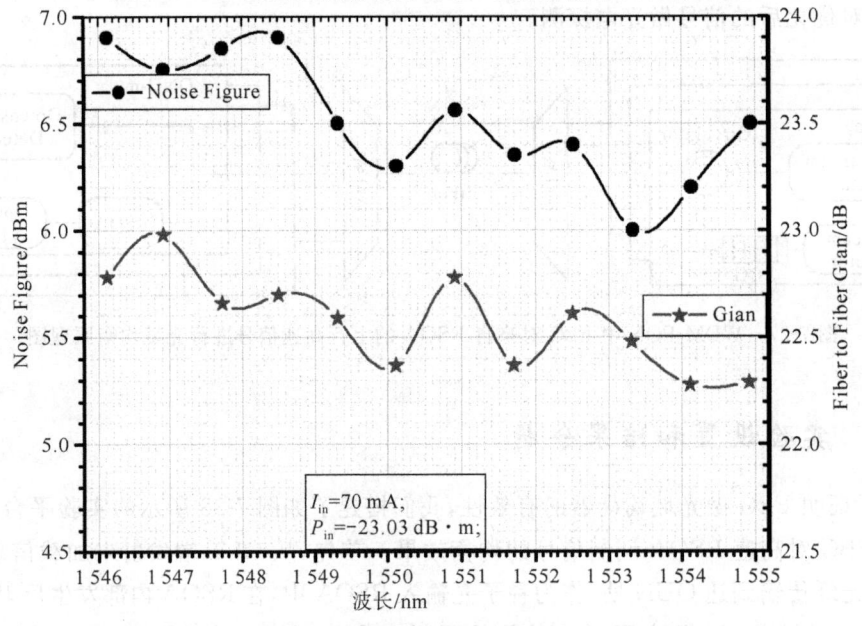

图 7-29　RSOA 的噪声指数和增益随着波长的变化曲线

　　接下来我们利用直接扣除法测试了在使用 FBG 和不使用 FBG 情况下 RSOA 的频率响应曲线,通过矢量网络分析仪(VNA)测试了加入 FBG 之前和之后 RSOA 的系统频率响应曲线,RSOA 的偏置电流为 80 mA,注入光波长为 1 550 nm,功率为−10 dBm,FBG 的波长失谐量为 0.09 nm,如图 7-30 所示。从图 7-30 中可以看出,在不使用 FBG 时,RSOA 的−3 dB 调制带宽仅为 1.2 GHz,而在使用 FBG 后,整个系统的−3 dB 带宽上升到了 8 GHz,FBG 极大地提高了系统的调制带宽,这使得用 RSOA 调制 10 Gbit/s 的高速光信号成为可能。

　　实验中采用是国产的型号为 BKG-FBG-4000T 的 FBG,它的工作温度范围为−30～+80 ℃,FBG 既有透射又有反射的功能,我们采用 FBG 的反射谱做偏移滤波,通过测试不同波长的光通过 FBG 的输出光功率,拟合出它的反射谱光谱图,如图 7-31 所示,该拟合的光谱图等效于一个−3 dB 带宽为 21.7 GHz 的 1.35 阶的高斯滤波器,它的中心波长为 1 549.434 nm。

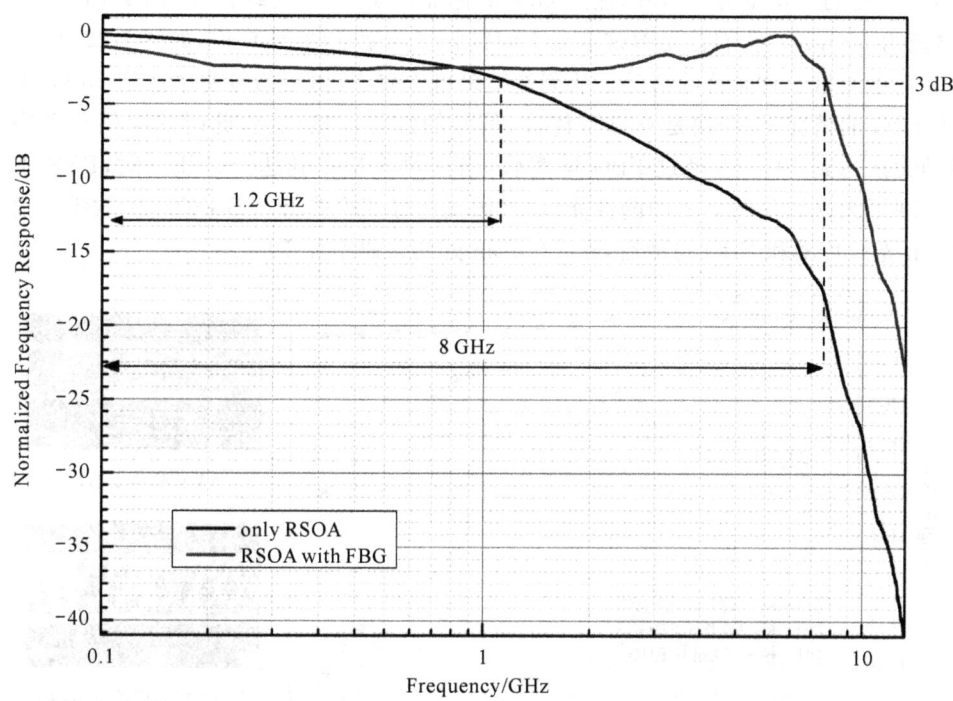

图 7-30 在有 FBG 和无 FBG 的情况下 RSOA 的频率响应曲线

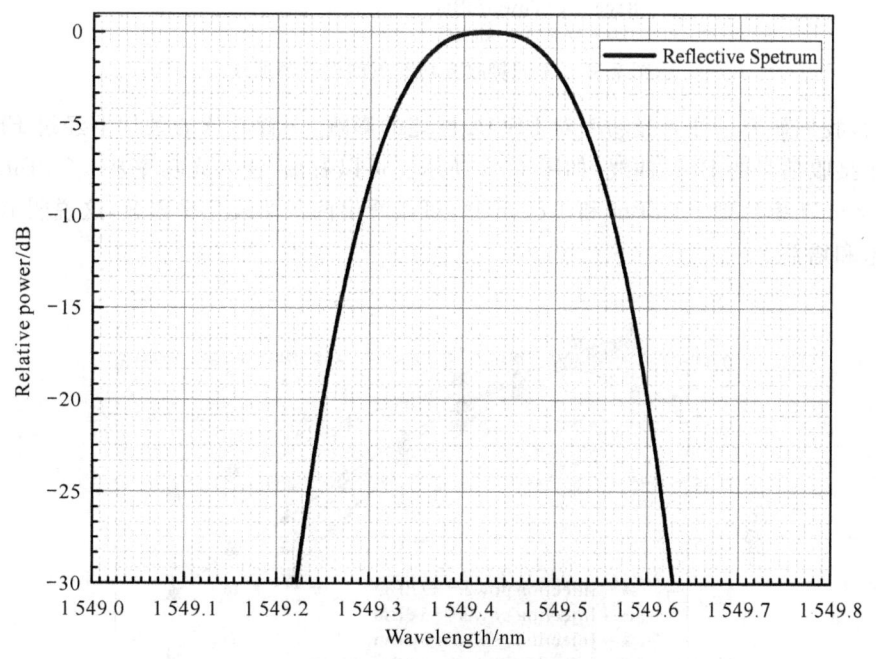

图 7-31 FBG 反射谱光谱图

FBG 的中心波长虽然固定不变,但是在实际应用中可以用较低的成本去定制不同波长和带宽的 FBG 滤波器,以满足 WDM-PON 中不同波长信号的需求。实验中,将来自可调光源的 CW 光的波长设置为 1 549.524 nm,与 FBG 中心波长的失谐量保持在 0.09 nm,OLT

输出的 CW 光的光功率为 2 dBm,注入 G.652 标准单模光纤,光纤长度为 25 km,RSOA 的偏置电流为 80 mA。我们首先测试了在不同接收光功率下的 BER 值,如图 7-32 所示,作为对比,我们也测试了背靠背的情况。从测试结果可以看出,由于信号速率达到 10 Gbit/s,在不使用 FBG 的情况下,即便是背靠背传输,信号的性能依然很差,此时的眼图几乎完全闭合,甚至无法达到 $10^{-2}$,在经过 FBG 均衡后,当接收光功率到达 $-6$ dBm 时,BER 下降到 $10^{-9}$,实现了无误码(error free)的性能,而且眼图已经完全张开,FBG 的均衡效果显著。经过 25 km 光纤传输和 FBG 均衡后,在 $-6$ dBm 处的误码率为 $10^{-5}$。

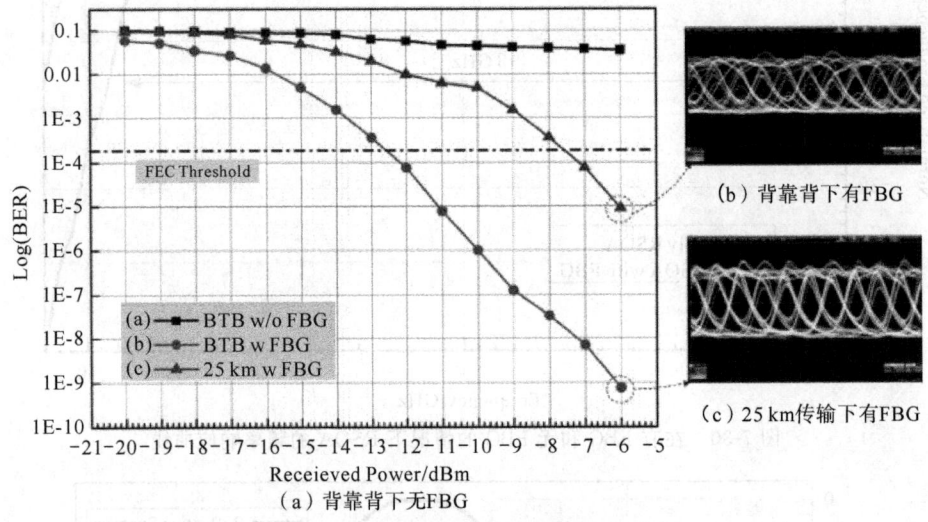

图 7-32　不同接收光功率下的误码率曲线

然后,我们研究了注入光功率对 RSOA 性能的影响,在背靠背的条件下经过 FBG 均衡后测试了接收信号的 BER 曲线,如图 7-33 所示。可以看出,注入光功率从 $-7$ dBm 逐渐增加,当注入光功率达到 $-1$ dBm 和 1 dBm 时,可以看出两条曲线几乎重叠,这说明 RSOA 已经达到饱和增益。

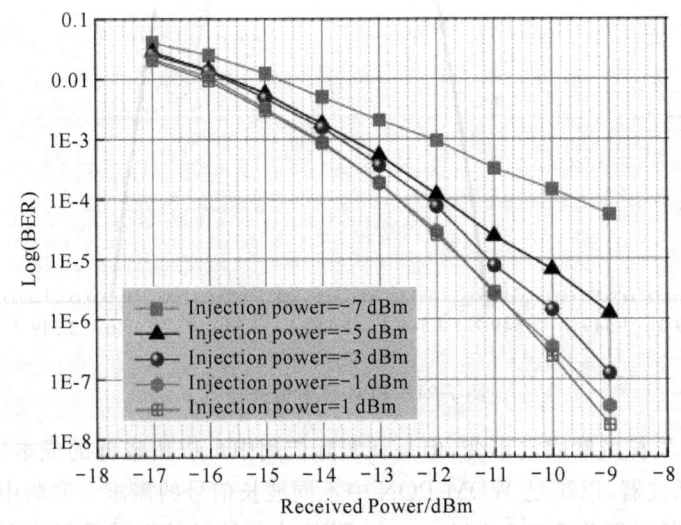

图 7-33　注入光功率对误码率性能的影响

为了更加全面地研究方案的性能,我们还搭建了 VPI 仿真测试系统(VPI Transmission Maker 8.5),在仿真系统中我们可以更加灵活地设置系统参数,采集仿真数据。仿真中,种子光波长为 1 552.52 nm(193.1THz),FBG 中心波长的失谐量为 0.092 nm,我们采集了 FBG 之前和 FBG 之后光信号的波形图,如图 7-34 所示。从图 7-34(a)可以看出,由于 RSOA 较低的调制带宽使得生成的 10 Gbit/s 的 NRZ 信号的码型效应非常显著,"1"码无法上升到高功率处,"0"码难以下降到低功率处,可以预见如果对该信号直接进行判决将会得到很高的误码率。但经过 FBG 之后,整个信号的码型得到了显著均衡,"1"码和"0"码都达到了各自标准的功率水平,码型平坦稳定,与工作原理中分析的效果一致。

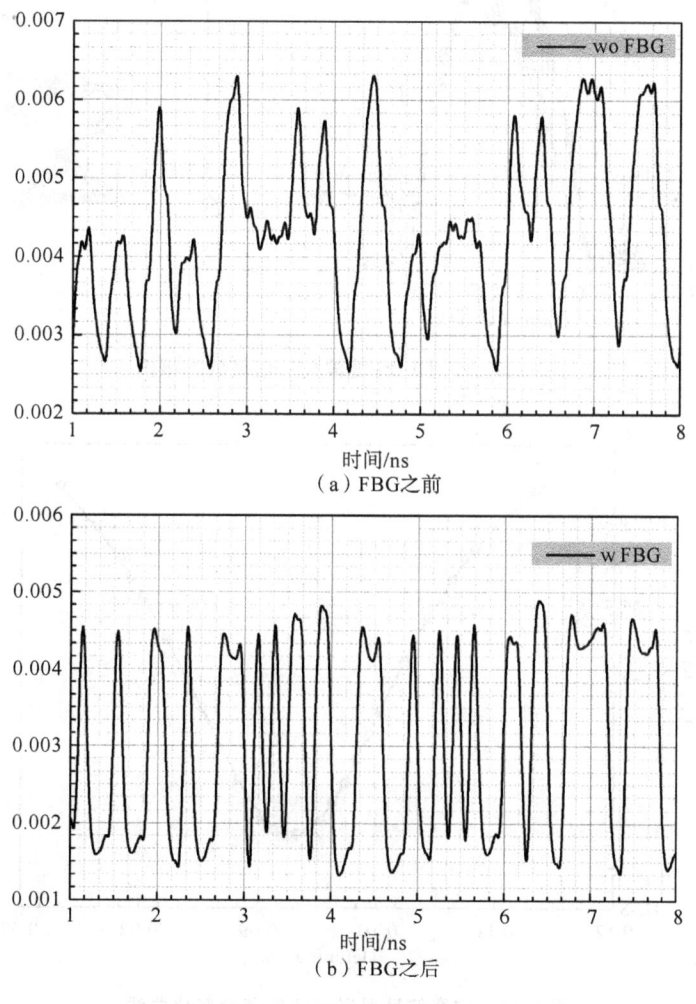

图 7-34 光信号码型图

接下来,我们采集了经过 FBG 滤波前后信号的光谱图,如图 7-35 所示,FBG 作为偏移滤波器对光信号产生了一定的功率损耗,虽然信号的功率降低了,但是码型效应得到了有效抑制。从 FBG 滤波前后信号对应的眼图可以看出,经过 FBG 之后,眼图完全张开,实现了光域均衡。最后我们研究了信号光与 FBG 中心波长失谐量对均衡信号性能的影响,如图 7-36 所示,随着失谐量的增加 BER 逐渐下降,这是因为增加的失谐量可以使 FBG 的斜率光谱更完全地对光信号进行偏移滤波,当达到 0.094 nm 时均衡信号性能达到最优值。当失谐量继续增加时信号性能开始逐步恶化,这是由于过大的失谐量导致信号功率损耗增加,使误码率升高。因此,在用 FBG 做全光均衡器时需要选择最优的失谐量。

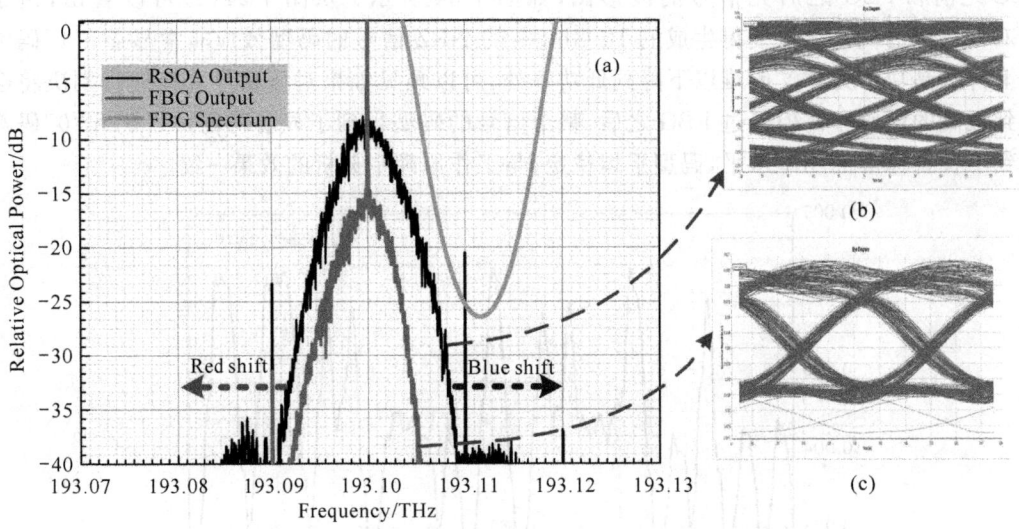

图 7-35　经过 FBG 滤波前后信号的光谱图

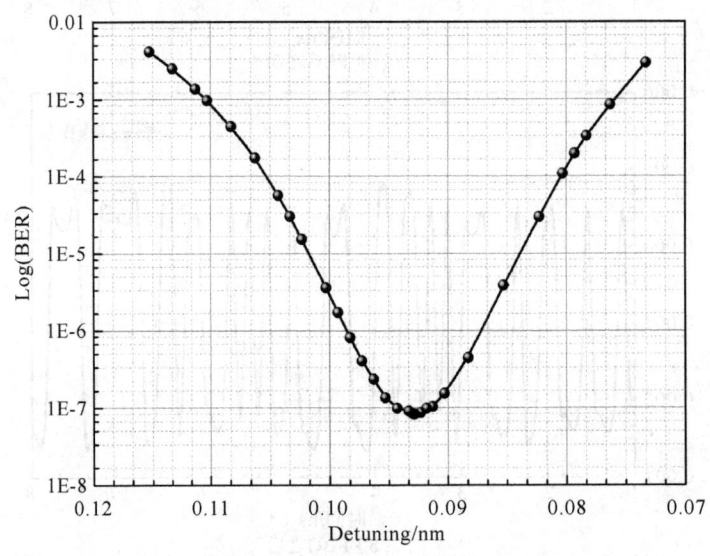

图 7-36　均衡信号误码率随失谐量变化曲线

# 参考文献

[1] Jinno Masahiko, Takara Hidehiko, Kozicki Bartlomiej, et al. Spectrum-efficient and scalable elastic optical path network: architecture, benefits, and enabling technologies [J]. IEEE Communications Magazin, 2009, 47(11): 66-73.

[2] 赵永利. 频谱灵活光网络[M]. 北京:人民邮电出版社, 2013.

[3] Alan E Willner, Optical signal processing, Optical Fiber Communication Conference. Optical Society of America, 2013. In Proc. of OFC/NFOEC2013.

[4] Alan E. Willner, Salman Khaleghi, Mohammad Reza Chitgarha and Omer Faruk Yilmaz, All-Optical Signal Processing, Journal of Lightwave Technology, 32(4), 2014, 660-680.

[5] 王健. 基于铌酸锂光波导的高速光信号处理技术研究 [D]. 武汉:华中科技大学, 2008.

[6] 秦军. 弹性光网络中的全光信号处理技术研究 [D]. 北京:北京邮电大学, 2015.

# 参考文献

[1] Jinno Masahiko, Takara Hidehiko, Kozicki Bartlomiej, et al. Spectrum-efficient and scalable elastic optical path network: architecture, benefits, and enabling technologies[J]. IEEE Communications Magazine, 2009, 47(11): 66-73.

[2] 张卡平. 弹性光网络技术[M]. 北京: 人民邮电出版社, 2013.

[3] Xiao E Willner. Optical Signal Processing: Optical Fiber Communication Conference. Optical Society of America, 2013, in Proc. of OFC/NFOEC2013.

[4] Xiao E Willner, Salman Khaleghi, Mohammed Reza Chitgarha and Omer Faruk Yilmaz, All Optical Signal Processing, Journal of Lightwave Technology, 32(4), 2014: 660-680.

[5] 王博. 基于硅基阵列波导光栅的光纤频率梳技术研究[D]. 北京: 清华大学, 2008.

[6] 蔡沅. 弹性光网络中的光正交频分复用[D]. 武汉: 华中科技大学, 2013.